◆ 湖北水安全研究丛书 ◆

江汉平原
河湖生态需水研究

主　编：李瑞清

副主编：许明祥　宾洪祥　别大鹏　刘贤才　姚晓敏
　　　　熊卫红　雷新华　周　明　李　娜

中国水利水电出版社
www.waterpub.com.cn
·北京·

内 容 提 要

  本书紧密围绕当前受到广泛关注的河湖生态需水问题，在系统梳理国内外生态需水研究进展的基础上，归纳总结了河湖生态需水的概念、内涵及常用计算方法。重点针对江汉平原范围内汉江中下游干流以及具有一定工作基础的典型支流、重要湖泊等河湖水系开展生态需水研究，提出不同区域、不同类型河湖适宜的生态需水计算方法及成果，提出生态需水保障的措施体系以及保障工程建议，为江汉平原实施生态优先、绿色发展，建设美丽河湖、幸福河湖提供技术支撑，在更深层次、更广范围、更高水平上推动江汉平原和谐可持续发展。

  本书可供从事河湖保护规划、设计及管理人员学习、使用，也可供水利、生态等专业的科研与教学人员参考。

图书在版编目（CIP）数据

  江汉平原河湖生态需水研究 ／ 李瑞清等编著． -- 北京 ：中国水利水电出版社，2020.10
  ISBN 978-7-5170-9005-2

  Ⅰ．①江… Ⅱ．①李… Ⅲ．①江汉平原－河流－生态环境－需水量－研究②江汉平原－湖泊－生态环境－需水量－研究 Ⅳ．①X143

  中国版本图书馆CIP数据核字(2020)第206359号

书 名	湖北水安全研究丛书 **江汉平原河湖生态需水研究** JIANG - HAN PINGYUAN HE HU SHENGTAI XUSHUI YANJIU
作 者	李瑞清 等 编著
出版发行	中国水利水电出版社 （北京市海淀区玉渊潭南路 1 号 D 座　100038） 网址：www. waterpub. com. cn E - mail：sales@waterpub. com. cn 电话：(010) 68367658（营销中心）
经 售	北京科水图书销售中心（零售） 电话：(010) 88383994、63202643、68545874 全国各地新华书店和相关出版物销售网点
排 版	中国水利水电出版社微机排版中心
印 刷	涿州市星河印刷有限公司
规 格	184mm×260mm　16 开本　15.5 印张　377 千字
版 次	2020 年 10 月第 1 版　2020 年 10 月第 1 次印刷
印 数	0001—2000 册
定 价	**88.00 元**

序　一

　　湖北地处长江中游要冲，九省通衢之所。自古以来，湖北滨水而生，受水而养，因水而盛，治水兴水历来是湖北人民繁衍生存的第一要务和繁荣发展的命脉所系，一部荆楚发展史就是一部治水患兴水利的奋斗史。随着经济社会不断发展，水利在湖北国民经济和社会发展中的基础地位日益巩固和强化，成为建设富强、创新、法治、文明、幸福"五个湖北"不可分割的保障体系和实现湖北"两个百年"奋斗目标不可替代的基础支撑。

　　江汉平原位于长江中游，汉江中下游，湖北省的中南部，西起宜昌枝江，东迄武汉，北自荆门钟祥，南与洞庭湖平原相连，面积约 7.48 万 km^2，江汉平原因其地跨长江和汉江而得名，是中国三大平原之一的长江中下游平原的重要组成部分。当前江汉平原水生态、水环境状况不容乐观，生态系统退化，水利基础设施薄弱，防御洪涝灾害能力有待提高。

　　本书立足江汉平原河湖生态需水研究背景与意义、概念内涵、研究进展、基本方法；历史与现状；中下游干流、典型支流、重要湖泊生态需水及生态需水保障六个部分，紧紧围绕"四个全面"战略布局，坚持创新、协调、绿色、开放、共享发展理念，全面贯彻习近平生态文明思想和习近平总书记关于治水工作的重要论述精神，积极践行"节水优先、空间均衡、系统治理、两手发力"的治水思路，紧紧围绕"水利工程补短板、水利行业强监管"水利改革发展总基调，以维护河湖生态系统功能为目标，科学确定生态流量，严格生态流量管理，强化生态流量监测预警，加快建立目标合理、责任明确、保障有力、监管有效的江汉平原河湖生态流量确定和保障体系，加快解决水生态损害突出问题，不断改善河湖生态环境。

　　目前，湖北省水利事业正处于一个新的历史时期，水生态环境引起社会广泛关注，为生态需水研究提供了新的机遇和挑战。我们应该抓住机遇，迎接挑战，与时俱进，开拓创新，进一步丰富和发展江汉平原生态需水研究的宝贵经验，以水生态环境保护支撑经济社会的可持续发展，为全面建设小康社会作贡献。

2020 年 10 月

序　二

水是生命之源，生产之要，生态之基。水是湖北最大的资源禀赋、最大的发展优势，是湖北人民繁衍生存、繁荣发展的命脉。

进入新时期新阶段，面临诸多复杂的水资源问题，湖北省坚持生态优先、绿色发展的治水理念，牢固树立"绿水青山就是金山银山"的强烈意识，贯彻执行中央"节水优先、空间均衡、系统治理、两手发力"的治水思路，将生态文明建设和绿色发展摆到更高位置，实现工作思路由片面水利观向全面水利观和生态水利观的转变。

两江交汇冲积而成的江汉平原，是湖北省经济发展的核心区域，是长江经济带、汉江经济带的重要组成部分，这里沃野田畴、物产丰富，是我国重要的粮棉油产地、水产养殖基地，成就了"鱼米之乡""湖广熟、天下足"的美名，具有举足轻重的地位。随着《长江经济带发展规划纲要》《汉江生态经济带发展规划》的发布，共抓大保护、不搞大开发的理念深入人心，修复长江生态环境、改善提升汉江流域生态环境被摆在前所未有的高度。江汉平原生态环境保护与修复也是势在必行。

河湖生态需水是水资源开发利用和优化调配、河湖生态保护与修复的基本依据之一。研究河湖生态需水，是做足做好江汉平原水文章的重要前提。对江汉平原水安全保障具有重要战略意义，更对国家中部崛起形成有力支撑。

本书在梳理江汉平原水系演变历史与环境现状的基础上，基于多种目标对汉江中下游干流、三大典型支流和七个重点湖泊的生态需水进行了分析与研究，并构建了生态需水保障措施体系。内容丰富、成果丰硕，可为专家学者提供参考依据，为江汉平原可持续发展提供有力的技术支撑。

生态保护功在当代、利在千秋。湖北要进一步铸生态之魂、强为政之要、固民生之本、筑兴鄂之基，实现千湖之省，碧水长流。

王忠林

2020 年 10 月

前　　言

　　江汉平原地处长江中游、湖北省中南部，河流纵横交错，湖泊星罗棋布，拥有得天独厚的自然条件和区位优势，是我国三大平原中长江中下游平原的重要组成部分。该区域河湖水系发达，经济社会发展迅速，以占湖北省40％的国土面积，承载了近64％的人口，创造了约70％的经济总量，是长江经济带发展的关键节点、承东启西的重要桥梁、"一带一路"的重要节点，对支撑我国经济社会发展具有重大作用，具有突出的战略地位。

　　江汉平原作为湖北省经济社会的核心区，在区域经济社会快速发展的同时，对水生态环境造成不同程度的破坏，生态环境用水被挤占，水生态环境恶化的风险不断加剧，地区经济发展与生态环境保护的矛盾日渐突出，全面并深入研究江汉平原河湖生态需水已迫在眉睫。

　　本书在系统梳理国内外生态需水研究的基础上，重点针对江汉平原范围内汉江中下游干流以及具有一定工作基础的典型支流、重要湖泊等河湖水系开展生态需水研究，提出不同区域、不同类型河湖适宜的生态需水计算方法及成果，提出生态需水保障的措施体系以及保障工程建议，以期为江汉平原实施生态优先、绿色发展，建设美丽河湖、幸福河湖提供技术支撑，在更深层次、更广范围、更高水平上推动江汉平原和谐可持续发展。

　　针对江汉平原河湖生态需水，湖北省水利水电规划勘测设计院历经多年研究，并联合武汉大学、南京水利科学研究院等多家科研院所开展了多项研究，积累了较为丰富的研究经验与成果。为将研究成果进行总结与提升，进一步推广应用到河湖生态保护与治理相关工作，为江汉平原建设美丽河湖、幸福河湖提供技术支撑，湖北省水利水电规划勘测设计院组织专业技术人员编著了《江汉平原河湖生态需水研究》一书。

全书分六章，第一章分析了江汉平原河湖生态需水研究背景，阐述了生态需水的概念内涵和基本方法，由刘伯娟、尹耀锋、王咏铃执笔；第二章介绍了江汉平原历史与现状，分析了河湖水系演变、水生态环境现状等，由刘伯娟、武柯宏、闫少锋执笔；第三～第五章重点针对汉江中下游干流、典型支流、重要湖泊开展了生态需水研究，第三章由刘伯娟、陈颖姝、张平执笔，第四章由李娜、李晶晶、王咏铃、吴迪民执笔，第五章由李娜、乔梁、尹耀锋、王咏铃、吴迪民、杨卫和谢文俊执笔；第六章提出了生态需水保障措施体系，并给出了江汉平原生态需水保障重点工程案例，由陈颖姝、谢文俊执笔。全书由陈颖姝、尹耀锋统稿，邓秋良、李娜、黎南关、邹朝望、曹国良审核，李瑞清、许明祥审定。本书倾注了多人的心血，雷新华、周明、彭习渊、余凯波、贾春亮、崔鸣等对本书编写给予了很多帮助，在最终稿修改完善的过程中，长江流域水资源保护局穆宏强教授提出了许多宝贵意见。在本书正式出版之际，特向所有支持和帮助过本书编写及出版工作的所有领导、专家和同事一并表示衷心的感谢！

本书旨在引起国内外不同领域专家学者对江汉平原生态需水问题的关注，同时促进更多的研究团队加入该课题研究与探索中，提高对江汉平原生态需水认识。

由于作者水平所限，书中难免存在不妥之处，敬请读者提出宝贵意见和建议。

作者

2020 年 10 月

目　录

第一章 绪 论

第一节 研究背景与意义

江汉平原地处我国长江中游腹地，位于湖北省中南部，由长江与汉江冲积而成，因其地跨长江和汉江而得名，是长江中下游平原的重要组成部分。江汉平原西起湖北枝江和当阳，东迄黄梅和阳新，北至荆门钟祥，南与洞庭湖平原相连，海拔在 50m 等高线以下所涉及的行政区域，面积约 7.48 万 km^2，是驰名中外的鱼米之乡，也是我国九大重要商品粮基地之一。行政区划上包括荆州市、武汉市、天门市、潜江市、仙桃市、黄石市全部以及宜昌市、荆门市、孝感市、咸宁市、鄂州市和黄冈市部分区域，共计 56 个县（市、区）。2017 年年底，总人口为 3770 万人，GDP 达 2.37 万亿元，耕地为 3111 万亩，约占湖北省国土面积的 40%，承载了湖北省近 64% 的人口，创造了约 70% 的经济总量，是湖北省经济社会的核心区。

随着江汉平原经济社会快速发展，人类活动频繁，生态环境保护与经济社会可持续发展之间的矛盾日益显现。水资源短缺、水生态损害、水环境污染等新问题迭加，成为经济社会持续健康发展的瓶颈。按照"作为金山银山的根本来源，绿水青山是人类赖以可持续生存发展的基础，必须坚决守护，坚守底线和环境保护不动摇"的理念，水利部确定的新时代水利改革发展的总基调就是要以"调整人的行为、纠正人的错误行为"为出发点和落脚点，水利发展已进入水资源、水生态、水环境保护与强化管理并重的阶段。保障河湖生态需水是"强监管、补短板"的重要内容之一，是维系河湖生态健康安全的重要基础，因此开展江汉平原河湖生态需水研究是十分必要且紧迫的。

一、长江大保护的要求

2019 年 12 月，第十三届全国人大常委会第十五次会议首次审议的《中华人民共和国长江保护法（草案）》明确提出，针对长江流域生态系统破坏的突出问题，要把生态修复摆在压倒性位置，通过保障自然资源高效合理利用，防范和纠正各种影响、破坏长江流域生态环境的行为，保护长江流域生态环境，支撑和推动长江经济带绿色发展、高质量发展。

江汉平原是长江经济带发展战略的核心区域之一，江汉平原地处长江中游，隶属我国三大平原之一的长江中下游平原，是长江大保护的重要屏障。其生态环境状况直接关系到长江流域的生态安全。受水资源禀赋条件、经济社会发展等影响，江汉平原现状河湖生态环境不容乐观，亟须通过河湖生态需水研究，提出保障河湖健康的具体水量要求，加快解决生态环境损害的突出问题，维护河湖生态安全。

二、生态优先、绿色发展的要求

党的十八届五中全会提出了"创新、协调、绿色、开放、共享"的五大发展理念，其中绿色发展注重的就是解决人与自然和谐问题，要像保护眼睛一样保护生态环境，像对待生命一样对待生态环境，建设天蓝、地绿、水清的美丽中国。

江汉平原高质量发展最关键的就是要坚持绿色发展理念，全面贯彻新时期十六字治水思路，大力推进水生态文明建设，改善河湖水环境，维护健康水生态。2013 年以来，水利部贯彻党的十八大精神，分别在 105 个城市开展水生态文明建设试点工作，湖北省有 5 个试点城市，其中武汉市、咸宁市、鄂州市、潜江市都位于江汉平原。河湖生态需水的确定和保障是大力推进水生态文明建设的基础工作之一，是实现河湖水域不萎缩、功能不衰减、生态不恶化的重要手段。因此，开展江汉平原河湖生态需水研究是生态优先、绿色发展的要求。

三、生态保护与修复的要求

2018 年，生态环境部和国家发展改革委印发的《长江保护修复攻坚战行动计划》（环水体〔2018〕181 号）强调"切实保障生态流量。加强流域水量统一调度，切实保障长江干流、主要支流和重点湖库基本生态用水需求"。2019 年，水利部明确了 21 条中等开发利用强度的河流开展生态环境流量保障试点工作，并将生态环境流量保障工作作为重点优先突破领域。

江汉平原河湖众多，水系复杂，面临着河湖连通性变差、水动力不足、生态系统退化、功能受损等被动局面，河湖生态需水及生态水文过程难以得到保障，保护压力持续加大，恢复河湖生境已刻不容缓。保障生态需水，是维持和改善河湖生态系统的基础性、前置性条件，因此开展江汉平原河湖生态需水研究是生态保护与修复的必然要求。

四、江汉平原水资源配置的要求

水是生命之源、生产之要、生态之基。2014 年，湖北省提出了到 2049 年"让千湖之省碧水长流"的美好愿景，为实现这一目标，就必须破解水资源配置时空不均、供需不足等问题，全面建立合理高效的水资源配置利用体系和自然生态的水资源环境保护体系，充分发挥水资源水环境承载力对经济社会发展的约束引导和保障作用。

目前，江汉平原水资源配置格局尚未形成。水资源开发利用中往往没有考虑生态环境保护和改善的水资源分配问题，区域内外用水统筹难度大，南水北调中线、引汉济渭等工程运行后，江汉平原骨干河湖的生态环境需水难以保障，致使部分地区生态环境退化。随着人们对美好生活的期盼越来越高，对好水的需求越来越强，生态需水作为水资源配置体系中的重要组成部分，亟须开展深入研究，摸清河道内用水需求，协调江汉平原水资源系统的综合平衡关系，以维护区域内生态环境的可持续发展。

因此，开展江汉平原河湖生态需水研究，是满足国家长江经济带绿色发展与长江大保护战略的需求；是贯彻绿色发展理念，建设绿水青山的需求；是生态文明建设和美丽中国建设的新形势下众多河湖生态保护与修复的需求；是弥补过去水利工程建设规划设计对河湖生态环境需水量缺乏考虑之"短板"的需求。对统筹推进江汉平原水资源保护与水生态环境治理，绘就"蓝绿交融、清新明亮、水城相映"的江汉平原新画卷具有十分重要的意义。

第二节　概念内涵与基本理论

随着社会经济的发展和城镇化进程的加快，人类对自然资源的侵占日益加剧，导致河湖污染严重、土地沙化、水土流失、森林等自然植被锐减、生物多样性减少等一系列生态灾难，自然生态系统的健康及完整性受到损害。这些问题对人类的生存和社会经济的可持续发展构成越来越严重的威胁。为减缓和防止生态系统的退化，恢复和重建受损的生态系统，生态需水受到了国际社会的广泛关注和重视。但由于区域的差异性，各地存在不同的生态环境问题，很多学者根据研究范围内对象的差异性，提出了不同的研究思路、采取了不同的技术手段，衍生出很多关于生态需水的理论体系和计算方法。

一、概念内涵

从字义上讲，需水是指需要的水量，也就是达到、实现或维持某种目标需要保持的水量；生态需水是指生态系统达到、实现或维持某种生态目标所需要的水量。生态需水量与一定的生态目标，即一定的生态系统生产力相联系。不同的生态目标、不同的生态系统生产力，生态需水量也不同。由此可见，生态需水量是一个时空变量，它具有时空内涵和动态特性，即生态需水具有一定的阈值范围。生态需水量的阈值和生态系统的生产力状况相对应。一般认为，生态需水量可分为最小、适宜、最大三个等级。低于最小生态需水量或者超过最大生态需水量，将不可避免地带来一些生态问题。生态系统是一个动态系统，经过系统内生物的替代以及能量和物质的不断流动和循环，随着环境条件的变化，生态系统经过一系列循环最终达到同环境相平衡的状态。

（一）生态需水的概念

国内外的研究中，对于生态需水的界定多达几十种，研究对象、研究方法和研究尺度都存在明显的差异。中国工程院"21世纪中国可持续发展水资源战略研究"项目组从广义的维持全球水量平衡的角度出发，对生态需水的概念进行了界定，认为"水热平衡、水沙平衡、水盐平衡"都是生态需水的内容。这个概念比较概括地反映出生态需水研究的主要内容。狭义上，生态需水是指维护生态环境不再恶化并逐渐改善所需要保持的水资源总量。这是国内提出的较早也较完整而且有代表性的概念，对后来的研究起到了一定的理论指导作用。崔树彬等（2001）认为生态需水应该是指一个特定区域内的生态系统需水量，而不是指单一的生物体所需的水量或者耗水量，它不但与生态区的生物群体结构等有关系，还与生态区域的气候、土壤、地质及地表、地下水文条件及水质等因素都有关系；董增川（2001）、Gleick PH（1998）则认为生态环境需水量是指水域生态系统维持正常生态和环境功能所必需消耗的水量；李丽娟等（2000）综合考虑了河流系统生态环境需水量的一般特性，认为生态环境需水量是指为维持地表水体特定的生态环境功能，天然水体必须蓄存和消耗的最小水量；闵庆文等（2004）在做林地生态需水量估算的时候，基于农业气象学原理，提出了一个植被生态需水量的概念，即在其他因素不受限制的条件下，维持植被正常生长（或维持植被生态系统健康）所需要的水量；宋进喜等（2006）基于对生态与环境概念的辨析，指出生态需水是为了维持生态系统生物群落和栖息环境的动态稳定，在天然生态系统保护或生态系统修复、改善中所需要的水资源总量；李秀梅等（2005）在总结前人工作的基础上，建立了一个生态环境需水量的概念框架，并且从水的涵义及分类角度分析了生态需水与水资源之间的关系。

（二）生态需水的类型

生态需水的类型可以按照水功能区、生态需水和实际用水、需水的来源等来进行分类。

（1）根据用水功能区分为生态需水和环境需水。生态需水是指维护生态系统具有生命的生物体水分平衡所需要的水量，包括天然植被、水土保持、水生生物等所需要的水量。环境需水是指为保护和改善人类居住环境所需要的水量，包括改善水质、维护河湖各种平衡、控制地面沉降以及美化环境等所需要的水量。

（2）根据生态需要和实际用水分为生态需水和生态用水。生态需水是维持某种生态水平或维持某种生态平衡所需要使用的水量。生态用水是某种生态水平实际所使用的水量，或称作生态耗水量，是一个实际统计值。生态用水量可能由于水资源的短缺小于其生态需水量，也可能由于水资源丰沛或不合理利用大于生态需水量。

（3）根据需水的来源或人类对水源的控制能力分为可控生态需水和不可控生态需水。可控生态需水是指非地带性植被所在系统天然生态保护与人工生态建设消耗的径流量；不可控生态需水是指地带性植被所在系统天然生态保护与人工生态建设消耗的不形成径流的降水量。

（4）根据生态系统形成的原动力可分为天然生态需水和人工生态需水。天然生态需水是指基本不受人工作用的生态所消耗的水量，包括天然植被和水域需水。人工生态需水是指由人工直接或间接作用维持的生态所消耗的水量，包括用于防风的人工林草所需水量、维持城市景观所需水量、农业灌溉抬高水位支撑的生态需水量以及水土保持造林种草所需的水量等。

（5）根据需水的空间位置可分为河道内生态需水和河道外（陆地和湿地）生态需水。河道内生态需水包括维持水生生物生存和防止泥沙淤积、河流水质污染、海水入侵、河道断流、湖泊萎缩等所需的最小径流量。河道外生态需水则主要指维持河道外植被群落稳定所需要的水量。

（6）根据生态系统的类型可分为水域生态需水和旱地生态需水。水域生态需水包括海洋、河流、湖泊、水库、池塘、沼泽和湿地等所需要的水量。旱地生态需水包括陆地、高山、森林、草原、荒漠等所需的水量（张丽，2003）。

我国对生态需水的研究起步较晚，虽然取得了很大的进展，但仍然处于初级阶段，理论研究处在探索之中，计算方法还待完善。水资源作为生态的载体，可为生态提供有效的保障，但水和生态的关系非常复杂，如何在没有成熟的理论体系和计算体系及水资源合理开发利用的前提下，考虑研究区域的气候、水文、地理、地质、社会经济等因素，计算出合理的生态需水难度较大。因此，在研究中一是要充分调查研究区域内的基本情况、水文及下垫面条件，确定适合的理论和方法；二是要对方法在区域的适用性进行检验与合理性分析。

本书根据江汉平原水文、气象及河湖水系特征，从维持河湖基本形态、改善河湖水环境质量、保障特殊生境、维护生物栖息地以及防控汉江水华等需求出发，开展河流、湖泊生态需水计算。通过多目标、多方法生态需水计算，综合确定满足河湖生态环境功能要求的生态需水量，为江汉平原水资源优化配置提供基础支撑。

二、基本理论

（一）水与生态系统的关系

水为万物孕育的载体，同时也是生态系统连接的纽带，水与生态系统的关系是生态需水量计算最重要的理论依据。水既是生态系统的重要组成部分，又是影响生态系统的重要环境因子，任何生态系统的维持和演变都需要水的参与，这就使生态需水具有了客观性。随着科学技术的不断进步，人类在发展经济的同时，水质受到污染、生物多样性减少、森林植被锐减，致使自然生态系统的健康及其完整性受到损害，这些问题对人类的生存和社会经济的可持续发展构成了严重的威胁。在这种背景下，减缓和防止生态系统的退化，恢复和重建受损的生态系统，越来越受到国际社会的广泛关注和重视。20 世纪 80 年代，恢复生态学应运而生，并得以迅猛发展。90 年代，全球范围内掀起了一股研究生态学和可持续发展的热潮，生态恢复成为生态学的研究热点。植被是陆地生态系统的重要组成部分，是生态系统中物质循环与能量流动的中枢。植被恢复是退化生态系统恢复与重建的关键。要维持良好的生态环境，必须保护和建设植物群落。植被恢复是指运用生态学原理，通过保护现有植被、封山育林或营造人工林、灌、草植被，修复或重建被毁坏或被破坏的森林和其他自然生态系统，恢复其生物多样性及其生态系统功能。植被是组成生态系统的最基本成分，是生态系统的生产者，所以植被生态需水量是整个生态系统需水量的基础。

水资源问题成为阻碍经济发展和造成生态恶化的主要因素，同时水问题也是生态恢复与重建的重点与关键问题。如何合理利用有限的水资源，既兼顾人民的生活，又兼顾生态环境的保护，对于恢复和维护生态系统的可持续发展具有重要的理论和实践意义。根据生态需水的内涵，要努力增加水的供应，促进其恢复。当水的供应达到最小生态需水量时，生态系统可以在较低的生态水平上维持平衡；当水的供应超过最小生态需水量时，生态系统逐渐向较高水平发展，并不断得到改善，生产力不断提高。因此，估算生态需水时需考虑阈值原则。生态需水并不是一个恒定的值，而应该存在一个阈值区间对应着最小生态需水、最适宜生态需水和最大生态需水（丰华丽，2005）。

（二）基本原理

确定生态需水的基本原理包括水文学原理以及生态系统学原理，即水文循环与水量平衡、水热平衡、水沙平衡、水盐平衡等原理（栗晓玲等，2003）。

（1）水文循环与水量平衡原理。区域水文循环与水量平衡是生态需水的物质基础。水循环的蒸发过程包含着生物界的基本生理过程——蒸腾作用，涉及生物生长发育。在水文循环过程中，任一区域、任一时段输入水量与包括生态需水在内的输出水量之差和水的变化量要满足水量平衡原理，因而水循环和水平衡具有重要的生态学意义。

（2）水热平衡原理。水分在生态系统的物质循环与能量流动的结构体中，既是物质循环的一部分，又是其他物质运转的载体和能量流动的媒介。地面的水分受热后要向空中蒸发（包括植物的蒸腾）。用热量平衡方程推算蒸发量的方法，称为热量平衡法。

（3）水沙平衡原理。水沙平衡是指为达到河道泥沙的冲淤平衡，而进行输沙、排沙所需要的水量。

（4）水盐平衡原理。水盐平衡是指维持区域盐分平衡所需的水量。

（三）水资源配置理论

生态需水计算实际上是在强调人水协调发展、合理配置水资源的背景下提出的。在以往的水资源配置中，人们只关注生产和生活需水，而忽略生态需水的必要性和重要性。经济、社会和生态环境三个系统互相影响、相互制约，三者的协调程度直接影响到一个地区或国家的可持续发展。社会经济的可持续发展离不开生态系统，又同时为生态系统的健康运行提供保障。因此，遵循"三生（生产、生活和生态）"用水共享的原则，在水资源承载力分析的基础上，在生态系统需水阈值内，结合区域社会经济发展的实际情况，兼顾生态需水和社会经济需水，应用水资源优化配置理论和方法，才可能合理配置生态需水（丰华丽，2005）。

生态需水的配置主要是在结合社会经济发展、河湖生态、区域调度需求的基础上确定生态需水的目标。通过生态需水量和现有水资源量的对比分析来评估缺水量，在满足生态优先的原则下，对水资源充沛的可进行开发利用；在水资源短缺的情况下，采取节水措施优化、产业结构调整、生态调水配置等措施来补充这部分的缺水量。

生态系统水资源配置流程如图1-1所示。

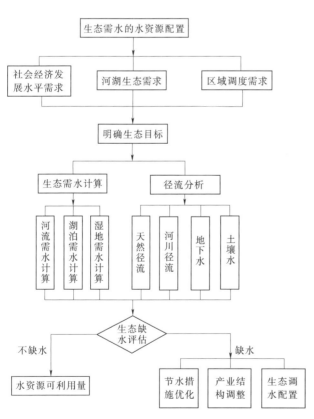

图1-1　生态系统水资源配置流程图

第三节 研 究 进 展

一、国外的研究进展

国外对生态需水的研究起步较早，形成了以河道生态需水为主的理论和方法。20 世纪 40 年代，美国鱼类和野生动物保护协会（USFWS）开始了针对保护水生物多样性的研究，并于 1971 年提出针对鱼类生长繁殖和产量与流量关系的河道最小流量（instream flow requirement）的概念。接着许多国家都开展了相关研究，提出了许多计算和评价方法。

50—60 年代，出现了关于河流生态流量的定量研究和基于过程的研究。一些早期的工作建立了流量和流速、鲜鱼、大型无脊椎动物、大型水生植物的联系。在此期间，河流生态学家将注意力集中在能量流、碳通量和大型无脊椎动物生活史方面。随后，一些学者对印度和孟加拉国的布拉马普特拉河流域（1960 年）、巴基斯坦的印度河流域（1968 年）和埃及尼罗河工程（1972 年）进行了重新评价和规划。70 年代以来，澳大利亚、南非、法国和加拿大等国家针对河流生态系统，比较系统地开展了关于鱼类生长繁殖、产量与河流流量关系的研究，提出了一些计算和评价方法。80 年代初，美国全面调整了对流域的开发和管理目标，形成了生态环境需水分配的雏形，特别是在河道内基本流量计算方面已形成了较为完善的计算方法，如 IFIM 法、Tennant 法等。

90 年代以后，通过水资源和生态环境的相关性研究，生态环境需水量研究才正式成为全球关注的焦点问题之一。研究对象也由过去仅关心的物种（如鱼类和无脊椎动物等）及河道物理形态的研究，扩展到维持河道流量（包括最小流量和最适宜流量）的研究，而且还考虑了河流生态系统的整体性，其研究方向也不再局限于河流生态系统，已扩展到了河流外生态系统。如 Gleick 在 1995 年提出了基本生态需水量（basic ecological water requirement）的概念，即提供一定质量和数量的水给天然生境，以求最大限度地维持天然生态系统，并能保护物种多样性和生态整合性所需的水量。此概念实质是生态建设（恢复）用水，缺乏天然生态系统维系自身发展而要求的生态用水的内涵。在其后来的研究中将此概念进一步升华并同水资源短缺、危机与配置相联系（Gleick，1998a，1998b，2000）。Falkenmark（1995）将"绿水"（green water）的概念从其他水资源中分离出来，提醒人们注意生态系统对水资源的需求，指出水资源的供给不仅要满足人类的需求，而且生态系统对水资源的需求也必须得到保证。这种提法得到了部分学者的认可，并对此进行了一些研究。但由于人们特别关注未来粮食的安全问题，所以大多"绿水"的研究还都集中在农业灌溉用水上，因此农业灌溉用水将是对"绿水"的重要补充。研究者还对全球陆生生态系统所需要的"绿水"进行了估算。Rashin 等（1996）也提出了可持续的水利用要求保证足够的水量来保护河流、湖泊和湿地生态系统，人类所使用的作为娱乐、航运和水力的河流和湖泊要保持最小流量，但并没有给出明确的概念和计算方法。Whipple et al.（1999）提出了相类似的观点，他认为水资源的规划和管理需要更多地考虑环境的需求和调整，并指出国家对河流航运、水电的需求不断增长，相应地对水供给、洪水控制、人类娱乐利用的需求也在增加，其中水供给包括城市、工业、农业利用，还有河道内的环境利用。Baird 等（1999）针对各类型生态系统（旱地、林地、河流、湖泊、淡水湿地等）的基本结构和功能，较详细地分析了植物与水文过程的相互关系，强调了水作为环境因子对自然保护和恢复所起到的巨大作用；尽管没有将生态环境需水量作为研究对象，但许多相关的思想、原理和方法在很大程度上推动了生态需水的研究进展和发展方向。

总体来看，国外研究强调水资源在整个生态系统中的地位和作用，并注重生态系统中与水有关的各因素之间的综合研究，特别是生物多样性的研究（Schmitt，1997；Strausfogel，1996）。正如 Naiman 等（1993）指出的那样，水域生态系统是地区和全球可持续发展的中心内容，因此，全球共同研究的内容应聚焦在：①生态的退化；②水资源的可再生性；③人类的健康和生活的质量等方面。水资源研究应从水资源利用过程中引起的主要问题出发，以保护和增强国家的水资源为目标，提出水资源利用的战略决策。

在河流生态需水研究领域，国际上早期的研究是关于河道低流量（low - flow）的研究（Armentroul，et al.，1987）。这个时期主要是为满足河流的航运功能而对低流量进行研究。随后，由于河流污染问题的出现，开始了对最小可接受流量（minimum acceptable flows，MAFs）的研究（Sheail，1984a，1984b）。其最小可接受流量除了满足航运功能外，还要满足排水净化功能。随着河流受人为因素影响和控制的加强，河流生态系统结构和功能遭到破坏，生态可接受流量范围（ecology acceptable flow regime，EAFR）的研究逐渐展开（Geoffrey，1996）。

为了促进水文水资源研究，国际之间加强了合作，其中就包括河道低流量的研究，如 FRIEND（Flow Regimes from Experimental and Network Data，基于全球水文实验与观测数据的水流情势研究）组织所倡导的行动计划。这个组织包括 13 个欧洲国家，主要是应用国家流量（水文）数据库及不同的研究方法，预测河流的高、低流量。FRIEND 组织研究了欧洲西北部 1350 条河流的低流量状况，其研究集中在应用水力学参数研究低流量与流域河床组成特性之间的关系，以及不同频率不同时段年平均流量（mean）与最小流量（annual minima）和低流量之间的联系等。后来 FRIEND 组织开始将研究计划向横向（包括东欧国家）和纵向（扩大到大尺度问题、方法问题、低流量和高流量条件下流域土地利用的变化、水质等问题的研究）发展，其研究的深度和广度不断扩大。

到目前为止，国外有关河道生态需水的研究内容和方法可以概括为以下几个方面：①河道流量与鱼类生息环境的关系研究（Armentrout et al.，1987）；②河流流量、水生生物与溶解氧（DO）三者之间的关系研究（Geoffrey，1996；Hughes，et al.，1992；Henry，et al.，1995a，1995b）；③水生生物指示物与流量之间的关系研究；④水库调度考虑生态、生态水量的优化分配的研究；⑤环境生态用水与经济用水的关系研究等（Naiman，et al.，1993；Sheail，1984a、1984b）。

二、国内的研究进展

（一）阶段划分

国内对生态环境需水的研究也是从河流生态系统开始的。生态环境需水的研究已取得很多成果，对生态环境需水的概念、内涵与外延等做了很多研究，提出了一些计算方法，总体上处在定性分析和宏观定量分析阶段。其研究进展大致可分为以下几个时期：

（1）20 世纪 70 年代末，有的学者开始研究探讨河流最小流量问题，主要集中在河流最小流量确定方法的研究，长江水资源保护科学研究所的"环境用水初步探讨"是其典型代表。

（2）20 世纪 80 年代，针对水污染日益严重的问题，国务院环境保护委员会在《关于防治水污染技术政策的规定》中指出：在水资源规划时，要保证为改善水质所需的环境用水，研究主要集中在宏观战略方面，大多数是以中国的西北干旱地区为基础。汤奇成等人于 80 年代末在分析新疆塔里木盆地水资源与绿洲建设问题时最早提出了"生态用水"问题，在进行全国水资源利用前景分析时，考虑了干旱区绿洲的生态用水。我国北方地区，尤其是西北干旱、半干旱地区日益严峻的水资源、水环境与水生态问题，迫使人们重新审视水资源与生态系统的关系（崔真真，2010）。

（3）20 世纪 90 年代，由于西北内陆地区生态环境持续恶化，生态问题突出，西北干旱、半干旱区生态用水研究力度加大，生态需水在中国得到了进一步的研究。刘昌明和何希吾（1996）、刘昌明（1999）提出了"四大平衡"〔水热（能）平衡、水盐平衡、水沙平衡、区域水量平衡〕与供需平衡、生态需水之间的相关关系，探讨了"三生"（生活、生产与生态）用水之间的共享性。贾宝全等（1998，2000）以新疆为例探讨了生态用水的概念和分类，根据这个概念和分类，对新疆生态用水进行了初步估算。在柴达木盆地的研究中，贺东辰（1998）则根据河流径流的 25％ 留给生态用水来计算柴达木盆地多年平均生态需水量。Zhang 和 Shen（1999）则根据景观生态学的原理研究了柴达木盆地的生态用水，其生态用水的分类基础是景观的类别，但每个景观区生态用水的计算方法与贾宝全的方法相同。

期间由中国工程院组织实施，43 位院士和近 300 位院外专家参与完成的《中国可持续发展水资源战略研究综合报告》中初步提出了生态环境需水理论，并估算了全国范围的生态用水。报告认为全国生态用水的低限为 800 亿～1000 亿 m^3，主要用于保护和恢复内陆河下游的天然植被及生态环境、水土保持和水保范围之外的林草植被建设、维持河流水沙平衡及湿地水域等生态环境的基流、回补黄淮海平原及其他地方的超采地下水等方面，其中黄淮海流域约需 500 亿 m^3，内陆河流域约需 400 亿 m^3（"21 世纪中国可持续发展水资源战略研究"项目组，2000）。国家"九五"科技攻关项目"西北地区水资源合理利用与生态环境保护"对干旱区生态需水进行了系统研究，提出了针对干旱区特点的生态需水研究计算方法，并于 2003 年出版了该项目的系列专著，从此揭开了我国生态用水研究的序幕。之后，黄淮海平原区河道断流、河道淤积、地下水大面积超采、河流入海口淤积、海水入侵、河流污染等问题引起了人们的关注，开始了黄淮海平原地区河流湖泊生态需水的研究。近年来，在南水北调水资源配置、水利与国民经济协调发展等项目，以及全国水资源规划中，都将生态需水作为供需平衡必须考虑的内容。

生态需水已越来越受到人们广泛的关注与重视，并逐渐成为水资源学科的研究热点，同时取得了丰硕的成果。刘燕华（2000）从水资源平衡的角度研究了柴达木盆地的天然植被以及灌溉植被的生态需水量。王礼先（2000）将西北植被建设现状生态需水量粗略估算为 220 亿 m^3/年左右，其中黄河流域林地为 17 亿 m^3/年，草地为 1 亿 m^3/年，新疆、河西走廊和柴达木盆地总和为 200 亿 m³/年。王芳（2000）将植被生态需水划分为可控生态需水和不可控生态需水，并以此为基础进行计算。李丽娟等（2000）以"海河、滦河水系"为例研究了河道生态环境需水，认为河道生态环境需水量包括河流天然和人工植被耗水量、维持水生生物栖息地、维持河口地区生态平衡、维持河流水沙平衡的输沙入海、维持河流水盐平衡、保持河流稀释净化能力、美化景观、调节气候以及地下水入渗补给量，计算了河流基本生态环境需水量、河流输沙排盐需水量和湖泊洼地生态环境需水量。

王根绪等（2017）认为当前水资源利用面临的主要挑战是如何建立水资源和水域生态系统完善的预测体系，水资源研究的主要内容应集中在生态恢复和重建研究、生物多样性保护研究、改变地表水流形式研究、生态系统产品和服务研究、预见的管理研究、解决前瞻问题研究等方面。王西琴等（2001a，2001b）从水污染问题出发，探讨了河道环境需水的内涵，指出河道最小环境需水量是维持河流的最基本环境功能不受破坏、必须在河道内常年流动的最小水量，并以黄河支流渭河为例，概算了 4 个断面及其干流现状年及不同水文年的河道最小环境需水量。崔保山和杨志峰（2002）分析了典型类型湿地生态环境需水量的内涵和临界阈值，探讨了湿地生态系统生态环境需水量的计算方法和相关指标，对各种类型湿地生态需水量和环境需水量的主要特点、存在特征和关键指标进行了系统剖析。Liu 和 Yang（2002）根据湖泊的基本特征分析了湖泊生态环境需水量的内涵，辨识了湖泊生态环境需水量的不同计算方法和相应指标体系，并通过实例进行了分析和估算（杨志峰，2003）。

（二）研究成果

尽管我国在生态环境需水量研究方面起步较晚，但研究进展较快。到目前为止生态用水研究目标多集中在水资源供需矛盾突出以及生态环境相对脆弱和问题严重的干旱、半干旱和季节性干旱的半湿润地区，研究对象主要集中在陆地和河流两个方面。主要的研究成果有。

（1）对水资源缺乏的西北干旱、半干旱地区和黄河、海滦河流域生态需水量及河道环境需水量的探讨与宏观定量研究。

（2）生态需水量计算原理研究方面，刘昌明（1999）从水资源开发利用与生态、环境相互协调发展角度出发，提出了计算生态需水量应遵循四大平衡原则〔水热（能）平衡、水盐平衡、水沙平衡以及区域水量平衡〕，丰富了水资源合理开发利用的理论内涵。

（3）对恢复湿地、城市河湖用水及地下水回补等环境需水量的研究。

（4）基于遥感和地理信息系统技术，结合水资源计算理论和植被生态理论的区域生态需水量研究，总的特点是从生态系统的整体性出发，针对河流、湿地、陆地、城市等不同的生态环境类型。不同生态系统的功能，采用不同的计算方法。

1）目前我国最常用的河道生态基流计算方法是 Tennant 法（蒙大拿法）及基于 Tennant 法的改进方法，2006 年国家环境保护总局环境影响评价管理司发布《水电水利建设项目河道生态用水、低温水和过鱼设施环境影响评价技术指南（试行）》（以下简称《指南》），明确提出"生态基流下限不得低于多年平均天然径流量的 10%"。

2）国内对水文学方法的引进与应用较多，其中主要是通过对不同地区的河流设定不同的基流标准改进 Tennant 法（蒙大拿法）。国内学者通过改进 7Q10 法也开发了一些适用于我国的计算方法，一般为最枯月平均流量多年平均值法、最小月平均流量法或90％保证率最小月平均流量法等。国内通过实例研究及 Tennant 法（蒙大拿法）验证，将月（年）保证率设定法作为计算生态基流的一种新方法，能够计算不同状况下的用水需求，比较适用于黄淮海平原等以季节性河流为主的地区。

3）针对我国比较严重的水环境污染现状，研究者还提出多种以水质为目标的生态基流计算方法，如根据河流水质保护标准和污染物排放浓度推算满足河流稀释、自净等环境功能所需水量的环境功能设定法，结合我国南方季节性缺水河流的水资源特征和污染情况提出的 BOD - DO 水质数学模型法。

4）随着研究资料的积累，监测调查资料逐渐丰富，水力学法也得到发展。有学者对水力参数进行修正，提出了修正的 R2Cross 法，如生态水力学耦合模型、生态水力模拟法等；也有学者结合生物参数与河道参数提出了生态水力半径法，可更好地适应鱼类对流速的需求。国内栖息地法的发展主要是对水文学法和水力学法的补充，有学者提出针对坝下减水、脱水河段微生物模拟计算的生态水力学法，适用于季节性大中型河流水生生物生态需水量计算。整体法在我国发展较慢，研究成果较少，在长江等资料相对丰富的地区，研究者提出水文-生态响应关系法，同时考虑了水库河段与坝下河段的用水需求，从整体上分析了大坝上下游河段的生态基流。

总体来看，国内河流生态需水计算方法在开始研究阶段大多是对国外水文学方法和水力学方法的应用和改进，大多数研究是从水文、水质角度出发进行的，生态基流计算主要是通过水文历史资料分析河流流量；后来逐渐提出了一些新的计算方法，但仍以水文学方法为主，水力学方法也有一定程度的应用。栖息地法和整体法还在探索过程中，其推广应用还需要更多的研究与实践验证。

第四节　基　本　方　法

国际上现今已有 200 余种生态流量计算方法，分别涉及 44 个国家和地区，这些方法大多数是不同学者在开展不同区域生态需水研究时提出的，具有区域性，普适性差，应用受到局限，使用时应做适用性分析。江汉平原河湖众多、水网密布，并具有江涨湖蓄、江退湖泄、内部水体流动性差等特点。因此本书总结提出了在江汉平原河流、湖泊生态需水确定中应用较广泛的理论方法，其宗旨是在实践中为江汉平原河湖生态需水确定提供方法与参考。

一、河流生态需水计算方法

目前，河流生态需水计算方法主要包括水文学方法、水力学方法、生境模拟法、水环境模拟法及整体分析法等五大类。

（一）水文学方法

水文学方法是在收集天然条件下的河流多年历史水文资料的基础上，根据单一的水文指标，如日平均径流量、径流占平均流量的百分比或保证率，来确定河流生态需水量的方法。典型的水文学方法有 QP 法、Tennant 法（蒙大拿法）、流量历时曲线法、7Q10 法、频率曲线法、近10年最枯月平均流量（水位）法、最小月（年）平均流量法、月（年）保证率法、RVA法、Texas法等。

1. QP 法

QP法又称不同频率最枯月平均值法，以节点长系列（$n \geqslant 30$年）天然月平均流量、月平均水位或径流量 Q 为基础，用每年的最枯月排频，选择不同频率下的最枯月平均流量、月平均水位或径流量作为节点基本生态需水的最小值。

频率 P 根据河湖水资源开发利用程度、规模、来水情况等实际情况确定，一般取 $90\% \sim 95\%$。

2. Tennant 法

Tennant法又称蒙大拿法，是标准流量法的一种，以预先确定的河道年平均流量的百分数为基准进行计算。Tennant法认为：过去发生的历史流量系列能描述河道生态系统在自然状态中的运行模式，在没有出现严重水环境问题的前提下，河道中的水生生物能适应流量的适当变化。因此，采用河道年平均流量的百分比，可以代表维护河道生态系统稳定的最低标准，即河道基本生态环境需水量。

河流流量推荐值是在考虑保护鱼类、野生动物、娱乐和有关环境资源的河流流量状况下，以预先确定的河道年平均流量的百分数为基础。该方法不需要现场测量，使用简单，操作方便。Tennant.D.L给出了保护鱼类、野生动物、娱乐和有关环境资源的河流流量推荐百分比，共分为8个级别，见表1-1。其研究表明，多年平均流量的10%是保持河流生态系统健康的最小流量，多年平均流量的30%是作为维持大多数水生生物良好栖息条件的基本环境流量，多年平均流量的60%是能为大多数水生生物提供极为适宜栖息条件的最佳环境流量。

表1-1　　保护鱼类、野生动物、娱乐和有关环境资源的河流流量推荐百分比

级别	河流流量状况（叙述性描述）	推荐的基流标准（占多年平均流量的百分数）/%	
		枯水期	丰水期
1	最大	200	200
2	最佳范围	60～100	60～100
3	非常好	40	60
4	极好	30	50
5	好	20	40
6	中	10	30
7	差或最差	10	10
8	极差	0～10	0～10

3. 流量历时曲线法

流量历时曲线法利用历史流量资料构建各月流量历时曲线，并且提供了流量累积频率。这种方法建立在至少10年的日均流量基础上，计算每个月的生态流量。采用90%或95%保证率对应流量作为基本生态需水的最小值。流量历时曲线法不仅具有采用水文资料的简单便捷性，而且所用资料较为全面，能较好地反映径流年际、年内分布的不均匀性。

因此，它比历史流量法之类的其他方法更加客观，但不能代表流域的全部情况。

4. 7Q10 法

7Q10 法又称最小流量法，该方法在 20 世纪 70 年代传入我国，通常选取 90%～95% 保证率下、年内连续 7d 最枯流量值的平均值作为基本生态需水的最小值，也可采用一年 364d 都能保证的流量，作为满足污水稀释功能的河流所需流量，目的是维持河流水质标准。该法主要用于计算污染物允许排放量，在许多大型水利工程建设的环境影响评价中得到应用。

5. 频率曲线法

该方法是用长系列水文资料的月平均流量、月平均水位或径流量的历史资料构建各月水文频率曲线，将 95% 频率相应的月平均流量、月平均水位或径流量作为对应月份的节点基本生态环境需水量，组成年内不同时段值，用汛期、非汛期各月的平均值复核汛期、非汛期的基本生态环境需水量。频率宜取 95%，也可根据需要做适当调整。该方法一般需要 30 年以上的水文系列数据。

6. 近 10 年最枯月平均流量（水位）法

缺乏长系列水文资料时，可用近 10 年最枯月（或旬）平均流量、月（或旬）平均水位或径流量，即 10 年中的最小值，作为基本生态环境需水量的最小值。

7. 最小月（年）平均流量法

最小月平均流量法（李丽娟，2000）以河流最小月平均实测径流量的多年平均值作为河流的基本生态环境需水量。该法的计算公式为

$$W_b = \frac{T}{n} \sum_i^n \min(Q_{ij}) \times 10^{-8} \qquad (1-1)$$

式中：W_b 为河流基本生态需水量，亿 m^3；Q_{ij} 为第 i 年第 j 个月的月平均流量，m^3/s；T 为换算系数，其值为 3.15×10^7；n 为统计年数。

8. 月（年）保证率法

月（年）保证率法根据系列水文统计资料，在不同的月（年）保证率前提下，以不同的天然年径流量百分比作为河流生态需水量的等级，分别计算不同保证率、不同等级下的月（年）河流基本生态需水量，计算步骤如下：

（1）根据系列水文资料，对各月天然径流量按从小到大进行排列。

（2）计算月不同保证率（P50%、P60%、P70%、P80%、P90%）所对应的水文年及多年平均情况下的各月天然流量、多年平均值。

（3）以上述计算的各月天然径流量作为原始数据，分 5 个推荐流量等级（极好、非常好、好、中、最小）计算各月的河道环境需水量，分别采用年平均天然径流量的 100%、60%、40%、30%、10% 作为河道内用水。以年天然径流量的 30%、10% 作为河道内用水时，可能会出现月河道生态需水量占多年月平均天然径流量的百分比小于 10% 的情况，此时，则按前上一种百分比的月河道生态需水上限计算，如：30% 假设出现就按照 40% 假设计算；如果按照上一种假设下的上限计算出的月生态需水量占其月流量的百分比远大于 10%，则仍按 10% 计算，即遵循月河道生态需水量与月天然径流量的百分比不能低于 10% 的基本原则。国外研究表明，如果河道流量低于 10%，则河流生态系统健康得不到

保障，河流的生态环境就会遭到破坏（李捷，2007）。

9. RVA 法

RVA（range of variability approach，变化幅度）法是由 Richter 等提出的，是第一个广泛应用于水文过程变化评估的方法。该方法通过构建水文 IHA（Indicators of Hydrologic Alteralion，水文改变指标）指标集，基于河流的日水文资料（系列长度大于 20 年），统计 IHA 指标值（包含流量大小幅度、时间、频率、持续时间及变化率等 5 个方面共 33 个指标）并以每个参数均值以上、以下标准差的范围或者 $25\% \sim 75\%$ 的范围作为流量管理的目标，通过分析河流长系列的日流量数据，设定各指标的上下限（即 RVA 阈值），评估水利水电工程建设前后河流水文指标变化的程度。若受水利水电工程影响后的流量记录仍有大部分落在 RVA 阈值范围内，则表明工程对河流径流的影响轻微，仍在自然流量的变化范围内；若受影响的流量记录大部分落在 RVA 阈值之外，则表明工程对河流的生态环境有严重的负面影响。RVA 阈值描述流量过程线的可变范围，即天然生态系统可以承受的变化范围，这为估算河流生态流量系列提供了参考。

在实测水文序列中，P 称为经验频率 P，其经验频率采用数学期望公式计算，即

$$P = \frac{M}{N+1} \times 100\%, M = 1, 2, \cdots, a \tag{1-2}$$

式中：M 为样本从大到小排位的项数；N 为样本容量。

Poff et al.（1997）提出，天然状况下河流的流量、流量事件（即在某时段具有特定意义的流量序列，或称水文事件）的动态特性出现时机、可变性可由 5 个指标要素（即流量大小、出现频率、持续时间、出现时机和变化率）进行描述，即河流的水文情势。

RVA 阈值描述流量过程线的可变范围，是天然生态系统可以承受的变化范围，可为计算河流生态基流量提供参考。依据正常水文特征值（均值）的变动范围应不超过天然可变范围（即 RVA 阈值差），这样才能够维持河流健康生态系统。基于 RVA 法的生态流量估算方法按式（1-3）进行：

$$S_{ecology} = \overline{S} - (S_{上限} - S_{下限}) \tag{1-3}$$

式中：$S_{ecology}$ 为流量生态值；$\overline{S}$ 为均值；$S_{上限}$ 为 RVA 的上限阈值；$S_{下限}$ 为 RVA 的下限阈值。

10. Texas 法

Texas 法在 Tennant 法的基础上进一步考虑了水文季节变化因素，通过对各月的流量频率曲线进行计算后，取 50% 保证率的月流量的特定百分率作为河道生态所需最小流量（孙甲岚，2012）。其中特定百分率的设定以研究区典型植物以及鱼类的水量需求为依据。该法具有地域性，比较适用于流量变化主要受融雪影响的河流。

（二）水力学方法

水力学方法的应用是水力学现场数据，故需要收集河流流量与河流断面参数方面的数据。该类方法主要包括湿周法、R2Cross（2 倍水力半径）法、河床形态法、生态水力半径法等。

1. 湿周法

湿周法是水力学中最常用的方法，利用湿周作为水生物栖息地指标，根据水生生物栖

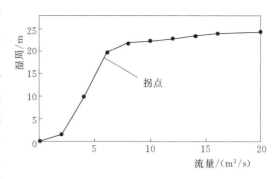

息地的河道尺寸及对应的流量数据，分析湿周与流量的关系，建立湿周-流量关系曲线，如图1-2所示。

图1-2 湿周-流量关系曲线

对于具有稳定河床形态的河道，其断面的湿周-流量关系曲线可拟合为对数函数或幂函数的形式。其中，当河道断面形态近似矩形或梯形时，湿周-流量关系曲线可拟合为对数函数，表达形式为 $P = a\ln Q + b$；当河道断面形态近似三角形或抛物线形时，湿周-流量关系曲线可拟合为幂函数，表达形式为 $P = cQ^d$。在早期的应用研究中，主要根据研究者的直观感觉和经验来判断湿周-流量关系曲线上的转折点，存在很大的主观性。随着研究的不断深入，研究者提出了两种确定临界点的方法，即斜率法和曲率法。斜率法以曲线上斜率为1的点作为转折点，曲率法以曲线上曲率最大的点作为转折点。不同断面下斜率法得到的流量和湿周均大于曲率法，曲率法在某些断面情况下得到的相对湿周偏小。根据各控制断面测量大断面数据及实测水位流量关系，建立稳定的湿周-流量关系。湿周法中流量和湿周通常用相对某一特征流量 Q_m（如最大流量、多年平均流量等）及其相应湿周 χ_m 的比例表示，即：

$$q = \frac{Q}{Q_m}, p = \frac{\chi}{\chi_m} \tag{1-4}$$

式中：q、p 分别为相对流量、相对湿周。

2. R2Cross 法

R2Cross 法具有和湿周法相同的假设。对于一般的浅滩式河流栖息地，如果将河流平均深度、平均流速和湿周长度作为反映生物栖息地质量的水力学指标，且在浅滩栖息地能够使这些指标保持在相当满意的水平上，那么也足以维护生物体和水生生境健康。该法确定最小生态需水量具有两个标准：一是湿周率，二是保持一定比例的河流宽度、平均水深以及平均流速等（吉利娜，2006）。R2Cross 法以曼宁公式为基础，与历史流量法相比，该类方法假定河道在时间尺度上是稳定的，并且所选择的横截面能够确切地表征整个河道的特征。

3. 河床形态法

维持河床形态的河流造床功能所需水量，可根据对枯水期、平水期、丰水期，或汛期、非汛期维持河床形态的水量分析，分别求得。维持河流形态功能不丧失的水量，可用维持枯水河槽的水量估算，通过分析枯水期河道横、纵断面形态和水量与流量的关系，推求维持枯水河槽对应的需水量（徐志侠，2004）。

河流流量与水面宽的关系与河床横断面形态存在密切关系。河床中低水横断面形态可以分为 U 形、三角形、U 形和三角形的复合型。

（1）U 形河床断面。冲积河流在直线河段上的断面形状一般呈梯形，在弯道处则凹岸水深而凸岸水浅，断面不对称。越向下游，由于宽度增加的速度超过水深，断面接近长方形的程度就越大。梯形、长方形横断面形态都可以概化为 U 形断面。

用实测流量和水面宽数据点绘流量和水面宽关系线，对其进行概化，形成流量和水面宽关系概化图，在图中找到流量和水面宽关系线的突变点。在突变点以下，每减少一个单位的流量，水面宽的损失量将比突变点以上显著增加，河流宽度特征和相应生态功能将严重损失。将突变点处相应流量作为河道水体最小生态需水，可以保留河流 55%～75% 的特征，即保留河流大部分特征。如果流量进一步减少，则每减少一个单位的流量，河宽减少量显著增加，是得不偿失的。因此，将流量和水面宽关系突变点相应流量作为最小生态流量。从河床横断面形态上看，突变点的位置在滩地的上边沿处。突变点在数学上的意义是以流量为自变量的水面宽和流量关系函数的一阶导数的最大值，即二阶导数为 0 的地方。

（2）三角形断面。因为三角形断面没有地形上的突变点。因此本方法不适用于三角形断面。

（3）U 形和三角形复合型断面。这种断面也存在和 U 形断面类似的突变点，其原理和 U 形断面类似。

4. 生态水力半径法

生态水力半径法是刘昌明等（2007）提出的一种计算河道内生态需水量的水力学方法，该方法同时利用水力半径、水力坡度、糙率等河道参数和维持某一河流生态功能所需的河流流速来计算河道内的生态需水量。

生态水力半径法主要是针对保护鱼类所需要的生态需水量而提出的。水力半径 R 与过水断面平均水流流速 v、水力坡降 J 以及河道糙率 n 之间的关系为

$$R = n^{3/2} v^{-2/3} J^{-3/4} \qquad (1-5)$$

根据鱼类的生活、繁殖习性确定的过水断面生态流速 $v_{生态}$ 作为过水断面的平均流速，利用糙率和坡降计算出河道过水断面的生态水力半径 $R_{生态}$；再用 $R_{生态}$ 来计算过水断面面积 A；然后由水力半径-流量关系计算流量，估算生态需水量 $Q_{生态}$。

$$Q = n^{-1} R^{3/2} A J^{1/2} \qquad (1-6)$$

天然河道的断面形状是不规则的，但可以用矩形、三角形及抛物线形等形状作为断面的近似形状。根据不同河流断面形态，过水断面面积及水力半径见表 1-2。

表 1-2　　　　　　　　不同断面形状过水断面面积及水力半径

河流断面形状	过水断面面积 A	水力半径 R	说　　明
矩形	$A = bh$	$R = \dfrac{bh}{b+2h}$	b 为宽度，h 为水深
梯形	$A = 0.5(b_1+b_2)h$	$R = \dfrac{0.5(b_1+b_2)h}{b_2+h\left(\sqrt{1+m_1^2}+\sqrt{1+m_2^2}\right)}$	b_1 为水面宽，b_2 河底宽度，m_1 为左边坡系数，m_2 为右边坡系数，其余符号意义同上
三角形	$A = 0.5bh$	$R = \dfrac{0.5b}{\sqrt{1+m_1^2}+\sqrt{1+m_2^2}}$	符号意义同上

（三）生境模拟法

生境模拟法从生物生态环境状况、生物适宜栖息地特征入手，利用数值模拟方法建立生物栖息地面积与流量的响应关系，计算河流生态需水。如美国的河道内流量增加

（IFIM）法和自然生境模拟系统（PHABSIM）、有效宽度（UW）法、加权有效宽度（WUW）法、流速法、习变法等（李丽华，2015）。生境模拟法结合了水文学、水力学及生物对流量的响应，该类方法保证的是鱼类或无脊椎动物的环境用水，是生态需水估算较灵活的方法。

1. 河道内流量增加（IFIM）法

该方法是应用最广的方法，它考虑的主要指标有流速、最小水深、底质情况、水温、DO、总碱度、浊度、透光度等。该方法通常用来评价水资源开发利用对下游水生生物栖息地的影响。

2. 自然生境模拟系统（PHABSIM）

PHABSIM 是河道内流量增量法框架下的主要计算软件，需要详细勘察河流水力和形态要素，以保证水文、生物和生态等数据满足计算要求，目前未形成结构化的评估程序，仅适用于澳大利亚地区。

3. 有效宽度（UW）法

该方法通过建立河道流量和某个物种有效水面宽度的关系，把有效宽度占总宽度的某个百分数相应的流量作为最小可接收流量。有效宽度是指满足某个物种需要的水深、流速等参数的水面宽度，不满足要求的部分就算无效宽度。

4. 加权有效宽度（WUW）法

该方法是将一个断面分为几个部分，每一部分乘以该部分的平均流速、平均深度和相应的权重参数，从而得出加权后的有效水面宽度。权重参数的取值范围为 0～1。

5. 流速法

流速法以流速作为反应生物栖息地指标，来确定河道内生态需水量。其原理是根据断面关键指示性物种确定生态流速，再依据断面的 $v\text{-}Q$ 关系得到断面生态流量，即

$$Q = vA \tag{1-7}$$

式中：Q 为河流断面径流量，m^3/s；v 为河流流速，m/s；A 为河流断面面积，m^2。

由式（1-7）可知，流速和流量为正相关关系，流量随着流速的增大而增大。所以从理论上来讲，适宜的流速能保证流量处在较好范围。

6. 习变法

习变法最早由夏军院士于 2007 年提出，是一种基于生态保护对象的生活习性和流量变化的河道生态需水估算方法，简记为 EIFR。该方法主要通过建立流量变化与生物习性的定量关系，确定主要生态保护对象生活习性的关键月份与一般月份，从而分别计算出各月的生态需水量。该方法既具有水文学方法的简便优势，又尽可能多地考虑生物学特性，能较好地解决资料缺乏地区的生态需水估算问题。EFIR 的计算包括两部分：对于关键月，EIFR 为该月的中值流量（$Q_{\text{mean},i}$）与该月流量变异系数（CV_i）的乘积；对其他月份，EIFR 为 90% 超过概率流量（$Q_{90\%}$）与全年各月流量变异系数最小值（$Q_{\min}$）之乘积。

已有的南水北调调水区生态需水研究经验表明，河流流量变异系数与生物生活习性存在某种相关关系。根据研究区的流量资料系列，其变异系数由下式求出：

$$Cv = \frac{\sigma}{\overline{x}} \tag{1-8}$$

式中：$\overline{x} = \frac{1}{n}\sum_i x_i$ 为平均流量值；$\sigma = \sqrt{\dfrac{\sum\limits_{i=1}^{n}(x_i - \overline{x})^2}{n}}$ 为标准差。

关键月的中值流量为 $Q_{\mathrm{mean},i}$，该月的变异系数为 CV_i，则主要保护生态对象在该关键月的生态需水 $EIFR_{vi}$ 为

$$EIFR_{vi} = Q_{\mathrm{mean},i} \times CV_i \tag{1-9}$$

对一般月份来讲，河流主要保护对象对流量没有特别要求，河道只需要维持一定水量作为河流基本流量，采用下式进行计算：

$$EIFR_{bi} = Q_{90\%} \times CV_{\min} \tag{1-10}$$

式中：$Q_{90\%}$ 为超过概率流量，由经验频率分析计算得到；$CV_{\min}$ 为河流 12 个月的变异系数的最小值，其物理意义是河道需保持 90％ 概率意义下的流量的最小标准均方差量级的流量作为河流最基本流量。

（四）水环境模拟法

该方法是以水质目标为约束的生态需水量计算，为达到水质目标所需要的水量。该方法选用丹麦 DHI 公司开发的 MIKE11 软件进行河流一维水动力模拟，根据水功能区、水文站、水利枢纽等元素将研究河段划分为若干个计算单元后，采用调查统计结合估算法对各计算单元的现状污染物入河量进行分析，并充分考虑各项截污控污措施，对入河污染物情况进行预测。并搭建水动力水质模型，输入相应的模型边界条件，经过对模型参数进行科学的率定与验证后，分析计算得到控制断面基于水功能区水质达标的生态需水。

MIKE11 软件包括水动力模块（HD）、降雨径流模块（RR）、水工建筑物操作模块（SO）、一维对流扩散模拟模块（AD）及水质与生态模拟模块（Ecolab）等；本书涉及的模块主要有水动力模块（HD）及降雨径流模块（RR）（滕艳，2008）。

水动力模块（HD）是 MIKE11 的基本模块，模型计算基于圣维南方程组进行求解。

连续方程：
$$B\frac{\partial H}{\partial t} + \frac{\partial Q}{\partial x} = s_0 \tag{1-11}$$

运动方程：
$$\frac{\partial Q}{\partial t} + \frac{\partial}{\partial x}\left(\alpha\frac{Q^2}{A}\right) + gA\frac{\partial H}{\partial x} + gA\frac{Q|Q|}{K^2} - \left(v_x - \frac{Q}{A}\right)s_0 = 0 \tag{1-12}$$

其中
$$K = AC\sqrt{R} \tag{1-13}$$

$$\alpha = \frac{\int_A v^2 \mathrm{d}A}{\overline{v}^2 A} \tag{1-14}$$

式中：Q 为流量，$\mathrm{m^3/s}$；A 为断面面积，$\mathrm{m^2}$；H 为水位，m；v 为流速，$\mathrm{m/s}$；R 为水力半径，m；C 为谢才系数，$\mathrm{m^{1/2}/s}$；B 为河面总宽度，m；v_x 为旁侧入流在水流方向上的流速分量，$\mathrm{m/s}$；$\overline{v}$ 为断面平均流速，$\mathrm{m/s}$；K 为流量模数；α 为动量修正系数。

水质指标的计算采用一维非稳态水质模型，包括平移、扩散、源汇和反应等过程。

$$\frac{\partial AC}{\partial t} + \frac{\partial QC}{\partial x} = \frac{\partial}{\partial x}\left(D_x\frac{\partial AC}{\partial x}\right) + AS + Af_R(C,t) \tag{1-15}$$

式中：C 为污染物浓度值，mg/L；D_x 为沿河道方向的弥散系数，m^2/s；S 为源汇项，$mg/(L \cdot s)$，正值表示输入，负值表示输出；f_R 为反应项。

由于圣维南方程组属于一阶拟线性双曲型偏微分方程组，在一般情况下很难直接求得解析解，因此首先采用较为成熟的有限差分格式对方程进行离散化处理，然后借助计算机求出近似解。本书基于 Abbott 隐式差分格式进行差分求解，计算方法如图 1-3 所示。这种方法对每个模块都是适用的（运动、扩散、动态的）。

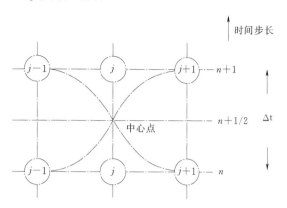

图 1-3 6 点 Abbott - Ionescu 格式的计算方法

这一方法主要运用在河流生态环境需水研究中，随着理论的逐步完善，在湖泊（刘静玲等，2002）、湿地（崔保山等，2002，2003）等生态系统的需水研究中也开始得到运用。一般说来，河流生态环境需水按功能可划分为河流水污染防治用水、河流生态用水、河流输沙用水、河口区生态环境用水以及河流景观与娱乐环境用水等。各项功能所需水量可分别计算，再按一定的原则综合起来便可得出整个河流的生态环境需水量。运用时应遵循一定的原则，包括功能性需求原则、分时段考虑原则、分河段考虑原则、主功能优先原则、效率最大化原则、后效最小化原则、多功能协调原则和全河段优化原则等（倪晋仁，2002b）。

（五）整体分析法

整体分析法是以流域为单元，全面分析河流生态需水的方法，包括南非的建筑堆块法（BBM 法）、澳大利亚整体分析法（Holistic Method）、DRIFT 法等。

1. 建筑堆块法

建筑堆块法在南非应用广泛，该方法集中于流量的变化对河流生态与环境的影响分析，需要对流量大小变化与相应的河流生态系统进行长年的观测，对不同流量的界定非常关键，整个过程需要由水生生态学家和水利工程师等多学科团体的参与，一般用逐月的日流量来描述（徐志峡，2005）。估算的河道内流量需求的重要成分包括枯季流量、中等流量和中、小洪水。河流生态系统的年需水量是枯季流量、汛期径流量和洪水的总和，另外还需考虑附加流量（如冲刷流量）等。这样，整个系统的需水量的确定需依据月或者更短时段的流量分配、最大和最小月流量、希望的流量变化水平、发生时间、洪水的范围和持续时间和冲刷流量等因素，较为复杂，使用起来比较困难。

2. 澳大利亚整体分析法

澳大利亚整体分析法的基本要求是建立完善的河流生态监测系统，整个生态系统（包括发源地、河道、河岸地带、洪积平原、地下水、湿地和河口）的需水都需要评价。此法的基本原则是维持河流的天然特征。为了维持生态系统功能的整体性，必须保留河流天然生态系统的基本特征，比如径流季节性特征、枯水时期和断流时期特征、各种洪水特征、流量持续时间特征和重现期特征及冲刷流量特征。

3. DRIFT 法

DRIFT 法是 Athington（1979）基于生态学家和水文学家的经验，在对鱼类生活习性深入调研的基础上提出的。该方法在国外应用较为广泛，对水生物资料及水文资料要求较高，不适用于资料较少的河流，且对人力、物力和时间消耗大。

二、湖泊生态需水计算方法

目前国外常用的湖泊生态需水计算方法，主要包括生物空间法、湖泊形态分析法、生物需求法、水量平衡法、换水周期法、最低年（月）平均水位法、年保证率法、水环境模拟法等。

1. 生物空间法

生物空间法基于湖泊中各类生物对生存空间的需求来确定湖泊的生态环境水位。可用于计算各类生物对生存空间的不同需求下对应的水位。

（1）各类生物对生存空间的基本需求所对应的水位过程可采用式（1-16）计算：

$$H_b = \max(He_{\min}^1, He_{\min}^2, \cdots, He_{\min}^i, \cdots, He_{\min}^n) \tag{1-16}$$

式中：H_b 为湖泊最低生态水位，m；$He_{\min}^i$ 为第 i 种生物所需的湖泊最低生态水位，m。

各类生物对生存空间的基本需求，应包括鱼类产卵、洄游，种子漂流，水禽繁殖等需要短期泄放大流量的过程。宜选用鱼类作为关键物种，式（1-16）可变为式（1-17）：

$$He_{\min f} = H_0 + H_f \tag{1-17}$$

式中：H_0 为湖底高程，m；H_f 为鱼类生存所需的最小水深，m，可以根据实验资料或经验确定。

（2）计算维持水生生物物种稳定和多样性对生存空间的需求所对应的目标生态环境水位时，式（1-16）中各种生物生存空间对应的水位要求应按保护目标要求确定。

2. 湖泊形态分析法

湖泊形态分析法通过分析湖泊水面面积变化率与湖泊水位的关系来确定维持湖泊基本形态需水量对应的最低水位。首先通过实测的湖泊水位 H 和湖泊面积 F 资料，构建湖泊水位 H 与湖泊水面面积变化率 dF/dH 的关系曲线（图 1-4）。在湖泊枯水期低水位附近的最大值对应的水位为湖泊最低生态水位。如果湖泊水位和 dF/dH 关系线没有最大值，则不能使用此方法。

湖泊最低生态水位可采用下式计算：

$$F = f(H) \tag{1-18}$$

$$\frac{dF}{dH} = 0 \tag{1-19}$$

$$H_{\min} - a \leqslant H \leqslant H_{\min} + b \tag{1-20}$$

式中：F 为湖面面积，m^2；H 为湖泊水位，m；$H_{\min}$ 为湖泊天然状态下的多年最低水位，m；a、b 为和湖泊水位变幅相比，较小的一个正数，m。

3. 生物需求法

对于有水生生物物种不同时期对水量需求资料的湖泊，水生生物需水量可采用下式计算：

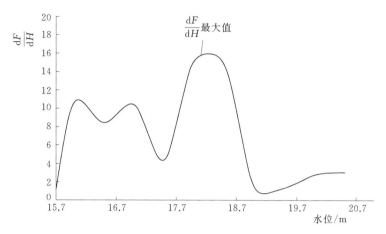

图 1-4　湖泊水位与湖泊面积变化率曲线示意图

$$W_i = \max(W_{ij}) \tag{1-21}$$

式中：W_i 为水生生物第 i 月需水量，m^3；W_{ij} 为第 i 月第 j 种生物需水量，m^3，根据物种保护的要求，可是一种或多种物种。实际计算中，可根据实测资料和相关参考资料确定生物物种生存、繁殖需要的流速范围，再根据"流速-流量关系曲线"，确定相应的流量范围，进而计算得到 W_{ij}。

当水生生物保护物种为多个时，应分别计算各保护物种的需水量，并取外包值。

4. 水量平衡法

水量平衡法是根据湖泊水量平衡原理来确定湖泊生态需水量的方法，在吞吐型湖泊中最为适用（徐志侠等，2005a）。根据湖泊水量平衡原理，湖泊的蓄水量由入流和出流水量不尽相同而不断变化，在没有或较少人为干扰的状态下，湖泊水量的变化处于动态平衡，如下式：

$$W_{\min} = F(V_p, V_{rs}, V_{rq}, \Delta V, V'_{rs}, V'_{rq}, q, \xi) \tag{1-22}$$

式中：$W_{\min}$ 为时段内的湖泊最小生态需水量，m^3；V_p 为时段内湖面上的降水量，m^3；V_{rs} 为时段内进入湖泊的地表径流量，m^3；V_{rq} 为时段内进入湖泊的地下径流量，m^3；ΔV 为时段前湖泊蓄水量，m^3；V'_{rs} 为时段内流出湖泊的地表径流量，m^3；V'_{rq} 为时段内流出湖泊的地下径流量，m^3；q 为时段内国民经济各部门的用水量，m^3；ξ 为修正常数，m^3。

闭流湖中，式（1-22）可以简化为

$$W_{\min} = F(V_p, V_{rq}, \Delta V, V'_{rq}, q, \xi) \tag{1-23}$$

湖泊最小生态需水量可以根据湖泊水量消耗的实际情况进行估算。原则上，闭流湖不可大量取水用于生活、工业和农业用水，如果没有回补的水量和严格的管理，湖泊会迅速萎缩和干枯。

5. 换水周期法

换水周期系指全部湖水交换更新一次所需时间长短的一个理论概念，是判断某一湖泊水资源能否持续利用和保持良好水质条件额度的一项重要指标，计算公式为

$$T = \frac{W}{W_q} \tag{1-24}$$

式中：T 为换水周期，d；W 为多年平均蓄水量；W_q 为多年平均出湖水量。根据式（1-24）可得湖泊生态系统的生态需水量计算公式：

$$W_q = \frac{W}{T} \tag{1-25}$$

湖泊最小生态需水量可以根据枯水期的出湖水量和湖泊换水周期来确定，这对于湖泊生态系统特别是人工湖泊的科学管理是非常重要的，合理地控制出湖水量和出湖流速，将有利于湖泊生态系统及其下游生态系统的健康和恢复。

6. 最低年（月）平均水位法

参照河流最枯年（月）平均流量法及水文学中 Texas 法，结合我国的实际情况，最低年（月）平均水位法计算湖泊最低生态水位的计算公式为

$$H_{\min} = \lambda \frac{\sum_{i=1}^{n} H_i}{n} \tag{1-26}$$

式中：$H_{\min}$ 为最低生态水位；H_i 为年（月）平均最低水位；n 为统计年（月）数；λ 为权重，反映湖泊历年（月）年（月）最低水位的平均值与最低生态水位的接近程度，可采用水文统计法、反馈法和专家判断法来确定，值域为 0.65～1.55。

最低年（月）平均水位法主要考虑将湖泊最低生态水位保持在历史平均最低水位相应百分比的水平上，其有利方面是计算简单，不需要考虑生物的细节信息（李新虎，2007）。

7. 年保证率法

年保证率法是采用湖泊河道基本环境年（月）保证率设定法的基本原理及水文学的 Q95 法来计算湖泊最低生态水位（王圣瑞，2014）。计算式如下：

$$H_{\min} = \mu \overline{H} \tag{1-27}$$

式中：$H_{\min}$ 为最低生态水位，$\overline{H}$ 为某保证率下所对应的水文年年平均水位；μ 为权重。

以水文年年平均水位作为湖泊最低生态水位，因为没有考虑生物细节计算结果可能与客观情况有所差别，为了使成果更加客观，所以采用权重 μ 来进行调整。它反映的是水文年年平均水位与最低生态水位的接近程度，计算方法有两种：①专家判断；②根据水文年湖泊生态系统健康等级来估算。对于湖泊生态系统健康等级的研究，目前已有不少研究将湖泊生态系统健康等级分为优、较好、中等、差和极差 5 个级别，见表 1-3。当水文年湖泊生态系统健康等级为较好以上时，说明该年的水位为湖泊的正常水位，这时，计算结果应适当下调；湖泊生态系统健康等级为中等时，说明该年的水位能维持湖泊生态系统的动态平衡；湖泊生态系统健康等级为差或者极差时，说明该年的水位不能满足湖泊生态系统的需水要求，计算结果应适当上调。

表 1-3　　　　　　　　湖泊生态系统健康等级与权重 μ 的对应关系

等级	优	较好	中等	差	极差
权重 μ	0.945	0.975	1.000	1.005	1.013

8. 水环境模拟法

湖泊水环境模拟法是基于丹麦水环境模型（MIKE21），对湖泊进行二维水动力水质

模拟，确定在设计水文条件下，在维持和保证湖泊生态系统正常的生态环境功能的角度，估算湖泊最小生态需水量。该方法是二维自由水面流动模拟系统工程软件包，适用于湖泊、河口、海湾和海岸地区的水力、水质的平面二维仿真模拟。水动力模拟适合用忽略分层的二维自由表面流方程求解，MIKE模型用ADI二阶精度的有限差分法对动态流的连续方程和动量守恒方程求解。

第五节 本书主要内容

本书从生态环境角度出发，以保护江汉平原水生态系统为目标，在系统梳理国内外生态需水研究进展的基础上，基于作者多年实际工作，总结提出了适宜于江汉平原河流、湖泊的生态需水计算方法，并重点研究了汉江中下游、典型支流和典型湖泊的生态需水，提出生态需水保障的措施体系以及保障工程建议，以期为江汉平原实施生态优先、绿色发展，建设美丽河湖、幸福河湖提供科学依据和技术支撑，在更深层次、更广范围、更高水平上推动江汉平原和谐可持续发展。

研究内容包括江汉平原历史与现状、汉江中下游干流生态需水、典型支流生态需水、重点湖泊生态需水、生态需水保障五部分。

1. 江汉平原历史与现状

本书以江汉平原水系现状为基础，追溯了不同历史时期江汉平原的水系状况，展现了江汉平原水系演变历史。从分析地理环境和气候水文格局入手，分析了江汉平原的江湖关系和区域水系特性，并系统分析了江汉平原水生态系统现状与问题。

2. 汉江中下游干流生态需水

汉江中下游生态系统受南水北调、梯级电站建设、沿线城镇高速发展等诸多因素的共同影响与作用。本书从汉江中下游干流生态系统存在的主要问题出发，分析了维持基本生态功能、改善水环境质量、维护生境健康、保证饮水安全、防控水华等目标的生态需水，并提出了满足汉江中下游生态系统健康的多目标生态需水。

3. 典型支流生态需水

江汉平原河流众多，本书依托历年工作基础，分别选取汉江北岸、南岸具有代表性的汉北诸河、通顺河及汉江分流河道东荆河开展了典型河流生态需水研究，介绍了不同典型支流的概况及水资源、水环境、水生态现状，提出了适应于不同典型支流的生态需水计算方法，并以生态流量成果表征了不同时段典型河流的生态需水成果。

4. 重点湖泊生态需水

本书选取湖北省水域面积较大、生态安全重要程度高的洪湖、长湖、斧头湖、汈汊湖、梁子湖等五大湖泊及具有代表性的东湖、汤逊湖等城中湖作为典型湖泊开展湖泊生态需水研究，分析了不同典型湖泊的概况及水资源、水环境、水生态现状，提出了适应于不同典型湖泊的生态需水计算方法和成果。考虑到水位是湖泊水文情势的主要特征指标，对湖泊的水量、水质和生物的栖息地等有直接或间接的影响，被认为是湖泊生态系统健康的关键影响因素，故本书进行重点湖泊生态需水研究时统一采用湖泊水位表征湖泊生态需水。

5. 生态需水保障

在分析计算典型河湖生态需水的基础上，为有效促进在水资源保护与利用中充分考虑江汉平原生态需水，保障江汉平原生态安全，本书从机制、制度、监测、监管、工程五个方面提出了生态需水保障措施体系，并给出了江汉平原生态需水保障重点工程案例。

第二章 江汉平原历史与现状

第一节 江汉平原水系演变

江汉平原水系发达，湖泊密布，长江、汉江穿行而过，区域内还有大量的中小河流、湖泊等。江汉平原河湖交错，在不同的历史时期，河湖水系变迁明显。贾敬禹（2009）在《近2000年来江汉平原河湖水系演变》一文中对江汉平原2000年以来的水系变迁进行了研究，主要包括六朝以前、隋唐、宋元以及明代以来等时期的水系演变。

一、六朝以前江汉平原水系演变

先秦时期，长江及其分流沱水、汉水及其分流涝（潜水）脉络相通，构成南北运输动脉，与中原相沟通。在六朝时期，农业开发仅集中在江汉平原的边缘，湖泊的分布处于自然状态，江湖相通，互相调节，湖泊不发育。《水经注》所载江汉平原水系示意如图2-1所示。

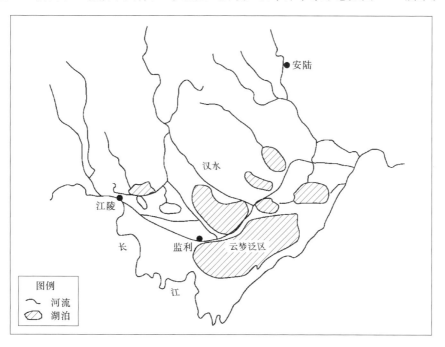

图2-1 《水经注》所载江汉平原水系示意图

（一）河流演变

1. 汉江

先秦时期，汉水下游自钟祥以下，约沿今流路，经沙洋东北，斜穿今江汉平原，在今沙帽山（武汉市汉南区）附近汇入长江。

两汉时期，汉水下游上段与先秦时代相同，下段自豬口（今仙桃市附近）以下分二支，南支为干流，西汉时期称沮水，在今沙帽山附近入江；东汉时期称沔水，东移到今沌口附近入江。北支为支流，因与长江分流夏水在豬口通，而称夏水，约沿今汉水入江流路，在夏口（今汉口）附近入江。

晋以后，汉水自钟祥以下，约沿今汉水流路，在夏口（今汉口）附近入江。其中沙洋段在今河道东北，仙桃附近在今河道南。原汉水干流下段演变为沌水。

2. 沱水、阳水、杨水与潜水

先秦时期，长江分流沱水与汉水分流潜水在今潜江市西北合，东流入云梦泽。

两汉时期，长江分流沱水演变为杨水，与沱水相通的潜水因与杨水通，"互受通名"而不见于史载。西汉时期，杨水与漳水间有灵溪运河相通；东汉时期，漳水与杨水间断流。

六朝时期，杨水通江之口因江陵附近修堤而断绝，下游与汉水分流杨水口合后，东经改造后的夏杨水入夏水。

柞溪，即今桥河，为杨水支流，下游在今丫角庙附近入杨水。

3. 夏水

先秦时期，夏水在江陵东南分江流，下游汇入云梦大泽中。

两汉时期，夏水自江陵东南豫章口分江流，东经华容县南，东北至云杜县豬口入汉。

六朝时期，夏水南移，原夏水故道演变为夏水支流中夏水。夏水干流，经过华容县、监利县南，汇夏杨水后，东北至豬口入汉。

4. 涢水、澴水、富水、漳水

两汉时期，涢水下游经安陆县（治今云梦楚王城）西，东南入汉水支流夏水，在今河道东。

六朝时期，涢水下游经安陆县（治今安陆市北）、石岩山后，汇富水，经新城南，又汇发源于应城县境的温水、潼水后，分二支，西支入汉，为干流，东支为澴水源。

六朝时期，澴水约相当于今府澴河入江段，在今谌家矶附近入江。

六朝及其以前，富水在今应城东北，穿过富水与涢水间分水岭（二者之间分水岭海拔低于 50m）后，汇漳水，东流，在白岩山与新城间入涢水。漳水即今杨家河，六朝时期入富水。

5. 灵溪运河、杨夏运河

灵溪运河为春秋时期楚国所开，至迟到楚灵王成章华之台时，已经贯通。分为两段，西段连漳水，经纪南城、郢城，后东通杨水；东段白杨水东通楚章华台。因楚灵王时贯通而称灵溪。西汉时期，灵溪运河西段还通，即漳水入阳水河道，东汉时期上段不通，晋以后由于江堤修建，杨水断流，灵溪运河西段成为杨水上源。东段在六朝时期已经分为两段，西段称灵溪水，通杨水；东段称子胥渎，入离湖，东通章华台卜。

杨夏运河，为晋代杜预所开。主要利用汉水分流杨口水、杨水下游夏杨水，东南至（晋）监利县东入夏水。《水经注》称此水为夏杨水。

（二）湖泊演变

1.云梦泽

先秦时期为江汉之间的河间洼地湖，湖面的季节变化大，但泛滥范围比如今的江汉平原湖泊泛滥范围要小。稳定水体在汉云杜县境内，即今排湖左右。

两汉至六朝时期，云梦泽受到江汉水中泥沙的充填，逐渐变小，但汇水中心仍在今排湖左右。六朝时期的大浐、马骨湖即古云梦泽遗迹。汉代华容县南的云梦泽是云梦泛滥区的组成部分。

2.其他诸湖

船官湖、女官湖。船官湖即今长湖西南湖汉太白湖，女官湖即今长湖主体，两湖相连，为关于长湖的最早的历史记录。

太白湖为古云梦泽的组成部分，分布在汉阳县西，受江汉水逆灌影响，汛期规模巨大。

巨亮湖、宵城南大湖分布在沔水北。巨亮湖，约相当于今沉湖。宵城南大湖在今汉川市西部。

二、隋唐、宋元时期江汉平原水系演变

汉水河道的变迁主要表现在潜江北辫子口（在今潜江兴隆镇附近）以下，汉川市内方山以上（今汉川市西南双马山）上段与六朝略同。内方山至甑山段在今河道以南，甑山以下与今入江段略同。汉水入江之口在此时期始终在今汉口附近，元代东移到今汉口东。

汉代以来，江汉平原的湖泊处于不断的萎缩当中，六朝时期河湖泛滥的范围比汉代要小，唐宋时期江汉平原中部原云梦泽的核心区淤废为一系列小湖，同时整个江汉平原河湖泛滥范围再扩大，最突出的表现是云梦与安陆间安州云梦泽的形成，其形成表明江汉平原水位在升高，河湖泛滥范围在扩大，黄陂武湖、太白湖因此而扩大。唐末宋初江汉平原水系示意如图2-2所示。

（一）河流演变

1.汉水

汉水河道的变迁主要表现在潜江北狮子口（在今潜江兴隆镇附近）以下，汉川县内方山以上（今汉川市西南双马山）上段，与六朝时期略同。内方山至甑山段在今河道以南，甑山以下与今入江段略同。汉水入江之口在此时期始终在今汉口附近，元代东移到今汉口东。

南朝梁至唐初，汉水在狮子口以下，经沔阳县南（治今仙桃排南古城），东经内方山、甑山下汉口，在今河道之南。

隋在汉水河道南，沔城镇以上河段略相当于今东荆河。

唐宋时期，汉水在狮子口以下，经复州沔阳县南（治今沔城镇东南复州故城），东至内方山接下段。

宋代后期，汉水经沔城镇北；在元代汉水干流北徙到沔阳州北，下接内方山，在今河

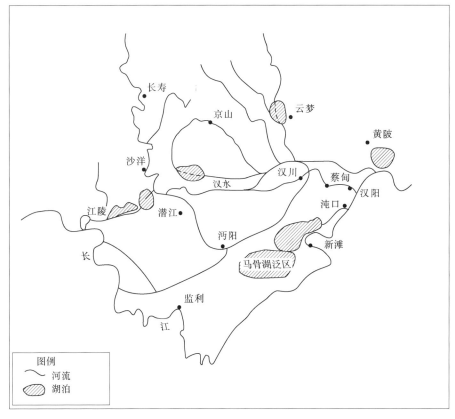

图 2-2 唐末宋初江汉平原水系示意图

道之东。

2. 涢水、沦水（滠水）、富水、漳水

涢水，在唐末时期在云梦以下，在今河道之东，约相当于今云梦县河，下游合滠水在今孝感市南分汊，西入汉水，东通滠水。孝感市南亦即唐六朝时期的西入涢水、东通滠水的分水口。

沦水即六朝时期的滠水，为涢水分流，在今沙口东入江。

在宋代以前，富水改道南流入汉水，漳水直接合涢水在云梦县西北。

3. 潜水、漕河、沔水

宋代，潜水为汉水南岸狮子口分流所形成，与漕水通，后狮子口淤塞；元代，潜水为汉水干流北徙后形成，约相当于今东荆河，为唐宋时期汉水干流故道。

漕河，为六朝时期的杨水经人工改造形成，以建水（即今年桥水）和江陵漕河为上源，今长湖为调蓄水源。在宋初与汉水南岸狮子口分流相通，南与长夏河相通。宋代后期，狮子口淤塞，漕河汇潜江西南湖泽后，东与汉水干流相通，后汉水干流北徙，漕河与潜水（汉水干流故道）相通，亦南合长夏水。

沔水，即六朝时期的沌水，在沌口入江。唐宋时期，在沔城东北分汊流，东南经今沙湖，南与长江分流沌水合，东至通济口北，经下汊，在沌口入江。

4. 长夏水、沌水（长江分流）

长夏河，即六朝时期的夏水。在唐代，其分流口在江陵东南 30 里，在沔城镇东合沔水。

宋代以后，江陵以下修堤，长江分流口下移，宋代后期以柳子口为上源，下游合长江分流沌水，北至沔附与汉水通。

沌水为宋代后期形成的长江分流，上自鲁洑口（在监利城关东南），下经福田寺、夏郡（在今汉南农场场部湘口镇一带）合沔水，下经新滩（今邓家口一带）至通济口（在武汉市区汉南区纱帽山南）复入于江，其河道略相当于今内荆河。

（二）湖泊演变

马骨湖。唐末宋初，沔阳附近原大浐、马骨湖淤废，湖泊中心移到沔城东南沙湖一带的马骨湖。在宋代后期，马骨湖淤废分割为"陂潭深阻"的小湖群。

安州云梦泽。唐末宋初，随着江汉水位上升，在安陆县与云梦县之间潴水成湖形成安州云梦泽。

黄陂武湖。在唐末宋初，原长江支流武口水因长江水位上升，潴水成湖，且距离黄陂县城的距离越来越小，表明湖面在不断扩大。

竟陵城西大泽。在唐末宋初，因汉水季节性分流夏水形成而扩展成湖，属扇缘洼地湖，后因汉水穴河分流的形成而扩大。

北海。五代高氏族政权利用江陵附近洼地湖沼，在江陵城北修建了水防工事，即为北海。在江陵与纪南城之间，宋初废。

三海。三海为南宋利用北海旧址，引沮、漳、诸湖和长江，在江陵城西、北、东三面形成的方圆 300 里的人工湖，规模巨大。入元废弃。

今武汉市东西湖区吴家山（湖盖山）西亦有湖泊见于记载，为今东西湖的前身，表明汉口附近水位上升，汛期湖面扩大。

汉阳西部丘陵诸湖亦见于记载。太子湖、官湖（刀环湖）、月湖，均见于历史文献，其中太子湖、刀环湖见于记载均与江汉水位上升有关。月湖为汉水入江口处发生改道形成。

三、明代以来江汉平原水系演变

明代是汉水历史上变化最大的时期，河流改道频繁（图 2－3）。明代至清末，随着社会经济的恢复和繁荣，人口迅速增长，原来地势低洼的水乡泽国，后来被填占而利用，一大批原有湖泊逐渐消失。民国时期，江汉平原平均气温较高，降水量大，长江和汉江水灾频繁，连续发生特大洪水，社会动荡不安，民众流离失所，圩垸失修，湖泊面积扩大。这一时期人类活动对湖泊的影响相对较小，湖泊演替基本上处于自然状态，湖泊面积和数量都得到增长，20 世纪 50 年代初达到了鼎盛时期。50 年代后，社会趋向稳定，江汉平原湖区人口开始增加，湖区掀起了"向荒湖进军，插秧插到湖中心"的热潮，"人定胜天"思想指导下的"围湖建厂""围湖造田"等运动迅速展开，水利建设、围湖垦殖规模和强度历史罕见，湖泊迅速缩小、消亡或分解，整个湖群的面貌发生了本质性的改变。70 年代以后，大面积围湖造田的情况得到了有效控制，但湖泊的鱼塘化使湖泊面积继续减少。

20世纪80年代至2000年前后，围湖垦殖的现象基本杜绝，轰轰烈烈的城市开发热潮又使湖泊再一次经历浩劫，且越接近城市中心地带的湖泊遭受填占的情况越严重。

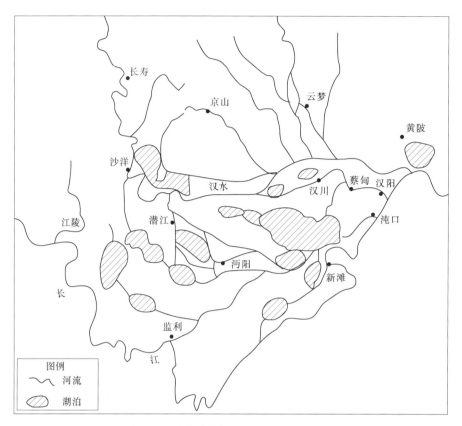

图 2-3　明嘉靖年间江汉平原水系示意图

（一）河流演变

1. 汉水

明清时期，尤其是明前期，汉水下游摆动剧烈，直到隆庆初年被河堤固定，隆庆朝以后，仅局部河段进行了调整。

明初汉水干流在剗河驿以上与元代相同，剗河驿以下，经范溉关，南经沔阳北，东北至侯埠驿汇原干流，东北经汉川县北刘家隔关前，东合涢水，经涢口，下汉口入江。成化初年，汉口段裁弯取直，形成了今汉水入江口。

明正德年间，汉水北泛，形成了历史时期最北的汉水干流，在潜江北泽口镇接原干流，东北沿今河道，在今天门西南张港镇东汉江北的黑流渡村，东北经天门市南横林镇、干驿镇、田二河镇分二汉流：北汉流称竹筒河，经风门、刘家隔关前，在刘家隔东合涢水，在涢口合南汉，下汉口，为汉水干流；南汉自田二河镇经张池口（田二河镇东南池河村），汉川县南至涢口与北支合，为汉流。

明嘉靖初年，竹筒河淤塞，田二河经张池口、汉川县南原汉流演变为干流。此后汉水干流南徙，至明隆庆初年，因汉堤修建，今汉水干流基本形成。同时在汉水干流北岸原汉水干流转变为汉水北岸汊流，直到清后期淤废。

清代前期，汉水汉川段调整到如今的位置上；清代后期至20世纪40年代，东荆河分流口的演变，导致了近代汉水河道在潜江北的调整。

2. 天门河

天门河即宋元时期的汉水，明初演变为小河，为汉水北岸分流，明初下游风门以下为汉水干流所夺。

明嘉靖中期以后，因汉水北岸筑堤，小河口堵塞，汉水重新成为汉水北岸支流。同时臼水（今长滩河）因入汉流路受阻而南注汉水，成为汉水（即天门河）正源。

明初，由于汉水干流北徙，汉水入涢通路受阻，河道在今天门市以西北徙，形成北汉流，即今汉北河前身。

明代后期，随着汉水干流南徙后，天门河还故道，经刘家隔南，东合涢水，在涢口入汉。

3. 东荆河、内荆河

长夏河。明嘉靖以前，长夏河为长江分流，自鲁洑口分江，东北经峰口镇，在沔城镇东南合沔水。

复车河。明代嘉靖年间的复车河，自茅埠（今洪湖市西）分江流，东约沿今内荆河水道至新滩口入江，为宋代沌水的一段。

漕河，明嘉靖二十六年以前，漕河东出长湖后，东合长江郝穴分流，东经潜水西南诸湖，后入泥泥湖，东入潜水。漕河东南与郝穴分流合后，东过连头湖（今白露湖）后，汇入长夏河。

嘉靖二十六年以后，漕河下游、长夏河河道为夜汉河西支所夺，演变为夜汉河西支游，由于长江北岸大堤完善，长夏河源头断绝，而渐失其名。

清同治八年以后，东荆河（即夜汉河东支）取代西荆河（夜汉河西支）成为荆河干流，并成为江汉平原汉水南岸唯一分流。西荆河淤塞，逐渐形成了如今的内荆河。

4. 沔阳附近诸水

明代，沔水又称襄河，曾演变为通州河的下段，后又为通顺河所夺，成为通顺河的下段。

通顺河，其前身为汉水泛道，明嘉靖年间的潜水分支之一，后因堵塞分流口后，频繁决口，复开形成，并因修堤而固定，非人工修成，原本白黄荆口入汉。后因入汉之口堵塞南泛截洛江河、通州河，汇长河，在沌口达江。

洛江河的形成与汉水改道有关，为元代汉水干流遗迹。

通州河的形成与潜水泛滥有关。

5. 涢水、沧河

明代，涢水河道在宋元河道以西，其故道演变为今云梦县河，在刘家隔东南合澴水后与涢水干流合。

明代，涢水在安陆和云梦之间，西徙形成今云梦境内的涢水西支。

沧河原为涢水的东分流，上承云梦县河与孝感澴水，东至沙口入江，原仅为汉流。云梦县河与澴水大部分水入涢水，少部分经沧水入江，清后期涢水下游严重淤塞，沧水成为澴河下游。

澴水入江口在清末由沙口西移到今谌家矶附近。

（二）湖泊演变

1．四湖

四湖流域地处江汉平原腹地，因境内原有 4 个大型湖泊（长湖、三湖、白露湖和洪湖）而得名，目前仅保留长湖、洪湖 2 个湖泊。

长湖，由于夜汊河和西荆河的长期逆灌，湖口淤积严重，湖水水位上升，长湖及其湖汊拓展为一湖，中华人民共和国成立后，随着中襄河堤防的完善而形成了如今受人工控制的长湖。

江陵三湖，为元复开郝穴分流后，长江分流与漕河所汇，后淤塞分割为江陵三湖和红马湖，红马湖与白螺湖（白露湖）连。在明初，为今四湖地区汇水中心。

白露湖的前身为监利西北的连头湖，为长江郝穴分流所汇，在清初称为白螺湖，跨监利、江陵两县，清初为四湖地区汇水中心。

洪湖，在明嘉靖年间仅为区域性汇水小湖。明嘉靖二十六年后，沙洋决口及后来形成的夜汊河尾水入湖造成了洪湖的第一次扩展；清嘉庆年间，引诸垸积水入湖，在新堤（洪湖西）入江，洪湖第二次扩大；道光十九年，夜汊河在子贝渊决口，河水直接入湖，造成了洪湖的第二次扩张；同治八年以后，东荆河成为汉水南岸分流后，分流量大增，尾水入洪湖形成了洪湖的第四扩张。江汉平原汛期洪水位上抬，汛期倒灌加强，东荆河下游排水不畅，更增大了洪湖的规模。洪湖的形成与河道格局的改变密切相关。

2．太白湖

明嘉靖以前，太白湖为整个江汉平原的汇水中心，规模巨大。

清中期以后，太白湖演变为赤野湖，湖区北移。

清后期，赤野湖淤废，原太白湖区演变为汛期承纳江汉平原逆灌之水的泛区。

3．排湖

明嘉靖时期，排湖为沔阳北部西湖、泗港等湖。沔阳北部西湖因潜水泛滥而成为沔阳西北巨浸。

清初康熙年间，沔阳西北潜水再决，西湖再次扩展，在沔阳北形成规模巨大的西湖—邋遢湖—白泥湖大湖。

随着潜水的逐渐萎缩断流，排湖日益缩小，现已大部分被围垦。

4．汈汊湖

明嘉靖年间，汈汊湖为汉川北安汉湖河泊所辖诸小湖，后受汉水干流北泛影响，淤积严重。

清中期，诸湖相连，形成了松湖（即汈汊湖的前身）。

清后期，因汛期江汉平原水逆灌，规模巨大。

5．东西湖

明嘉靖年间，东西湖为桑台湖河泊所与三汊湖河泊所以及沧河口附近诸小湖，湖泊分散。

清中期，桑台湖河泊所诸湖扩展为西湖，三汊湖河泊所诸湖与沧河河口附近诸湖形成牛湖，因牛湖关得名。

清后期至 1956 年，东西湖因与江通，在汛期与周围诸湖相连，最大面积达到 760km²。1956 年后，被围垦，西湖消失，仅存东湖部分水面。

6. 黄陂武湖

黄陂武湖，在明清时期，随着江汉平原水位的抬升而湖面拓展，寻求与后湖（东湖）相连，20 世纪 50 年代以后大部分湖面被围垦。

第二节　江汉平原水系湖泊特征

江汉平原是我国三大平原之一的长江中下游平原的重要组成部分，地处长江中游、汉江中下游、湖北省中南部。学术上对其范围的界定存在许多不同的观点，李瑞清在《中国水利》（2016 年 5 期）发表的《江汉平原水安全战略研究》一文中，对江汉平原的范围界定进行了详细描述，由狭义的江汉平原提出了更为广义的江汉平原范围。具体范围界定为西起枝江市和当阳市，东迄黄梅县和黄石市阳新县，北至钟祥市，南与洞庭湖平原相连，介于北纬 29°26′~31°27′、东经 111°36′~116°08′之间海拔 50m 等高线以下区域，国土面积为 7.48 万 km²。行政区划上包括荆州市、武汉市、天门市、潜江市、仙桃市、黄石市全部以及宜昌、荆门、孝感、咸宁、鄂州和黄冈等市的部分区域，共计 54 个县（市、区）。

江汉平原区域内河流纵横交错，湖泊星罗棋布，形成了以长江、汉江为"骨干"、湖泊湿地为"心肺"、河渠为"脉络"的水系特点。江汉平原内主要河流有长江、汉江、东荆河、府澴河、汉北河、沮漳河、通顺河、荆南四河、内荆河、漳水、竹皮河、府河、滠水、倒水、举水、巴水、浠水、蕲水、富水等。湖北省素有"千湖之省"的美誉，众多的湖泊又主要分布在江汉平原。据统计，江汉平原分布有湖泊 752 处，总水面面积达 2705km²。其中面积大于 1km² 的湖泊 230 处，总水面面积为 2551km²。主要湖泊有梁子湖、洪湖、东湖、长湖、斧头湖、汈汊湖、大冶湖、王母湖、野猪湖、童家湖等。江汉平原流域水系如图 2-4 所示。

一、河流概况

1. 长江

长江由重庆市流入湖北省，出三峡流向东南，经宜昌、枝江进入江汉平原，其中塔寺驿至城陵矶河段为湘鄂省界，至城陵矶与洞庭湖汇合后，长江继从湘鄂省界折向东北经洪湖、嘉鱼于汉口与汉江汇合，过武汉后，又折向东南，至黄石、武穴转向东，武穴以下为鄂赣两省的界河，至湖口附近流出湖北省。湖北省内长江流程为 1046km，占长江全长的 16.4%；省内长江流域面积为 18.45 万 km²，占长江流域面积的 10.2%。

湖北省国土面积的 99.25% 位于长江流域。长江中游左岸有沮漳河、汉江、府澴河、倒水、举水、巴水、浠水、蕲水等支流汇入；右岸有松滋、太平、藕池三口分流，还有清江、陆水、富水等支流汇入。

2. 汉江

汉江干流从陕西蜀河口下游的旬阳、白河和湖北郧西 3 县交界处入湖北，从交界处至

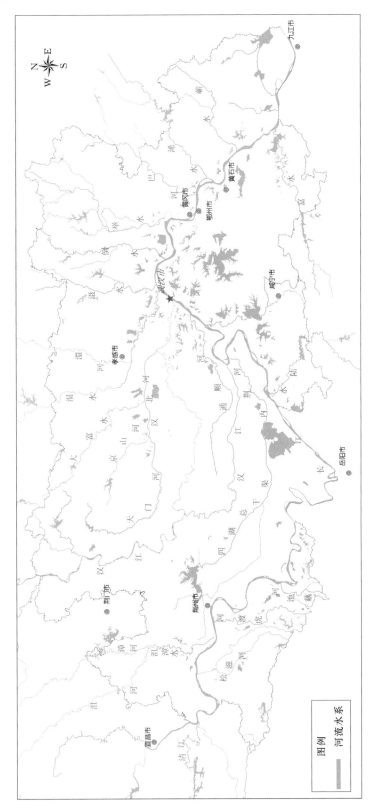

图 2 - 4　江汉平原流域水系图

白河县的 36.8km 河段为鄂陕两省界河,右岸为陕西省白河县,左岸为湖北省郧西县。白河县城以下进入湖北省境内,沿程由西向东流经郧西、郧阳、丹江口、老河口至襄阳折而转向东南,经宜城、钟祥、天门、潜江、仙桃、汉川、蔡甸等市(县、区),至武汉龙王庙汇入长江。干流全长 1577km,全流域面积为 15.9 万 km²,其中湖北省境内河长 868km,面积约 6.23 万 km²。

江汉平原主要河流特征见表 2-1。

表 2-1　　　　　　　　　　　　江汉平原主要河流特征表

序号	河流名称	流域面积/km²	省内河长/km	涉 及 行 政 区
1	府澴河	14769	331.7	安陆市、云梦县、应城市、孝感市孝南区、武汉市东西湖区、武汉市黄陂区、武汉市江岸区
2	沮漳河	7284	320.5	当阳市、枝江市、荆州市荆州区
3	汉北河	6299	237.6	京山县、钟祥市、天门市、应城市、云梦县、汉川市、武汉东西湖区
4	荆南四河	5460	543	荆州区、松滋市、公安县、石首市
5	富水	5310	194.6	阳新县
6	举水	4055	170.4	麻城市、团风县、武汉市新洲区
7	陆水	3950	183	赤壁市、嘉鱼县
8	巴河	3653	148	麻城市、团风县、浠水县、黄冈市黄州区
9	澴水	3612		大悟县、广水市、孝昌县、孝感市孝南区
10	蛮河	3276	188	钟祥市
11	通顺河	3266	195	潜江市、仙桃市、武汉市汉南区、武汉市蔡甸区
12	漳河	2965	196.7	南漳县、远安县、荆门市、当阳市、保康县
13	田关河	2890	31	沙洋县、潜江市
14	长港河	2680	14	鄂州
15	天门河	2536	140	天门市
16	浠水	2504	165.6	浠水县
17	滠水河	2391	141	大悟县、红安县、武汉市江岸区、武汉市黄陂区
18	蕲水	1992	120	蕲春县
19	洈水	1975	163	五峰县、松滋市、公安县
20	倒水	1837	148	红安县、武汉市新洲区
21	溾河	1638	99	京山市、钟祥市
22	大富水	1583	169	随县、京山市、应城市
23	拾桥河	1155	108	荆门市东宝区、荆门掇刀区、沙洋县、荆州市荆州区
24	梅济港	1130	20	黄梅县
25	浰河	1122	116.3	荆门市东宝区、钟祥市
26	漳水	1034	126	京山市、随县、随州市曾都区、安陆市、应城市、云梦县
27	四湖总干渠		191	沙市区、江陵县、监利县、潜江市

二、湖泊概况

由于江河变化,在长江及其支流汉江两岸形成了众多形态各异、大小不等的湖泊,塑造了湖北省"千湖之省"的美誉。由于历年泥沙淤积、人工围湖垦殖等因素影响，湖泊数量和面积现已大大缩小，有的湖泊已不复存在。湖北省的五大湖泊——长湖、洪湖、梁子湖、斧头湖、汈汊湖，均在江汉平原范围内。主要湖泊的特征见表 2-2。

表 2-2　　　　　　　　　　　江汉平原主要湖泊特征表　　　　　　　　　　单位：km²

序号	湖泊名称	流域面积	水面面积	涉 及 行 政 区
1	长湖	2265	122.5	荆州市荆州区、荆州市沙市区、荆门市沙洋县、潜江市
2	洪湖	7155	308	荆州市洪湖市、荆州市监利市
3	梁子湖	3265	271	武汉市江夏区、鄂州市梁子湖区
4	斧头湖	1360.3	126	武汉市江夏区、咸宁市咸安区、咸宁市嘉鱼县
5	汈汊湖	1936	86.7	孝感市汉川市

1. 长湖

长湖位于四湖流域的上区，地处江汉平原腹地，南滨长江，北临汉江及东荆河，西北与宜漳山区接壤，介于东经 112°00′~114°00′、北纬 29°21′~30°00′之间，属于长江中游一级支流内荆河流域。长湖为四湖地区第二大湖泊，地跨荆州市、荆门市和潜江市，直接承纳拾桥河、龙会桥河、太湖港等主要支流的来水，集水面积为 2265km²。20 世纪 50 年代湖面面积为 143km²，后因不断围垦，至 80 年代时为 129.1km²，目前湖面面积为 122.5km²，减少了 14.3%。湖泊功能以拦洪蓄涝为主，兼顾灌溉、养殖、航运、环境等综合利用效益。

2. 洪湖

洪湖所在的四湖流域地处江汉平原腹地，南滨长江、北临汉江及东荆河，西北与宜漳山区接壤，属长江中游一级支流内荆河流域。洪湖位于四湖流域的中区，长江与东荆河间的洼地中，涉及洪湖市与监利市，是湖北省第一大湖泊，中国第七大淡水湖。洪湖湖面面积为 308km²，集水面积为 7155km²，湖泊功能为承泄为主，兼顾航运、灌溉、供水、养殖、生态环境等综合利用效益。

3. 梁子湖

梁子湖流域地处长江中游南岸，为长江一级支流，主要湖泊水系包括梁子湖、鸭儿湖、保安湖及三山湖等，总流域面积为 3265km²，现有水面面积为 271km²。历史上，梁子湖原为通江敞水湖，高水位时与保安湖和鸭儿湖连成一片。后经围垦，流域主要湖泊被隔开，目前流域主要由梁子湖、鸭儿湖、三山湖、保安湖等湖泊组成。主要入湖支流有高桥河及其支流金牛港、谢埠河等。梁子湖水域面积和调蓄容积大，是流域重要的洪水调蓄场所。同时，湖水清澈，水质优良，动植物资源丰富，水生植被保持完好，水产养殖业发达，是我省重要的水产种质资源基因库。梁子湖目前的功能定位为：洪水调蓄、农业灌溉、城镇供水、水质净化、生物栖息等公益性功能及观光旅游、水产养殖、交通航运等其他功能。

4. 斧头湖

斧头湖流域地处江汉平原东部，跨江夏、嘉鱼、咸安、赤壁四县（市、区），西北临长江，东、南接幕阜山余脉，为湖北省第四大湖，湖面面积为 126km²，所在流域面积为 1360.3km²。斧头湖流域（东经 114°09′~114°20′、北纬 29°55′~30°07′）位于湖北省东南部幕阜山系和长江之间的过渡带，东南背靠大幕山脉，西北临江汉平原。流域东、南、北三面为丘陵山冈，湖西面为冲积平原和滨湖地区。

5. 汈汊湖

汈汊湖流域介于东经 113°37′～113°49′、北纬 30°40′～30°43′，西接天门河、北抵汉北河、东南临汉江。流域总承雨面积为 1936km²，其中天门 919km²、汉川 984km²、应城 33km²。目前的汈汊湖由东、南、西、北 4 条干渠环抱，形成人工控制的封闭型湖泊，呈现为东西长 16.1km，南北宽 5.5km 的长方形体。总面积仅 86.7km²，湖中筑有南北向分隔堤（三支渠），将汈汊湖分为东、西两大片：西片 48.7km² 为调蓄养殖区；东片 38km² 为垦殖区，东片于 1984 年退田还湖，亦转为调蓄、养殖的备蓄区。

三、水利工程

江汉平原在不同时期建设的大量涵闸、泵站等建筑物，均是区域内群众从引水灌溉、节制水位、控制水流和保障防洪、排涝安全等目的出发建设的，在各个流域或区域的防洪、排涝、灌溉系统中均有不同的作用，是几代水利人智慧的结晶，有些甚至是不可替代的，工程的建设为保障区域农业丰产丰收、工农业用水、粮食安全、防洪安全、排涝安全、生态安全以及经济社会健康发展等发挥了重要作用。初步统计江汉平原建设涵闸 6150 座、泵站（装机流量规模大于 1m³/s）3050 座，各地市水利工程特征详见表 2-3。

从江汉平原水系及其地位来看，它在整个长江流域，尤其是长江中下游流域有其独特的地位。江汉平原的江湖关系是我国乃至世界上江湖关系最为复杂的地区之一，区内河网密集、湖库广布，在独特地理环境和气候水文格局的综合作用下，形成了"江涨湖蓄、江退湖泄、江湖季节性涨落"的独特江湖关系。江汉平原的江湖关系、河湖关系与长江的水文变化密切相关。长江水沙条件与河床变化会导致通江湖泊的连锁反应，湖泊的变化又会再反馈于长江，两者之间的互动改变着江湖蓄泄能力、河湖生态系统的完整性与稳定性、水生生物多样性、湿地功能以及水资源的开发与利用。随着气候变化和人类活动影响的加剧，江湖关系演变，驱动机制及资源、环境与生态效应更为复杂。江汉平原江湖关系的合理维系，对长江大保护格局的形成和长江经济带的建设发展有着重要作用。

四、梯级枢纽工程

汉江流域内水能资源丰富。汉江流域规划工作始于 20 世纪 50 年代。长江水利委员会最早于 1956 年提出了《汉江流域规划要点报告》，对汉江干流规划了 6 级梯级开发方案。直到 2004 年，湖北省水利水电规划勘测设计院编制完成了《湖北省汉江流域中下游水利现代化建设试点规划纲要》（以下简称《规划纲要》）。2005 年 2 月，水利部和湖北省人民政府共同批复了该《规划纲要》。根据《规划纲要》，到 2020 年，汉江中下游干流规划建成丹江口—王甫洲—新集—崔家营—雅口—碾盘山—兴隆 7 级水利梯级枢纽，全面完成干流梯级综合开发利用工程。其中丹江口、王甫洲、崔家营、兴隆枢纽已建成，雅口、碾盘山枢纽在建，新集枢纽已获得国家发展改革委批复。各枢纽工程规划情况见表 2-4。

表2-3 江汉平原各地市水利工程特征表

行政区	涵闸 分(泄)洪闸 座数/座	总流量/(m³/s)	节制闸 座数/座	总流量/(m³/s)	排(退)水闸 座数/座	总流量/(m³/s)	引(进)水闸 座数/座	总流量/(m³/s)	小计 座数/座	总流量/(m³/s)	泵站 供排结合 座数/座	总流量/(m³/s)	装机容量/kW	供水 座数/座	总流量/(m³/s)	装机容量/kW	排水 座数/座	总流量/(m³/s)	装机容量/kW	小计 座数/座	总流量/(m³/s)	装机容量/kW
鄂州	1	6.4	6	894.5	10	1153.86	15	240.5	32	2295.26	6	20.44	3090	8	11.935	3905	123	618.932	56542	137	651.307	63537
黄冈	165	1414.93	258	13439.33	154	3865.61	137	1896.77	714	20616.64	40	83.73	7429	62	132.21	16996	170	968.38	97720	272	1184.32	122145
黄石	18	1195.93	41	1781.12	69	5472.1	13	101.2	141	8550.35	34	123.07	13994	15	55.276	13011	64	638.3672	66652	113	816.7132	93657
荆门	59	965.11	89	2396.52	93	3178.45	53	684.6	294	7224.68	15	47.36	4380	39	121.39	40937	68	342.32	28481	122	511.07	73798
荆州	20	7925.3	1421	17706.83	540	7862.67	508	5820.17	2489	39314.97	196	1008.815	87517	138	365.22	52048	442	3161.365	289805	776	4535.4	429370
潜江	0	0	117	15840.94	126	1763.7	91	1147.96	334	18752.6	41	114.3594	9558	22	51.4916	4161	188	937.8239	74063	251	1103.675	87782
天门	32	562.2	92	1165.74	98	936.14	29	386	251	3050.08	15	89.81	9080	54	98.23	15144	173	443.04	31421	242	631.08	55645
武汉	34	3076.1	154	9889.97	169	4443.37	73	1202.86	430	18612.3	78	187.205	18687	120	376.5977	96097	213	2196.845	248452	411	2760.648	363236
仙桃	1	5300	128	2968.57	195	3483.98	138	1402.86	462	13155.41	49	405.81	36780	26	125.933	9899	185	793.55	63975	260	1325.293	110654
咸宁	38	542.67	71	6107.17	60	1241.89	19	256.45	188	8148.18	16	152.506	17735	11	25.33	5125	54	335.613	41207	81	513.449	64067
孝感	31	2377	305	9224.01	235	6498.84	74	1679.43	645	19779.28	72	616.53	61825	66	167.17	43969	181	1091.45	108585	319	1875.15	214379
宜昌	31	295.3	63	5549.1	48	903.2	28	228.02	170	6975.62	12	93.9	10570	5	9.4	1800	49	330.594	32757.83	66	433.894	45127.83
合计	430	23660.94	2745	86963.8	1797	40803.81	1178	15046.82	6150	166475.4	574	2943.535	280645	566	1540.183	303092	1910	11858.28	1139661	3050	16342	1723398

表 2－4　　　　　　　　汉江中下游干流规划梯级枢纽工程主要指标表

序号	枢纽名称	距河口距离/km	正常蓄水位/m	装机容量/万 kW	备注
1	王甫洲	621	88.00	10.9	已建
2	新　集	562	78.00	12	拟建
3	崔家营	515	64.50	9.0	已建
4	雅　口	446	57.00	7.56	在建
5	碾盘山	390	52.50	18	在建
6	兴　隆	274	38.00	4.0	已建

注　正常蓄水位采用吴淞高程。

1. 王甫洲水利枢纽

（1）基本情况。王甫洲水利枢纽（图 2－5）位于湖北省老河口市汉江干流上，上距丹江口枢纽 30km，老河口市市区下游约 3km，是汉江中下游衔接丹江口水利枢纽的第一个发电航运梯级。该枢纽以发电为主，结合航运，兼有灌溉、养殖、旅游等综合效益。

图 2－5　王甫洲水利枢纽

枢纽正常蓄水位为 86.23m，相应库容为 1.495 亿 m^3，电站装机容量为 109MW，保证出力为 38MW（保证率 $P＝90\%$），多年平均发电量为 5.81 亿 kW·h，灌溉面积为 2 万亩。河段航道标准为 Ⅳ 级，船闸设计标准为 300t 级。

王甫洲水利枢纽确定为 Ⅱ 等工程，永久性主要建筑物为 3 级建筑物，次要建筑物为 4 级建筑物，临时建筑物为 5 级建筑物。

设计洪水标准：初期（丹江口大坝初期规模）按 50 年一遇洪水设计（洪峰流量 18070m^3/s），150 年一遇洪水校核（洪峰流量 22000m^3/s）；相当于后期（丹江口大坝后期完建规模）洪水标准提高为 100 年一遇洪水设计，500 年一遇洪水校核。

（2）洪水调节原则。水库洪水调度采用预报预泄和补偿调节，并根据汉江中下游各河段允许泄量的现状考虑"大水多泄、少水少放"的原则，即防洪控制点碾盘山将发生某一频率洪水时，按该级洪水允许泄量控制丹江口水库的下泄流量。

（3）泄流关系。泄水闸位于主河道左岸滩地上，为平底闸型式，闸底板高程为76.23m，共23孔，每孔净宽14.5m。王甫洲枢纽的泄流关系见表2-5。

表2-5 王甫洲枢纽泄流关系

水位/m	泄量/(m³/s)	水位/m	泄量/(m³/s)
86.23	11100	87.95	18000
87.03	14000	88.60	20800
87.49	16000	89.07	23000

2. 新集水利枢纽

（1）基本情况。新集水利水电枢纽位于汉江中游河段湖北省襄阳市樊城区境内，坝址位于樊城区牛首镇的白马洞，上距丹江口坝址89.7km，下距襄阳水文站28km，集水面积为10.3万km²。

新集水利枢纽为Ⅱ等大（2）型工程，正常蓄水位为76.23m；总装机容量为120MW；年发电量为5.09亿kW·h；航道标准为Ⅲ级，船闸设计标准为1000t级。主要建筑物有泄水闸、电站厂房、船闸、土石坝、鱼道等。枢纽主要建筑物为2级建筑物，次要建筑物为3级，临时建筑物为4级。

（2）洪水调节原则。新集水利枢纽不承担下游防洪任务，洪水调节以不恶化下游防洪条件为原则，根据泄洪建筑物的泄洪能力，在泄量不大于同时段坝址设计洪水流量的前提下，尽量宣泄洪水，保证大坝安全。新集水电站的调洪原则如下：

1）起调水位为正常蓄水位。

2）当坝址洪水流量小于等于相应水位泄洪能力时，按来量下泄；当坝址洪水流量大于相应水位泄洪能力时，按枢纽的泄流能力下泄。

（3）泄流关系。新集水利枢纽泄水闸底板高程63.2m，24孔，每孔净宽13.5m。非常溢洪道布置在左岸阶地土石坝靠右岸侧，堰顶高程73m，宽度500m，最大下泄流量为8163m³/s。考虑当坝址来流量超过30000m³/s时，采取自溃式启用非常溢洪道。新集枢纽的泄流关系见表2-6。

表2-6 新集枢纽泄流关系

上游水位/m	66.70	67.20	67.70	68.20	68.70	69.20	69.70	70.20
下泄流量/(m³/s)	1141.24	1783.54	2558	3445.96	4435	5526.49	6687.73	7911.03
上游水位/m	70.70	71.20	71.70	72.20	72.70	73.20	73.70	74.20
下泄流量/(m³/s)	9186.67	10528.83	11905.04	13305.82	14767.05	16238.27	17737.06	19242.30
上游水位/m	74.70	75.20	75.70	76.20	76.70	77.20	77.70	
下泄流量/(m³/s)	20757.56	22282.12	23816.38	25351.64	26890.79	28436.28	30002.24	

注 当坝址洪水达到30000m³/s时，开启非常溢洪道，按泄水闸泄流30000m³/s，相应的坝前水位为77.70m，非常溢洪道下泄流量按8141m³/s设计。

3. 崔家营航电枢纽

（1）基本情况。崔家营航电枢纽（图2-6）位于汉江中游丹江口—钟祥河段，湖北省襄阳市下游17km，距丹江口水利枢纽134km，下距河口515km，是一个以航运和发电为主，兼顾灌溉、供水、旅游、水产养殖等综合开发功能的项目。

图 2-6 崔家营航电枢纽

按丹江口大坝加高（正常蓄水位 168.23m，实施南水北调中线工程）条件，枢纽正常蓄水位为 62.73m，相应库容为 2.45 亿 m³，电站装机容量为 90MW，保证出力为 33.0MW（保证率 $P=90\%$），多年平均发电量为 3.898 亿 kW·h。所处河段航道标准为Ⅲ级，船闸设计标准为 1000t 级。

崔家营枢纽为Ⅱ等工程，枢纽主要由船闸、电站、泄水闸、土石坝组成。根据枢纽等级划分标准，该枢纽中船闸的闸首和闸室、泄水闸、土石坝等主要建筑物为 2 级，船闸上下游导流墙、泄水闸进出口导墙等次要建筑物为 3 级，施工围堰等临时建筑物为 4 级。

（2）洪水调节原则。汛期当入库流量小于或等于电站最大引用流量时，库水位维持正常蓄水位 62.73m，电站按天然流量发电；当入库流量大于电站最大引用流量，而小于停机流量（约为 10000m³/s）时，水库仍维持正常蓄水位，机组全部投入运行，多余水量通过闸门下泄。如入库流量大于停机流量，即电站水头小于 1.5m，可根据实际情况将闸门逐步开启至全部开启，下泄的最大流量不大于本次洪水天然情况下的最大洪峰流量。

（3）泄流关系。泄水闸位于主河道中间，为宽顶堰，左接船闸，右接电站厂房，堰顶高程为 48.23m，共 20 孔，每孔净宽 20m，泄水闸前沿总宽 474.5m。崔家营枢纽的泄流关系见表 2-7。

4. 雅口航运枢纽

（1）基本情况。雅口航运枢纽位于汉江中游襄阳—钟祥河段，其坝址位于襄阳市宜城市下游 15.7km 处的流水镇雅口村，上距襄阳市区约 80km，距丹江口水利枢纽 203km，下距河口 446km。

雅口航运枢纽为Ⅱ等大（2）型工程，正常蓄水位为 55.22m，装机容量为 75.6MW，多年平均发电量为 3.24 亿 kW·h。航道等级Ⅲ级，设计通航船舶吨级为 1000t 级。枢纽主要建筑物由船闸、电站厂房、泄水闸和挡水坝等组成，鱼道为次要建筑物。依据枢纽等

表 2-7   崔家营枢纽泄流关系

水位/m	泄量/(m³/s)	水位/m	泄量/(m³/s)	水位/m	泄量/(m³/s)	水位/m	泄量/(m³/s)
58.77	4000	61.01	9994	62.41	15996	63.54	21606
59.20	4789	61.12	10404	62.49	16407	63.69	22408
59.55	5598	61.32	11207	62.65	17199	63.84	23200
59.85	6404	61.41	11604	62.73	17600	63.99	24003
60.00	6796	61.6	12408	62.91	18406	64.14	24806
60.29	7592	61.79	13204	62.99	18795	64.29	25598
60.42	8015	61.97	14005	63.15	19605		
60.67	8797	62.15	14796	63.24	20006		
60.78	9189	62.24	15199	63.39	20805		

级划分标准，永久性水工建筑物级别为：主要建筑物为 2 级，次要建筑物为 3 级，临时建筑物为 4 级。

（2）洪水调节原则。雅口航运枢纽不承担下游防洪任务，洪水调节以不恶化下游防洪条件为原则，在泄量不大于同时段坝址设计洪水流量的前提下，尽量宣泄洪水，保证大坝安全。雅口航运枢纽的调洪原则如下：

1）当坝址流量小于 2291m³/s（机组最大过机流量）时，泄水闸关闭，船闸与电站开启运行，来水量在满足船闸用水要求外，全部通过机组发电，电站执行电力统一调度运行要求，电站运行期间需保持下游 450m³/s 的航运基流，水库维持 55.22m 水位运行。期间船闸正常通航。

2）当坝址流量大于 2291m³/s 但小于 5000m³/s，且电站净水头大于 2m 时，船闸、电站、泄水闸开启运行，来水量在满足船闸用水要求外，7 台机组全开发电，水库维持 55.22m 运行，多余弃水通过闸门下泄。期间船闸正常通航。

3）当坝址流量大于等于 5000m³/s 但小于 8710m³/s 时，枢纽电站根据情况适时发电，船闸正常运行，为减少水位回蓄时间，可根据洪水预报情况，水闸控制下泄，适度壅高坝前水位，但不得超过最高运行水位。

4）当坝址流量大于等于 8710m³/s 但小于 10 年一遇洪峰流量 13500m³/s 时，枢纽电站停止发电，船闸正常运行，泄水闸加大泄水量降低库水位直至敞泄恢复天然状态。

5）当坝址流量大于 13500m³/s 时，电站停止发电，船闸停航，泄水闸敞泄。

6）洪水退水后，当坝址流量小于 13500m³/s 时，船闸恢复通航；当坝址流量小于 8710m³/s 时，水库开始回蓄到正常蓄水位 55.22m。

5. 碾盘山水利水电枢纽

（1）基本情况。碾盘山水利水电枢纽（图 2-7）位于汉江中下游干流湖北省钟祥市境内，上距建设中的雅口枢纽 58km，下距钟祥市区 10.4km，距丹江口水利枢纽坝址 261km，坝址控制流域面积 14 万 km²。

图 2-7 碾盘山水利水电枢纽工程（围堰截流）

碾盘山枢纽为Ⅱ等大（2）型工程，正常蓄水位采用 50.72m，电站装机容量为 180MW，年平均发电量为 6.16 亿 kW·h，航道标准为Ⅲ级，船闸设计标准为 1000t 级。

碾盘山水利水电枢纽主要由船闸、连接重力坝、电站厂房、泄水闸、左岸连接土坝段、左岸副坝、鱼道等建筑物组成，枢纽中连接重力坝、电站厂房、左岸连接土坝段、左岸副坝等主要建筑物级别为 2 级；泄水闸过闸流量大于 5000m³/s，为 1 级建筑物；通航建筑物为Ⅲ级船闸，上、下闸首及闸室为 2 级建筑物；次要建筑物（上、下游导墙、导航、靠船建筑物等）级别为 3 级。

（2）洪水调节原则。碾盘山水库不承担下游防洪任务，洪水调节以不恶化下游防洪条件为原则，当洪水来临时，考虑水库尽量敞泄洪水，以降低库水位，减少淹没。

当入库流量小于电站满发流量时，以发电下泄；当入库流量大于发电满发流量小于临界流量 5000m³/s 时，将开启泄洪闸门下泄余水，控制库水位在正常蓄水位；当入库流量大于临界流量 5000m³/s 时，结合下游河段安全泄量，逐步增开闸门，分级控泄，直至闸门全部打开敞泄。

分级控泄结合丹江口水库调度原则和汉江中下游防洪控制点各设计频率的允许泄量确定。2015 年 6 月，长江防汛抗旱总指挥部以"长防总〔2015〕27 号文"批复了丹江口枢纽 2015 年汛期调度运用计划。由此拟定预泄分级为：当来水流量 $Q \leqslant 5000m³/s$ 时，按 Q 下泄；当 $5000m³/s < Q \leqslant 11000m³/s$（夏季，秋季为 12000m³/s，下同）时，按照 11000m³/s 下泄；当 $11000m³/s < Q \leqslant Q_{10\%}$（13500m³/s）时按照 11000 下泄（夏季，秋季为 12000m³/s，下同）；当 $Q_{10\%} < Q \leqslant 16000m³/s$（夏季，秋季为 17000m³/s，下同）时按照 16000m³/s 下泄；$16000m³/s < Q \leqslant Q_{5\%}$（17000m³/s）时按照 17000m³/s 下泄；5 年一遇典型洪水过程为秋季，预泄流量采用 12000m³/s。

（3）泄流关系。泄水闸位于主河床，为平底闸，闸底板高程为 31.82m，共 24 孔，每孔净宽 13m。碾盘山枢纽的泄流关系见表 2-8。

6. 兴隆水利枢纽

（1）基本情况。兴隆水利枢纽（图 2-8）位于汉江下游湖北省潜江市、天门市境内，

表 2-8　　　　　　　　　　　碾盘山枢纽泄流关系

上游水位/m	44.00	44.50	45.00	45.50	46.00	46.50
下泄流量/(m³/s)	5280	6668	8086	9631	11207	12666
上游水位/m	47.00	47.50	48.00	48.50	49.00	49.50
下泄流量/(m³/s)	14154	15637	17232	18884	20580	22319
上游水位/m	50.00	50.15	50.53	50.72	51.09	51.33
下泄流量/(m³/s)	24048	25500	27000	27700	29100	30000

上距丹江口枢纽 378.3km，下距河口 273.7km，是南水北调中线汉江中下游“四项治理工程”之一，同时也是汉江中下游水资源综合开发利用的一项重要工程。

图 2-8　兴隆水利枢纽

兴隆水利枢纽正常蓄水位为 36.20m，相应库容为 2.73 亿 m³，电站装机容量为 40MW，保证出力为 8.7MW（保证率 $P = 90\%$），多年平均发电量为 2.25 亿 kW·h，规划灌溉面积为 327.6 万亩。所处河段航道标准为Ⅲ级，船闸设计标准为 1000t 级。

兴隆水利枢纽确定为Ⅰ等工程，永久性主要建筑物泄水闸、电站厂房、船闸上闸首、两岸滩地过流段及鱼道闸首为 1 级建筑物，船闸闸室和下闸首为 2 级建筑物，次要建筑物电站副厂房、开关站、船闸导航墙、靠船墩、连接交通桥、鱼道其他部分及坝区防护建筑物等为 3 级建筑物，临时建筑物导流明渠、围堰等为 4 级建筑物。

兴隆枢纽最大洪水流量主要取决于其所处河段的泄洪能力，在考虑动用汉江下游现有防洪工程（杜家台和东荆河分洪工程）的条件下，兴隆枢纽所处新城河段的现状安全泄量为 18400～19400m³/s，当该河段洪水超过安全泄量时必须通过中游民垸分蓄洪予以控制。因此，兴隆水利枢纽设计、校核洪水流量可采用所处河段的最大安全泄量 19400m³/s，相应上游设计、校核洪水位（最高防洪水位）为 41.75m。

（2）水库运行方式。根据兴隆水利枢纽的任务要求和枢纽本身特点，确定其调度原则为：首先是保证枢纽防洪安全，其次为满足灌溉和航运要求，在此基础上向系统提供较优质的电能。水库调度运行方式如下：

1）洪水调节采取敞泄方式，起调水位为水库正常蓄水位。当洪水来量大于发电最大引水流量 $1156m^3/s$、小于正常蓄水位 36.20m 相应的下泄流量 $7080m^3/s$ 时，采取控制泄水闸孔数或闸门开度，使下泄量等于来量；当洪水来量大于 $7080m^3/s$ 时，泄水闸全部开启敞泄。

2）库区灌溉闸站自流引水要求的水位为 34.70m，兴隆枢纽维持正常蓄水位 36.20m 运行完全满足需要。

3）兴隆枢纽最大通航流量为 $10000m^3/s$，超过该流量则封航，以保证航运安全；下游最小通航流量为（保证率 $P=95\%$）$420m^3/s$。

4）当库水位为水库正常蓄水位时，电站径流式发电，日平均最小发电流量须满足最小通航流量 $420m^3/s$（保证率 $P=95\%$）要求；当电站上下游水头差（净）小于 1.8m 时（毛水头 2.1m，相应入库流量约 $3600m^3/s$），电站停止发电，此时须启用备用电源，以确保枢纽正常运行。

（3）泄流关系。兴隆水利枢纽采用枯水期挡水、洪水期水闸敞泄、漫滩过流的桥闸式布置方案，泄水闸采用开敞式平底闸型式，闸底板高程为 29.50m，共 56 孔，每孔净宽 14m，泄水闸前缘总长度为 952m。兴隆水利枢纽的泄流关系见表 2-9。

表 2-9 兴隆水利枢纽泄流关系

水位/m	泄量/(m^3/s)	水位/m	泄量/(m^3/s)
37.79	10000	41.68	19400
37.78	10000	41.69	19400
37.82	10000	41.70	19400
39.61	14000	41.69	19400

五、取用水工程

汉江中下游沿岸直接从干流取水的水源工程共有 216 座公用或自备水厂和 241 座农业灌溉闸站，总设计流量达 $1060m^3/s$。干流沿岸水厂和灌溉闸站分布情况详见表 2-10。

表 2-10 汉江中下游干流沿岸水厂和灌溉闸站汇总表

地（市）名称	公用及自备水厂			农业提灌站			农业灌溉闸	
	座数	装机容量/kW	设计流量/(m^3/s)	座数	装机容量/kW	设计流量/(m^3/s)	座数	设计流量/(m^3/s)
十堰市（丹江口市）	5	855	0.8	1	100	0.1		
襄阳市	32	9972	28.4	75	13681	49.4		
荆门市	21	4106	9.83	31	14917	71.5	7	125.8
潜江市	6	1295	1.83	2	600	3.3	2	62
天门市	13	927	2.47	4	6200	32.6	4	161.9
仙桃市	9	855	2.57				6	246.9

续表

地（市）名称	公用及自备水厂			农业提灌站			农业灌溉闸	
	座数	装机容量/kW	设计流量/(m³/s)	座数	装机容量/kW	设计流量/(m³/s)	座数	设计流量/(m³/s)
孝感市	57	1489	3.7	56	27150	207.1	2	2.1
武汉市	73	10132	23.1	49	10874	22.7	2	2
总计	216	29631	72.7	218	73522	386.7	23	600.7

　　根据统计，农业灌溉泵站的数量以襄阳市、孝感市、武汉市居多，但其规模大都较小，且较分散；荆门市、潜江市、天门市、仙桃市的农业灌溉闸站数量虽然不多，但规模较大，几大引水灌溉闸大都分布于此，如荆门市的马良闸、潜江市的兴隆闸（图2-9）和谢湾闸、天门市的罗汉寺闸、仙桃市的泽口闸等。

图 2-9　兴隆闸

第三节　江汉平原水生态环境现状

一、水资源状况

　　江汉平原的水来源主要是由大气降水、地下水以及江河水3部分构成。江汉平原处于亚热带季风区，年降水量充沛，主要集中在二、三季度。长江、汉江和洞庭湖每年为江汉平原提供超过6000亿 m³ 的水源，超过当地地表水资源的6倍。

　　江汉平原多年平均降水量为1266mm，折合降水量约590亿 m³。5—10月降雨量占年降水量的 65%～70%。

地表水资源量指河流、湖泊等地表水体的动态水量，即天然河川径流量。江汉平原地表水以客水为主，在水资源总量中，过境水量大、自产地表水量小。每年过境客水6394 亿 m³，其中长江干流为 4190 亿 m³，洞庭湖流入约 1855 亿 m³，汉水流入 331 亿 m³，自产水量约 379 亿 m³。长江干流出境水量为 7289 亿 m³，其他河流出境水量约 16 亿 m³。

地下水资源量指降水、地表水体（河道、湖库、渠系和渠灌田间）入渗补给地下含水层的动态水量。有了充足的降水与地表水，江汉平原的地下水资源也相当的丰富。多年平均地下水资源量约 132 亿 m³，其中与地表水重复利用量约 93 亿 m³。

初步估算，江汉平原当地自产水资源总量约 419 亿 m³，人均水资源量为 1110m³，江汉平原当地水资源量基本情况见表 2-11。

表 2-11　　　　　　　　江汉平原当地水资源量基本情况表　　　　　　　　单位：亿 m³

分　区	地表水资源量	地下水资源量	地表、地下水资源重复计算量	水资源总量
汉北区及汉江兴隆以上两岸、漒水及以西范围	68	34	32	71
通顺河流域及江尾区	19	9	5	23
"四湖"流域	64	26	12	78
荆南"四河"区	30	10	4	35
鄂东南湖群	104	25	16	113
漒水以东	94	28	24	99
合计	379	132	93	419

二、水环境状况

江汉平原地表水环境质量状况总体良好，水质总体保持稳定。长江、汉江干流总体水质较好，维持在《地表水环境质量标准》（GB 3838—2002）Ⅲ类水以上，但长江、汉江沿江城市近岸存在明显的污染带，汉江中下游干流及部分支流"水华"频发；主要湖泊水质状态、营养状况有所改善，但城市内湖污染较严重，富营养化仍突出；集中式饮用水水源地水质优良，满足供水标准要求。

（一）长江、汉江及主要支流状况

长江、汉江干流总体水质较好，但大多数中小河流、长江和汉江部分支流水质较差；部分城市湖泊存在富营养化问题。

1. 长江干流

长江干流湖北段总体水质为优。涉及江汉平原的 12 个监测断面的水质均为Ⅱ～Ⅲ类，长江干流总体水质保持稳定。2016—2018 年江汉平原长江干流水质状况统计见表 2-12。

2. 汉江干流

汉江干流总体水质为优。涉及江汉平原的 12 个监测断面水质均为Ⅱ类。2016—2018年江汉平原汉江干流水质状况统计见表 2-13。

表 2 - 12　　　　　　2016—2018 年江汉平原长江干流水质状况统计表

序号	断面所在地	监测断面	2016 年水质类别	2017 年水质类别	2018 年水质类别	交界断面	水质变化
7	荆州市	砖瓦厂	III	III	II	宜昌—荆州市界	有所好转
8		观音寺	III	III	III		
9		柳口	III	III	III		
10	石首市	调关	III	III	III		
11	监利县	五岭子	III	III	III		
12	武汉市	纱帽	II	II	II	荆州、咸宁—武汉市界	
13		杨泗港	II	II	II		
14		白浒山	II	III	III		有所下降
15	鄂州市	燕矶	II	II	II		
16	黄石市	三峡	III	III	III	鄂州—黄石市界	
17		风波港	III	III	II		有所好转
18	武穴市	中官铺	III	III	II	鄂—赣省界	

资料来源：《2017 年湖北省环境质量状况》和《2018 年湖北省环境质量状况》；表中序号为截取前的原序号。

表 2 - 13　　　　　　2016—2018 年江汉平原汉江干流水质状况统计表

序号	断面所在地	监测断面	2016 年水质类别	2017 年水质类别	2018 年水质类别	交界断面	水质变化
9	钟祥市	转斗	II	II	II	襄阳—荆门市界	
10		皇庄	II	II	II		
11	天门市	罗汉闸	II	II	II	荆门—天门市界	
12	潜江市	高石碑	II	II	II		
13		泽口	II	II	II		
14	天门市	岳口	II	II	II		
15	仙桃市	汉南村	II	II	II		
16	汉川市	石剅	II	II	II	天门、仙桃—孝感市界	
17		小河	II	II	II		
18	武汉市	新沟（郭家台）	II	II	II	孝感—武汉市界	
19		宗关	II	II	II		
20		龙王庙	II	II	II	长江河口	

资料来源：《2017 年湖北省环境质量状况》和《2018 年湖北省环境质量状况》；表中序号为截取前的原序号。

3. 长江支流

长江支流总体水质为良好。其中涉及江汉平原的 53 个监测断面，2018 年 Ⅰ～Ⅲ 类水质断面占 81.2%（Ⅰ类占 5.7%、Ⅱ类占 32.1%、Ⅲ类占 43.4%）、Ⅳ类占 18.8%，无 Ⅴ 类和劣 Ⅴ 类断面，主要污染指标为 COD、NH_3-N、TP 和高锰酸盐指数。

长江支流总体水质保持稳定。14 个断面水质好转，6 个断面水质下降，52 个断面水质保持稳定。2018 年与 2017 年相比，水质明显好转的断面位于四湖总干渠荆州—潜江段、监利—洪湖段；水质有所好转的断面分布在沮河远安—当阳段、松滋东河、虎渡河（出境）、四湖总干渠潜江—荆州段、通顺河潜江—武汉段、涢水随州段、涢水孝感—武汉段、滠水孝感段、倒水黄冈—武汉段、举水黄冈—武汉段；水质有所下降的断面分布在沮漳河宜昌—荆州段、藕池河（出境）、倒水入江口、浠水入江口、蕲水入江口、大冶湖出湖口。水质状况统计详见表 2-14。

表 2-14　　　　　　2016—2018 年湖北省长江支流水质状况统计表

序号	水系	断面所在地	监测断面	2016 年水质类别	2017 年水质类别	2018 年水质类别	水质变化
23	沮水	当阳市	铁路大桥	Ⅳ	Ⅲ	Ⅱ	有所好转
24	沮漳河		两河口（草埠湖）	Ⅱ	Ⅱ	Ⅲ	有所下降
25		荆州市	荆州河口	Ⅳ	Ⅱ	Ⅱ	
27	漳河	当阳市	白石港	Ⅱ	Ⅱ	Ⅰ	
28			育溪大桥	Ⅱ	Ⅱ	Ⅱ	
29	松滋河	松滋市	德胜闸	Ⅲ	Ⅲ	Ⅲ	
30			同兴桥	Ⅲ	Ⅲ	Ⅲ	
31		公安县	杨家垱	Ⅱ	Ⅱ	Ⅱ	
32	松滋东河		淤泥湖	Ⅱ	Ⅲ	Ⅱ	有所好转
33	虎渡河	公安县	黄山头	Ⅲ	Ⅲ	Ⅱ	有所好转
34	藕池河		康家岗	Ⅲ	Ⅲ	Ⅲ	
35		石首市	殷家洲	Ⅲ	Ⅱ	Ⅲ	有所下降
36	四湖总干渠	潜江市	丫角桥	Ⅲ	Ⅲ	Ⅲ	
37			运粮湖同心队	劣Ⅴ	劣Ⅴ	Ⅳ	明显好转
38		荆州市	新河村	Ⅴ	Ⅴ	Ⅳ	有所好转
39		洪湖市	瞿家湾	Ⅳ	劣Ⅴ	Ⅳ	明显好转
40			新滩	Ⅳ	Ⅳ	Ⅳ	
41	东荆河	潜江市	谢湾闸	Ⅱ	Ⅱ	Ⅱ	
42			潜江大桥	Ⅱ	Ⅱ	Ⅱ	
43		荆州市	新刘家台	Ⅲ	Ⅲ	Ⅲ	
44		仙桃市	姚嘴王岭村	Ⅳ	Ⅲ	Ⅲ	
45		洪湖市	汉洪大桥	Ⅳ	Ⅲ	Ⅲ	

续表

序号	水系	断面所在地	监测断面	2016年水质类别	2017年水质类别	2018年水质类别	水质变化
46	通顺河	仙桃市	郑场游潭村	劣V	IV	III	有所好转
47		武汉市	港洲村	V	V	IV	有所好转
48			黄陵大桥	V	IV	IV	
49	陆水	咸宁市	洪下水文站	II	II	II	
50			陆溪口	III	II	II	
51		赤壁市	黄龙渡口	II	II	II	
52	淦水	咸宁市	西河桥	III	IV	III	有所好转
53	金水	武汉市	新河口	III	II	II	
54			金水闸	III	III	III	
62	涢水	云梦县	隔卜桥	IV	III	III	
63		孝感市	鲢鱼地泵站	IV	IV	IV	
64		武汉市	太平沙	IV	IV	III	有所好转
65			朱家河口	V	IV	IV	
72	滠水	孝感市	大悟河口	III	III	II	有所好转
73		武汉市	河口（北门港）	III	III	III	
74			滠口	III	III	III	
76	倒水	武汉市	冯集	III	IV	III	有所好转
77			龙口	III	III	IV	有所变差
80	举水	武汉市	郭玉	II	III	II	有所好转
81			沐家泾	III	III	III	
83	浠水	黄冈市	巴河镇河口	III	III	III	
84			杨树沟	III	III	III	
85			兰溪大桥	II	III	IV	有所变差
86	蕲水		西河驿	III	II	III	有所下降
87	高桥河	黄石市	龙潭村	III	II	II	
88		鄂州市	港口桥	III	II	II	
89	长港		樊口	II	III	III	
90	大冶湖入江口	黄石市	大冶湖闸	III	II	III	有所下降
92	富水	阳新县	富水镇	II	II	I	
93			渡口	II	II	I	
94			富池闸	II	II	II	

资料来源：《2017年湖北省环境质量状况》和《2018年湖北省环境质量状况》；表中序号为截取前原序号。

　　4. 汉江支流

　　近年来，江汉平原汉江支流水质变好趋势明显。江汉平原涉及的10个监测断面中，

2016 年Ⅱ类水质断面 2 个、Ⅲ类水质断面 4 个、Ⅳ类水质断面 1 个、劣Ⅴ类水质断面 3 个；2017 年Ⅱ类水质断面 3 个、Ⅲ类水质断面 3 个、Ⅳ类水质断面 1 个、劣Ⅴ类水质断面 3 个；2018 年Ⅱ类水质断面 3 个、Ⅲ类水质断面 3 个、Ⅳ类水质断面 4 个、无劣Ⅴ类水质断面。主要污染指标为 NH_3-N、TP 和 COD。

2018 年与 2017 年相比，水质明显好转的断面位于竹皮河入汉江口、天门河荆门—天门段、天门—孝感段；水质有所好转的断面是汉北河汉川段；水质有所下降的断面主要分布在天门河天门市区段。2016—2018 年江汉平原汉江支流水质状况统计详见表 2-15。

表 2-15　　　　2016—2018 年江汉平原汉江支流水质状况统计表

序号	水系	断面所在地	监测断面	2016 年水质类别	2017 年水质类别	2018 年水质类别	水质变化
36	竹皮河	荆门市	马良龚家湾	劣Ⅴ	劣Ⅴ	Ⅳ	明显好转
37	京山河	京山县	邓李港	Ⅲ	Ⅲ	Ⅲ	
38	天门河	天门市	罗汉寺	Ⅱ	Ⅱ	Ⅱ	
39			拖市	劣Ⅴ	劣Ⅴ	Ⅳ	明显好转
40			杨林	Ⅲ	Ⅲ	Ⅳ	有所变差
41		孝感市	汉川新堰	劣Ⅴ	劣Ⅴ	Ⅳ	明显好转
42	汉北河	孝感市	峒冢桥	Ⅲ	Ⅲ	Ⅲ	
43		汉川市	新沟闸	Ⅳ	Ⅳ	Ⅲ	有所好转
44	大富水	孝感市	田店泵站	Ⅲ	Ⅱ	Ⅱ	
45		应城市	应城公路桥	Ⅱ	Ⅱ	Ⅱ	

资料来源：《2017 年湖北省环境质量状况》和《2018 年湖北省环境质量状况》；表中序号为截取前原序号。

5. 主要湖泊

江汉平原主要湖泊总体水质为轻度污染。17 个省控湖泊的 21 个水域（斧头湖、梁子湖、长湖属于跨市级行政区湖泊，按照行政区将其划分为两个水域；大冶湖因历史原因形成内湖和外湖两个水域）中，水质符合Ⅲ类标准的水域占 19.1%，水质符合Ⅳ类、Ⅴ类标准的水域分别占 52.4%、19.0%，水质为劣Ⅴ类的水域占 9.5%，主要污染指标为 TP、COD 和 BOD_5。其中，汤逊湖、网湖水质为重度污染。2018 年与 2017 年相比，斧头湖武汉水域水质有所好转，黄盖湖水质明显变差，汤逊湖、斧头湖咸宁水域、后湖、梁子湖武汉水域、大冶内湖、保安湖、汈汊湖、西凉湖、龙感湖水质有变差趋势，其余湖泊水质保持稳定。江汉平原湖泊水质评价和江汉平原湖泊富营养化情况评价分别如图 2-10 和图 2-11 所示。

21 个湖泊水域中，5 个水域营养状态级别为中营养，13 个水域为轻度富营养，3 个水域为中度富营养。2016—2018 年江汉平原主要湖泊水质状况统计详见表 2-16。

6. 主要城市湖泊

江汉平原主要城市内湖总体水质为中度污染。7 个城市内湖中，武汉东湖、黄石磁湖的水质为Ⅳ类，武汉东西湖、鄂州洋澜湖、黄冈遗爱湖为Ⅴ类，武汉外沙湖、墨水湖为劣Ⅴ类；主要污染指标为 TP、COD 和 BOD_5。随州白云湖营养状态级别为中营养，武汉东

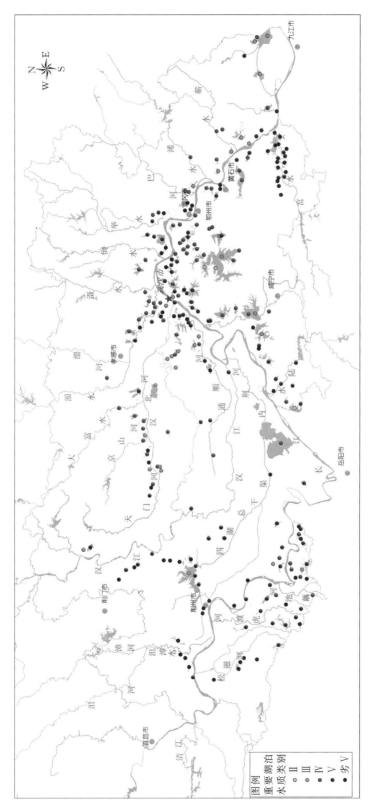

图 2 - 10 江汉平原湖泊水质评价图

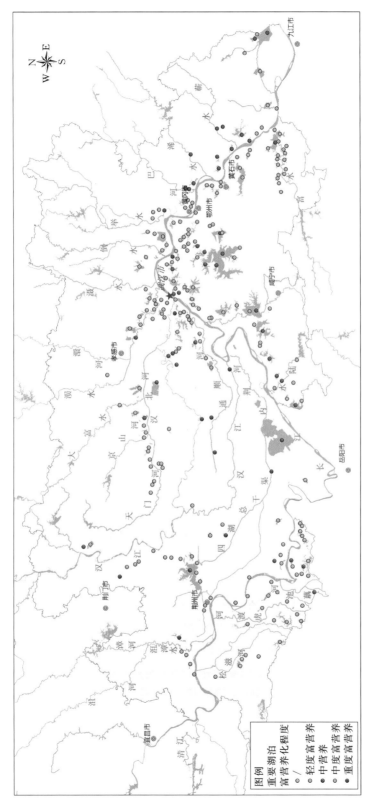

图 2-11　江汉平原湖泊富营养化情况评价图

表 2 - 16　　　　　　　2016—2018 年江汉平原主要湖泊水质状况统计表

序号	湖泊名称	湖泊所在地	水　质　类　别			2018 年主要污染指标	营养状态级别	水质变化
			2016 年	2017 年	2018 年			
1	汤逊湖	武汉市江夏区	V	V	劣 V	TP、COD、NH₃ - N	中度富营养	有所变差
2	斧头湖	武汉市江夏区水域	Ⅲ	Ⅳ	Ⅲ	—	中营养	有所好转
3		咸宁市水域	Ⅲ	Ⅲ	Ⅳ	TP	轻度富营养	有所变差
4	后官湖	武汉市蔡甸区	Ⅳ	Ⅳ	Ⅳ	COD、TP、BOD₅	轻度富营养	
5	涨渡湖	武汉市新洲区	Ⅳ	V	V	TP、COD、BOD₅、高锰酸盐指数	轻度富营养	
6	后湖	武汉市黄陂区	Ⅳ	Ⅳ	V	TP、COD、高锰酸盐指数	中度富营养	有所变差
7	梁子湖	武汉市江夏区水域	Ⅱ	Ⅱ	Ⅲ	—	中营养	有所下降
8		鄂州市水域	Ⅲ	Ⅲ	Ⅲ		轻度富营养	
9	大冶湖	内湖	Ⅳ	Ⅳ	V	TP、NH₃ - N、COD、BOD₅	中度富营养	有所变差
10		外湖	Ⅳ	Ⅳ	Ⅳ	TP、COD	轻度富营养	
11	保安湖	大冶市	Ⅳ	Ⅲ	Ⅳ	TP	轻度富营养	有所变差
12	洪湖	洪湖市	Ⅳ	Ⅳ	Ⅳ	TP、COD	轻度富营养	
13	长湖	荆州市水域	V	V	V	TP	轻度富营养	
14		荆门市水域	Ⅳ	Ⅲ	Ⅲ		中营养	
15	汈汊湖	汉川市	Ⅲ	Ⅲ	Ⅳ	TP	中营养	有所变差
16	鲁湖	武汉市	Ⅳ	Ⅳ	Ⅳ	TP、COD	轻度富营养	
17	西凉湖	赤壁市	Ⅲ	Ⅲ	Ⅳ	TP	轻度富营养	有所变差
18	网湖	黄石市	V	劣 V	劣 V	TP	轻度富营养	
19	龙感湖	黄冈市	Ⅲ	Ⅲ	Ⅳ	TP	轻度富营养	有所变差
20	黄盖湖	赤壁市	Ⅱ	Ⅱ	Ⅳ	TP	中营养	明显变差
21	澴东湖	孝感市	Ⅳ	Ⅳ	Ⅳ	TP、COD	轻度富营养	

资料来源：《2017 年湖北省环境质量状况》和《2018 年湖北省环境质量状况》。

湖、黄石磁湖为轻度富营养，其余 5 个湖泊为中度富营养。2017 年与 2016 年相比，东西湖和遗爱湖水质有所好转，墨水湖水质有变差趋势，其余湖泊水质保持稳定。2016—2017 年城市内湖水质状况统计见表 2 - 17。

表 2 - 17　　　　　　　2016—2017 年城市内湖水质状况统计表

序号	湖泊名称	所在地区	2016 年水质类别	2017 年水质类别	2017 年主要污染指标	营养状态级别	水质变化
1	东湖	武汉市	Ⅳ	Ⅳ	COD、TP	轻度富营养	
2	外沙湖	武汉市	劣 V	劣 V	TP、COD、高锰酸盐指数	中度富营养	
3	东西湖	武汉市	劣 V	V	TP、COD、BOD₅	中度富营养	有所好转
4	墨水湖	武汉市	V	劣 V	TP、NH₃ - N、COD	中度富营养	有所变差

续表

序号	湖泊名称	所在地区	2016年水质类别	2017年水质类别	2017年主要污染指标	营养状态级别	水质变化
5	磁湖	黄石市	Ⅳ	Ⅳ	TP	轻度富营养	
6	洋澜湖	鄂州市	Ⅴ	Ⅴ	TP、COD	中度富营养	
7	遗爱湖	黄冈市	劣Ⅴ	Ⅴ	TP、BOD_5、NH_3-N	中度富营养	有所好转

资料来源:《2017年湖北省环境质量状况》。

(二)污染物排放现状

江汉平原地势平坦,河渠纵横,湖泊众多,水资源丰富,是湖北省及全国的重要商品粮、棉、油生产基地和畜牧业、水产基地。其水环境污染问题可分为点源污染、面源污染、内源污染和移动源污染等,以点源污染、面源污染和内源污染为主。

1. 点源污染

点源污染是指固定排放点排放的污染源(多为工业废水及城市生活污水),由排放口集中汇入江河湖泊等水体的污染。江汉平原工厂林立,点源污染具有数量多、强度大的特点,并且高污染的乡镇企业占了较大比重。大多数废气、废水、废渣在简单处理后便直接排放,不仅污染水体,对土壤和空气造成了严重影响,还影响人类健康。

依据《2018年湖北省水资源公报》数据,2018年江汉平原区域内用户废污水排放总量为40.13亿t,其中城镇居民生活为10.14亿t,占25.27%,第二产业(主要是工业废水)为16.8亿t,占41.86%,第三产业废污水排放量13.1亿t,占32.64%。

江汉平原现有主要入河排污口2540处,其中污水处理厂排污口114处,工业排污口2426处(图2-12)。2018年江汉平原内入河废污水量为28.09亿t,比上年减少0.31亿t。

2. 面源污染

面源污染指溶解的和固体的污染物从非特定的地点,在降水(或融雪)冲刷作用下,通过径流过程而汇入受纳水体(包括河流、湖泊、水库和海湾等)并引起水体的富营养化或其他形式的污染。如农业生产施用的化肥,经雨水冲刷进入水体而造成污染。江汉平原是国家重点商品粮、棉、油产区,每年使用的化肥和农药数量巨大,畜禽养殖产生的粪便数量也十分巨大,因而农业面源污染较为严重。与点源污染相比,面源污染起源分散、多样,地理边界和发生的位置难以识别和确定,随机性强、成因复杂,且潜伏周期长,因而防治十分困难。面源污染由于涉及范围广、控制难度大,目前已成为影响江汉平原水体环境质量的重要污染源。

以江汉平原老观湖为例,老观湖面源污染负荷包括农村生活污水、农业面源、畜禽养殖、水产养殖四部分,COD、TP、NH_3-N和TN污染负荷入湖总量分别为184.98t/a、5.52t/a、29.36t/a和39.14t/a,以农村生活污水和农业面源为主。

3. 内源污染

内源污染主要指进入河湖中的营养物质通过各种物理、化学和生物作用,逐渐沉降至湖泊底质表层。积累在底泥表层的氮、磷营养物质,一方面可被微生物直接摄入,进入食物链,参与水生生态系统的循环;另一方面,可在一定的物理化学及环境条件下,从底泥中释放出来重新进入水中,从而形成湖内污染负荷。江汉平原河湖众多,是我国重要的水产基地,其内源污染主要表现在湖泊的水产养殖。随着科技的进步,水产养殖逐步精细

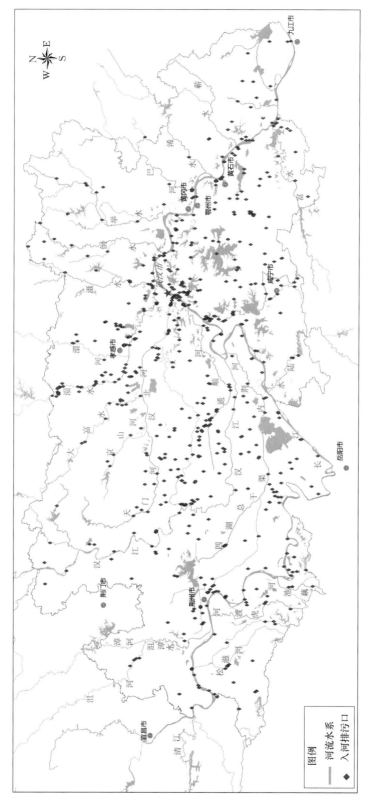

图2-12　江汉平原排污口分布图

化、规模化，养殖密度不断加大，产量不断增加，相应的投饵投肥量和鱼类粪便产生量也不断增加。这些污染物沉积于河湖底部，造成水体污染和富营养化。近年来，江汉平原湖泊普遍呈现出富营养化状态，与水产养殖有密切的联系。

4. 移动源污染

江汉平原的移动源污染主要是交通运输过程中所排放的污染和大气雾霾干湿沉降污染。如城市交通中，汽车尾气排放出的重金属物质，随降雨或融雪后的地面径流，经城市排水系统而进入河流，造成水体污染。此外，还有血吸虫及本地氟、砷和重金属超标导致的水体污染等，多发生于局部地区。

（三）县级以上集中饮用水水源地安全状况

根据《2018年湖北省环境质量状况》报告，2018年江汉平原7个重点城市辖区内20个集中式饮用水源地，按《地表水环境质量标准》（GB 3838—2002）Ⅲ类标准进行了评价，江汉平原重点城市集中式饮用水源地达标率为100%；与2017年相比，重点城市集中式饮用水源地达标率上升0.4个百分点。2018年江汉平原重点城市集中式饮用水源地水质状况见表2-18。

表2-18　　　　2018年江汉平原重点城市集中式饮用水源地水质状况表

序号	城市	水　源　地	达标率/%		超标项目
1	武汉市	汉江国棉水厂水源地	100	100	—
2		汉江宗关水厂水源地	100		—
3		汉江琴断口水厂水源地	100		—
4		汉江白鹤嘴水厂水源地	100		—
5		长江汉口堤角水厂水源地	100		—
6		长江余家头水厂水源地	100		—
7		长江武昌平湖门水厂水源	100		—
8		长江白沙洲水厂水源地	100		—
9		长江港东水厂水源地	100		—
10		长江沌口水厂水源地	100		—
11	黄石市	长江凉亭山水厂水源地	100	100	—
12	荆州市	长江东区水厂水源地	100	100	—
13		长江西区水厂水源地	100		—
14		长江郢都水厂水源地	100		—
15	鄂州市	长江凤凰台水厂水源地	100	100	—
16		长江雨台山水厂水源地	100		—
17	孝感市	汉江孝感三水厂水源地	100	100	—
18	黄冈	长江黄冈二水厂水源地	100	100	—
19		长江黄冈三水厂水源地	100		—
20	咸宁市	长江潘家湾水厂水源地	100	100	—

按《地表水环境质量标准》（GB 3838—2002）Ⅲ类标准评价，2018年，江汉平原39个县级城镇集中式饮用水源地水质达标率为100%，与2017年持平，水质状况见表2-19，饮用水源地分布如图2-13所示。

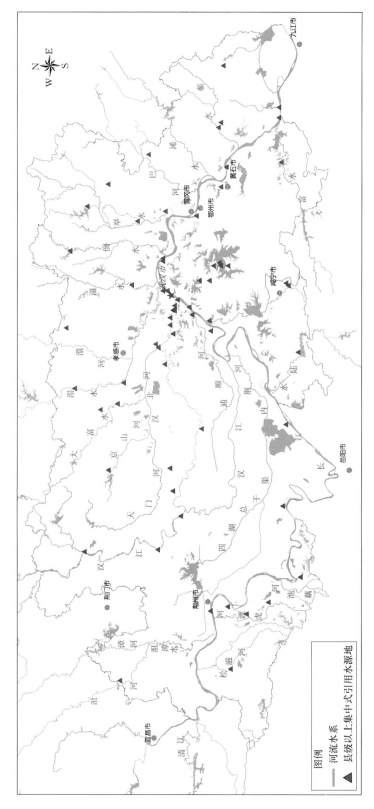

图 2 - 13　江汉平原县级以上集中饮用水源地分布图

表 2-19　　2018 年江汉平原县级城镇集中式饮用水源地水质状况表

序号	城市	县级城镇	水　源　地　名　称	达标率/%	
1	武汉市	蔡甸区	蔡甸水厂水源地	100	100
2		东西湖区	西湖水厂水源地	100	
3			余氏墩水厂水源地	100	
4		汉南区	汉武水厂水源地	100	
5		黄陂区	黄陂新武湖水厂水源地	100	
6			黄陂前川水厂水源地	100	
7		江夏区	江夏水厂水源地	100	
8		新洲区	新洲阳逻水厂水源地	100	
9			新洲长源自来水公司水源地	100	
10	荆州市	石首市	石首第二水厂水源地	100	100
11		洪湖市	洪湖陵园水厂水源地	100	
12		松滋市	松滋自来水公司水源地	100	
13		公安县	公安县城区宏源自来水公司水源地	100	
14		监利县	监利县第二水厂饮用水水源地	100	
15			监利县第三水厂饮用水水源地	100	
16		江陵县	江陵县城区水厂水源地	100	
17	宜昌市	枝江市	枝江市马家店水厂水源地	100	100
18			枝江市鲁家港水库	100	
19	孝感市	应城市	应城市城区饮用水水源地	100	100
20		汉川市	汉川市城区二水厂饮用水水源地	100	
21			汉川市城区三水厂饮用水水源地	100	
22		云梦县	云梦县城区饮用水水源地	100	
23		应城市	短港水库饮用水水源地	100	
24	荆门市	钟祥市	汉江钟祥皇庄段水源地	100	100
25		沙洋县	汉江沙洋段水源地	100	
26	鄂州市	华容区	长江华容泥矶饮用水水源地	100	100
27	黄石市	阳新县	阳新县兴国城区富水水源地	100	100
28			阳新县王英镇王英水库水源地	100	
29		武穴市	武穴市第二水厂水源地	100	
30		团风县	团风县城镇自来水公司水源地	100	
31		蕲春县	蕲春县鸬鹚岩水库	100	
32			蕲春县蕲河西驿段水源地	100	
33		黄梅县	黄梅县垅坪水库	100	
34	咸宁市	嘉鱼县	嘉鱼县石矶头水源地	100	—

序号	城市	县级城镇	水 源 地 名 称	达标率/%	
35	仙桃市	仙桃市	仙桃二水厂水源地	100	100
36			仙桃三水厂水源地	100	
37	潜江市	潜江市	潜江市汉江泽口码头水源地	100	100
38			潜江市汉江红旗码头水源地	100	
39	天门市	天门市	天门市第二水厂水源地	100	100

三、水生态状况

湖北是千湖之省，绝大多数湖泊位于江汉平原。根据 2012 年第一次全国水利普查结果，湖北省现有水面面积 100 亩以上及 20 亩以上的城中湖共 755 个，其中江汉平原分布有 752 个。湖泊数量分布最多的地区为荆州、武汉及黄冈，分别有 183 个、143 个和 114 个，占总数（752 个）的 58％以上。

江汉平原是典型的洪泛平原，江汉湖群大多是长江、汉江及其支流演化过程中的伴生湖泊，以面积较小的小型浅水型湖泊为主。水面面积在 $10km^2$ 以下的湖泊数量达 703 个，约占总数的 93.5％；尤其是水面面积在 $1km^2$ 以下的小型湖泊，数量达 522 个，约占到总数的 69％。江汉平原上面积较大的湖泊有梁子湖、洪湖、长湖、斧头湖、汈汊湖等，并称为湖北五大湖泊。此外，武汉的汤逊湖、东湖是全国有名的城中湖。

江汉平原水系发达、河湖众多，水生态环境类型多样，生物资源丰富，自古以来就是我国重要的生态湿地。为充分保护区域内的生态资源，国家、省、市各级有关部门在区域内划定了一批重要的生态保护区，实施严格的生态保护措施。

（一）重要湿地状况

1. 涉水自然保护区

自然保护区，是指对有代表性的自然生态系统、珍稀濒危野生动植物物种的天然集中分布区、有特殊意义的自然遗迹等保护对象所在的陆地、水体或者海域，依法划出一定面积予以特殊保护和管理的区域。江汉平原现有涉水自然保护区 15 处，主要保护白鱀豚、江豚、中华鲟、经济鱼类等水生动植物及其自然生境、淡水湖泊生态系统和珍稀禽类。江汉平原涉水自然保护区名录见表 2-20。

表 2-20　　　　　　　江汉平原涉水自然保护区名录

序号	名　　称	所在行政区	河湖	保　护　对　象
1	湖北沉湖湿地省级自然保护区	武汉市蔡甸区	沉湖	湿地生态系统及珍稀水禽
2	武湖湿地自然保护区	武汉市汉南区	武湖	淡水湖泊生态系统及珍稀野生动物
3	何王庙长江江豚自然保护区	监利市	长江	长江江豚、经济鱼类等水生动植物及其自然生境
4	洪湖湿地自然保护区	洪湖市、监利市	洪湖	湿地生态系统
5	湖北洪湖国家级湿地自然保护区	洪湖市、监利市	洪湖	湿地生态系统

序号	名　称	所在行政区	河湖	保　护　对　象
6	长江天鹅洲白鳍豚自然保护区	石首市	长江、天鹅洲故道	白鳍豚、江豚及其生境
7	长江新螺段白鳍豚自然保护区	洪湖市、赤壁市、嘉鱼	长江	白鳍豚、江豚、中华鲟及其生境
8	湖北梁子湖省级湿地自然保护区	鄂州市梁子湖区	梁子湖	湿地生态系统及珍稀水禽
9	湖北网湖省级湿地自然保护区	阳新县	网湖	淡水湖泊生态系统及珍稀水禽
10	湖北上涉湖湿地自然保护区	武汉市江夏区	上涉湖	淡水湖泊生态系统
11	湖北上涉湖湿地自然保护区	武汉市江夏区	上涉湖	淡水湖泊生态系统
12	湖北龙感湖国家级自然保护区	黄梅县	龙感湖	湿地生态系统及白头鹤等珍禽
13	涨渡湖湿地自然保护区	武汉市新洲区	涨渡湖	湿地生态系统
14	湖北梁子湖省级湿地自然保护区	鄂州市梁子湖区	梁子湖	湿地生态系统及珍稀水禽
15	草湖湿地自然保护区	武汉市黄陂区	草湖	淡水湖泊生态系统及珍稀禽类

2. 水产种质资源保护区

自 2007 年起，农业部（现农业农村部）根据《中华人民共和国渔业法》等法律法规规定和国务院《中国水生生物资源养护行动纲要》要求，积极推进建立水产种质资源保护区。截至 2019 年 6 月共建立水产种质资源保护区 45 处（见表 2-21），其中国家级水产种质资源保护区 40 处，主要保护对象为团头鲂、短颌鲚、白鳍豚、江豚、河斑鳜等。

表 2-21　　　　　　　　　江汉平原水产种质资源保护区名录

序号	名　称	所在行政区	所在河流或湖泊	保　护　对　象
1	王母湖团头鲂短颌鲚国家级水产种质资源保护区	孝感市孝南区	王母湖	主要保护对象为团头鲂、短颌鲚
2	汉北河瓦氏黄颡鱼国家级水产种质资源保护区	汉川市	汉北河	主要保护对象为瓦氏黄颡鱼
3	涢水翘嘴鲌国家级水产种质资源保护区	云梦县	涢水	主要保护对象为翘嘴鲌，其他保护对象包括黄颡鱼、鳜、乌鳢、鲢、鳙、青鱼、草鱼、鳡、鳊等经济鱼类
4	野猪湖鲌类国家级水产种质资源保护区	孝感市孝南区	野猪湖	保护对象为翘嘴鲌、蒙古鲌、青梢鲌等鲌类
5	府河细鳞鲴国家级水产种质资源保护区	安陆市	府河	主要保护对象为细鳞鲴
6	大富水河斑鳜国家级水产种质资源保护区	应城市	大富水	主要保护对象为河斑鳜
7	汉江钟祥段鳡鳤鯮鱼国家级水产种质资源保护区	钟祥市	汉江	主要保护对象为鳡、鳤、鯮，其他保护物种包括鳜、黄颡鱼、长吻鮠等
8	汉江汉川段国家级水产种质资源保护区	汉川市	汉江	主要保护对象是青鱼、草鱼、鲢、鳙"四大家鱼"、鳡以及瓦氏黄颡鱼、鳜、乌鳢等

续表

序号	名　　　称	所在行政区	所在河流或湖泊	保　护　对　象
9	五湖黄鳝国家级水产种质资源保护区	仙桃市	五湖	主要保护对象为黄鳝
10	杨柴胡沙塘鳢刺鳅国家级水产种质资源保护区	洪湖市	杨柴湖	主要保护对象为沙塘鳢和刺鳅，其他保护对象为鳜、黄颡鱼、翘嘴鲌、乌鳢等经济鱼类
11	汉江潜江段四大家鱼国家级水产种质资源保护区	潜江市	汉江	保护对象为汉江四大家鱼（青、草、鲢、鳙）和其他重要水生生物资源
12	南湖黄颡鱼乌鳢国家级水产种质资源保护区	钟祥市	南湖	主要保护对象为黄颡鱼、乌鳢，其他保护对象包括赤眼鳟、翘嘴鲌、达氏鲌、黄鳝、鳜等
13	何王庙长江江豚自然保护区	监利市	长江	长江江豚、经济鱼类等水生动植物及其自然生境
14	长湖鲌类国家级水产种质资源保护区	荆州市区东北郊	长湖	主要保护对象为翘嘴鲌、蒙古鲌、青梢鲌、拟尖头鲌、红鳍原鲌等5种鲌类及其生境，其他保护物种包括青、草、鲢、鳙、鳜、鳜、团头鲂、黄颡鱼、刺鳅、龟、鳖、中华绒螯蟹、青虾、河蚌、菱、野菱、莲、茭白等重要经济水生动植物物种
15	长江监利段四大家鱼国家级水产种质资源保护区	监利县	长江	主要保护对象为四大家鱼（青、草、鲢、鳙），其他保护对象为保护区内的其他水生生物
16	洪湖国家级水产种质资源保护区	洪湖市	洪湖	主要保护对象为黄鳝，其他保护对象包括鳜鱼、黄颡鱼、翘嘴鲌、乌鳢等
17	沮漳河特有鱼类国家级水产种质资源保护区	荆州市	沮漳河	主要保护对象是翘嘴鲌、鳜，其他保护对象包括黄颡鱼、中华沙塘鳢、波氏吻鰕虎鱼等
18	庙湖翘嘴鲌国家级水产种质资源保护区	荆州市	庙湖	主要保护对象为翘嘴鲌，其他保护对象包括草、鲢、鳙、菱、莲等重要经济水生动植物物种及生境
19	红旗湖泥鳅黄颡鱼国家级水产种质资源保护区	洪湖市	红旗湖	保护区主要保护对象为泥鳅和黄颡鱼，同时保护黄鳝、鳜、翘嘴鲌、乌鳢等经济鱼类
20	东港湖黄鳝国家级水产种质资源保护区	监利市	东港湖	保护对象为黄鳝，其他保护对象包括赤眼鳟、红鳍鲌、黄颡鱼、黄尾鲴、鳜等
21	白斧池鳜省级水产种质资源保护区	洪湖市	—	—
22	长江天鹅洲白鳍豚自然保护区	石首市	长江、天鹅洲故道	白鳍豚、江豚及其生境
23	淤泥湖团头鲂国家级水产种质资源保护区	公安县	淤泥湖	主要保护对象为团头鲂，其他保护物种包括鳡、银鱼、鲌、鳜、鳜等
24	上津湖国家级水产种质资源保护区	石首市	上津湖	主要保护对象为乌鳢，同时保护鳜、鳜等名特优产品及湖泊资源与环境
25	崇湖黄颡鱼国家级水产种质资源保护区	公安县	崇湖	主要保护对象为黄颡鱼，其他保护对象包括鲢、鳙、青、草、鳜、黄颡鱼、银鱼、龟、鳖、青虾、河蚌等

序号	名　　称	所在行政区	所在河流或湖泊	保　护　对　象
26	南海湖短颌鲚国家级水产种质资源保护区	松滋市	南海湖	保护区主要保护对象为短颌鲚
27	牛浪湖鳜国家级水产种质资源保护区	公安县	牛浪湖	保护区主要保护对象为鳜，其他保护对象包括鳡、黄颡鱼和银鱼、龟、鳖、青虾、河蚌等
28	洈水鳜国家级水产种质资源保护区	松滋市	洈水	保护区主要保护对象为鳜、鳊、菱、鲢等重要经济水生动植物物种及其生态环境
29	王家大湖绢丝丽蚌国家级水产种质资源保护区	松滋市	王家大湖	保护区主要保护对象为绢丝丽蚌及其生境
30	中湖翘嘴鲌省级水产种质资源保护区	石首市	中湖	主要保护对象为翘嘴鲌
31	梁子湖武昌鱼国家级水产种质资源保护区	鄂州市梁子湖区	梁子湖	主要保护对象为团头鲂、武昌鱼、湖北圆吻鲴、胭脂鱼、鳡、鳜、光唇蛇鮈、长吻鮠、莼菜、水蕨、扬子狐尾藻、蓝睡莲、水车前等
32	西凉湖鳜鱼黄颡鱼国家级水产种质资源保护区	咸宁市咸安区	西凉湖	主要保护对象为鳜鱼、黄颡鱼、胭脂鱼、鳡、鳊、长吻鮠
33	长江黄石段四大家鱼国家级水产种质资源保护区	黄石市	长江	主要保护对象为青、草、鲢、鳙等重要经济鱼类及其产卵场，以及其他重要水生生物资源及其生境
34	花马湖国家级水产种质资源保护区	鄂州市鄂城区	花马湖	主要保护对象为花鲭，其他保护对象包括团头鲂、草鱼、青鱼、翘嘴鲌、鳜、黄鳝、青虾、背瘤丽蚌、三角帆蚌等水生动物，同时保护莲、野菱、黑斑蛙、金线蛙等国家级重点保护水生动植物
35	猪婆湖花鲭国家级水产种质资源保护区	阳新县	猪婆湖	主要保护对象为花鲭，其他保护对象包括草、鲢、鳙、菱、莲等重要经济水生植物
36	牛山湖团头鲂细鳞鲴省级水产种质资源保护区	武汉市江夏区	牛山湖	主要保护对象为团头鲂、细鳞鲴
37	太白湖国家级水产种质资源保护区	黄冈市	太白湖	主要保护对象为翘嘴鲌、鳊、鳡、鳜、日本沼虾，其他保护对象包括栖息在保护区内的其他国家级或省级重点保护水生生物
38	保安湖鳜鱼国家级水产种质资源保护区	大冶市	保安湖	主要保护对象是鳜鱼，其次是鳑鲏、黄颡鱼、鲌鱼、鲂等及其生态环境
39	鲁湖鳜鲌国家级水产种质资源保护区	武汉市江夏区	鲁湖	主要保护对象为鳜、鲌等名优经济鱼类，经济水生动植物资源与湖泊环境，同时还保护其他国家级或省级重点保护动植物资源
40	赤东湖鳊国家级水产种质资源保护区	蕲春县	赤东湖	主要保护对象为鳊，其他保护物种包括，翘嘴鲌、鲴类、鳡、鳜等多种名优经济水生动物及湖泊资源与环境，同时保护其他国家级或省级重点保护动植物资源

序号	名　　称	所在行政区	所在河流或湖泊	保 护 对 象
41	武湖黄颡鱼国家级水产种质资源保护区	武汉市新洲区	武湖	主要保护对象为黄颡鱼，同时保护鳜、团头鲂、翘嘴鲌、花䱻、鳡、中华鳖等多种名优经济水产种质资源及其生境
42	策湖黄颡鱼乌鳢国家级水产种质资源保护区	浠水县散花镇，蕲春县彭思镇	策湖	主要保护对象为黄颡鱼、乌鳢，同时保护团头鲂、翘嘴鲌、鲶、鲤、鲫等物种及湖泊生态环境
43	王家河鲌类国家级水产种质资源保护区	武汉市黄陂区	王家河	保护区主要保护对象为翘嘴鲌、蒙古鲌、拟尖头鲌，其他保护物种包括鳜、鲶等
44	金家湖花䱻国家级水产种质资源保护区	武汉市新洲区	金家湖	主要保护对象为花䱻，其他保护对象包括青、草、鲢、鳙、菱、莲等重要经济水生动植物物种
45	望天湖翘嘴鲌国家级水产种质资源保护区	浠水县巴河镇	望天湖	保护区主要保护对象是翘嘴鲌，其他保护对象包括鳜、黄颡鱼、菱、莲等重要经济水生动植物资源

3. 国家级湿地公园

江汉平原湿地涉及河流、湖泊及人工湿地三大类，湿地类型的丰富程度居全国各省前列。湿地不仅在水电、航运、防洪、供水、灌溉等方面发挥着巨大的作用，还为众多的野生动植物提供了良好的栖息地和生境，是我国候鸟迁徙的主要通道和栖息越冬密集区。

区域内已建设有国家级湿地公园 26 个（见表 2-22），保护面积 78228.22hm²。湿地公园的建设对江汉平原的湿地保护起到了重要作用，为区域人民提供了丰富的水产品和生态休闲旅游资源。

表 2-22　　　　　　　　　　江汉平原国家级湿地公园统计表

市州	名　　称	所在行政区	河　湖	保护面积/hm²	批准时间
武汉市	武汉杜公湖国家湿地公园	东西湖区	杜公湖	231.26	2014年12月31日
	武汉后官湖国家湿地公园	蔡甸区	后官湖	2089.2	2013年12月31日
	武汉东湖国家湿地公园	武昌区	东湖	1020	2008年11月19日
	武汉安山国家湿地公园	江夏区	枯竹海、枣树湾渔场	1215.26	2013年12月31日
	江夏藏龙岛国家湿地公园	江夏区	杨桥湖、上潭湖、下潭湖	311.75	2012年12月31日
孝感市	孝感朱湖国家湿地公园	孝南区	朱湖	5156	2013年12月31日
	湖北孝感老观湖国家湿地公园	孝感市	老观湖	1244.79	2015年12月31日
	汉川汈汊湖国家湿地公园	汉川市	汈汊湖	2489.56	2014年12月31日
荆州市	公安崇湖国家湿地公园	公安县	崇湖	1475.11	2014年12月31日
	湖北石首三菱湖国家湿地公园	石首市	三菱湖	853.99	2015年12月31日
	松滋洈水国家湿地公园	松滋市	洈水水库	4049.01	2013年12月31日
	环荆州古城国家湿地公园	荆州市	护城河、太湖港河、荆襄河	469.41	2014年12月31日
	湖北荆州菱角湖国家湿地公园	荆州市	菱角湖	1236.28	2015年12月31日
	湖北监利老江河故道国家湿地公园	监利市	老江河	2238.32	2016年12月30日

市州	名　称	所在行政区	河　湖	保护面积/hm²	批准时间
黄冈市	蕲春赤龙湖国家湿地公园	蕲春县	赤东湖	6667	2009 年 12 月 23 日
	黄冈市遗爱湖国家湿地公园	城区	遗爱湖	463.86	2011 年 3 月 25 日
	武山湖国家湿地公园	武穴市	武山湖	2090	2011 年 12 月 12 日
	浠水策湖国家湿地公园	浠水县	策湖	1141.84	2012 年 12 月 31 日
	天堂湖国家湿地公园	罗田县	天堂湖	1114.97	2011 年 12 月 12 日
咸宁市	赤壁陆水湖国家湿地公园	赤壁市	陆水湖	11800	2009 年 12 月 23 日
	湖北嘉鱼珍湖国家湿地公园	嘉鱼县	珍湖	768.5	2016 年 12 月 30 日
黄石市	莲花湖国家湿地公园	阳新县	莲花湖	1145.46	2016 年 12 月 30 日
	大冶保安湖国家湿地公园	大冶市	保安湖	4343.57	2011 年 3 月 25 日
天门市	湖北天门张家湖国家湿地公园	天门市	张家湖	1084.54	2015 年 12 月 31 日
潜江市	潜江返湾湖国家湿地公园	潜江市	返湾湖	776.5	2011 年 12 月 12 日
仙桃市	仙桃沙湖国家湿地公园	沙湖镇	东荆河	1939	2012 年 12 月 31 日

（二）水生生物

江汉平原水生生物资源极其丰富。中国科学院水生生物研究所、测量与地球物理研究所及华中师范大学等多家单位进行过研究，将江汉平原水生生物资源分为浮游动物、底栖动物、鱼类资源、浮游植物和水生维管束植物五大类。其中浮游动物主要有原生动物、轮虫、枝角类、桡足类四大类 195 种；底牺动物主要有软体动物、环节动物、节肢动物、线形动物四大类 74 种；鱼类 80 多种，以鲤科为主（47 种、占总数 58.2%）、次为鮑科（6种、占总数 7.4%）和鳅科（5 种、占 6.1%）以及鮨科、鲶科（各有 3 种、各占 3.7%）；浮游植物共有 8 门 50 科 113 属，以水生藻类为主；维管束植物约 37 科 127 种。

1. 浮游动物

浮游动物是渔业发展最有效的活体饵料生物之一，不仅是鲢鱼、鳙鱼及其他鱼类的重要食料，也是虾、蟹、鳜鱼等名特优水产养殖品的最佳食料来源。2000 年，中国科学院水生生物研究所、测量与地球物理研究所调查结果显示，江汉湖区水域中浮游动物含量均很高，其数量在 95～11459 个/L 之间，平均值为 2775 个/L。常见种有头节虫、砂壳虫、秀体蚤、龟甲轮虫、多肢轮虫等。原生动物、轮虫、枝角类、桡足类四大类的数量大致各占总数的 25%、70%、2%、3%，生物量大致各占总生物量的 1%、49%、20%、30%。不同湖泊的浮游动物数量、生物量均有一定差别。

2. 底栖动物

江汉平原底牺动物主要有软体动物、环节动物、节肢动物、线形动物四大类 74 种，其中软体动物中的腹足类 22 种、瓣鳃类 17 种，环节动物 7 种，节肢动物 27 种，线形游物 1 种。常见种群有河蚌、螺贝、水蚯蚓、摇蚊幼虫以及甲壳类的中华新米虾、细足米虾、中华小臂虾等。江汉平原湖区主要湖泊底栖动物的种群密度为 112～973 个/m²，生物量为 24.7～641.4g/m²。洪湖湖泊底栖动物种群密度为 973.16 个/m²，居诸湖之首，其中以腹足类居多（达 697.41 个/m^2，螺类较多）。

3. 鱼类资源

江汉平原淡水鱼类资源丰富，是我国重要的淡水渔业基地。其中江汉平原区系复合体的主要鱼类以青、草、鲢、鳙、鳜、麦穗鱼、鲴属、红鲌属、飘鱼属、鳊属等为主，占江汉湖群鱼类总数的 60%；南方热带区系复合体的主要鱼类以乌鳢、塘鳢、黄鳝、刺鲃、黄颡鱼、刺鳅、青鳉、胡子鲶等为主，占江汉湖群鱼类总数的 20%；古代第三纪区系复合体的主要鱼类以鲤、鲫、鲶鱼、泥鳅、鳜鱼等为主，占江汉湖群鱼类总数的 20%。根据鱼类生活的水域和洄游特征，可将江汉湖群鱼类分为洄游型、半洄游型、湖泊型、江河型四类，其中以半洄游型鱼类和湖泊型鱼类为主。从种类来看，江汉平原湖区有 80 多种鱼类。其中，以鲤科为主（47 种、占总数 58.2%），次为鮠科（6 种、占总数 7.4%）和鳅科（5 种、占 6.1%）以及鮨科、鲶科（各有 3 种、各占 3.7%）。主要经济鱼类有青、草、鲢、鲤、鲂、鳙、鳊、蒙古红鲌、翘嘴红鲌、短尾鲌、乌鳢、桂花鱼、鲶、赤眼鳟、鲶等，以及武昌鱼、长吻鮠鱼、桂花鱼、银鱼等江汉平原特有鱼类。应该注意到，在江汉湖群鱼类中，肉食性凶猛鱼类较多，如红鮨鲌、短尾鲌、青稍红鲌、尖头红鲌、鳡、鳗鲡、鳜、小头鳜等均为肉食性凶猛鱼类。

水生生物物种的生存、繁衍及群落结构的变化与水文情势和生源要素（氮、磷营养盐及重金属、有机物等）的时空分布、生境阻隔、流速、流量变化，以及鱼类饵料生物基础变化息息相关。汉江中下游干流的水资源梯级开发利用造成了水生生境的片段化，导致流水生境的萎缩，对于需要在流水生境完成生活史的鱼类而言，其繁衍、栖息空间的缩小，将不可避免地导致种群数量的下降；对于需要流水条件繁殖的鱼类而言，产卵场面积的缩小，将影响其繁殖规模；特别是对产漂流性卵的鱼类而言，流水生境的萎缩会导致鱼卵漂流孵化的流程不够，受精卵和仔鱼死亡率升高。

2013—2014 年，湖北省水产科学研究所连续 2 年分 6 批次对汉江中下游鱼类资源进行现场调查。调查了从丹江口大坝下至武汉汇入长江口的鱼类种类组成，在汉江中下游江段水域断面点现场调查捕捞的渔获物中采集到鱼类 78 种，隶属 8 目 20 科 63 属，其中鲤科鱼类 47 种，占 60.3%；鮨科 8 种，占 10.3%；鳅科 4 种，占 5.1%；鮨科 3 种，占 3.8%；塘鳢科 2 种，占 2.6%；鳀科、银鱼科、鳗鲡科、平鳍鳅科、鲴科、鲶科、钝头鮠科、鮡科、鳢鱼科、合鳃鱼科、鰕虎鱼科、鳢科、斗鱼科、刺鳅科各 1 种，共占 17.9%。

4. 浮游植物

浮游植物以浮游藻类为主，是湖泊中的初级生产者，是湖泊生物有机体的重要物质来源。江汉平原湖泊水生藻类种类众多，共有 8 门 50 科 113 属。江汉湖群浮游藻类以绿藻门种类最多，蓝藻门、硅藻门次之，但不同湖泊具体结构差别较大。如汈汊湖以硅藻为主，绿藻、蓝藻次之。不仅如此，江汉湖群藻类还有明显的季节变化规律。一般春季硅藻、蓝藻、绿藻因升温而大量繁殖，夏季除蓝藻外其他藻类繁殖速度变慢，秋季（9 月左右）形成又一个繁殖高峰，冬季则繁殖较慢。

2000 年，中国科学院水生生物研究所、测量与地球物理研究所对江汉平原 56 个湖泊水体浮游进行调查研究。发现其生物量为 $14.6 \times 10^4 \sim 824 \times 10^4$ 个/L，平均值为 214.32×10^4 个/L。有污水流入或施肥的湖泊其量一般在 $585 \sim 7.56 \times 10^4$ 个/L，如武汉市的东湖，年均数量为 442～15770 个/L。常见种有空球藻、角鼓藻、团球藻、角星鼓藻、微囊藻、颤藻、铜绿微囊藻、角甲藻等。一般春、夏、秋季为浮游植物的高产季节。以洪湖为例，浮游植物有明显的季节变化，全年出现两个高峰季节，春季（3—5月）以硅藻、绿藻占优势，为主高峰；夏末秋初为次高峰，以蓝藻、硅藻和绿藻为主要成分。

5. 水生维管束植物

由于江汉平原湖泊的自然地理环境和水文特征存在较大差异，水生植物生长的种类、数量、分布规律也各不相同。

江汉平原湖泊水生植被的主要维管束植物约 37 科 127 种，其中主要有 30 余种。主要有黄丝草、聚草、菰、菱、莲、芡实、芦苇、荻、蒲草、马来眼子菜、金鱼藻、苲草等。水深 1m 左右的湖泊长有蒲草和菰等挺水植物。沉水植物中的黄丝草、聚草在湖泊中生长普遍。野菱、睡莲、芡实、水浮莲、凤眼莲等浮叶植物或漂浮植物在许多湖泊均有分布。

主要的植被群落有：①湿生植物带：苔草＋灯心草群落；②挺水植物带：红穗苔草＋荻群落、荻群落、芦苇群落、菰群落、菰＋莲群落、莲群落等；③浮叶植物带：槐叶萍＋满江红群落、紫萍＋浮萍群落、浮萍＋品萍群落、水鳖群落、芡实群落、菱群落等；④沉水植物带：黑藻＋金鱼藻群落、狐尾藻群落、竹叶眼子菜群落、黑藻群落、黄丝藻群落、苦草＋茨藻群落、苲草＋茨藻群落、尖叶眼子菜群落等。

6. 主要水生生物

江汉平原水域广阔，水热资源丰富，营养物质多，营养盐类含量高，底泥厚，有利于水生生物生长，因而水生生物资源十分丰富。与水生植物相比，江汉平原的湿地动物更为丰富多彩，包括鱼类、两栖类、爬行类、兽类、鸟类、甲壳类等。25 个省级试点湖泊的主要水生生物（浮游植物、浮游动物、底栖动物、沉水植物、鱼类）的状况统计见表 2-23。

四、生态环境保护与修复状况

（一）水资源节约和高效利用

水资源合理配置与高效利用体系持续建设中。近年来，湖北省实施了天门引汉等大型灌区节水改造与续建配套工程建设，东风闸、吴岭水库等中型灌区配套改造建设，完成了小型农田水利重点县小农水年度项目，实现了小农水重点县全覆盖，实施了新洲、兴山等 2 个规模化节水灌溉增效示范项目。

基本实现农村饮水安全全覆盖，建立了省、市、县三级用水总量控制指标体系。完成了汉江、府澴河以及汉北河水量分配方案，开展了天门市省级节水型社会试点建设，基本实现水资源开发利用保护与区域经济社会协调发展，初步形成政府引导、市场调控、公众参与的节水型社会管理体系。印发了《湖北省县域节水型社会达标建设工作实施方案（2017—2020 年）》，遴选武汉市黄陂区、孝昌县、宜都市等 25 个县（市、区），开展县域节水型社会建设达标创建工作，为指导全省县域节水型社会达标建设提供重要依据和示范。节水型社会建设全面推进，水资源利用效率进一步提高，农田灌溉水有效利用系数从 2010 年的 0.476 提高到 2018 年的 0.516，万元工业增加值用水量从 2010 年的 185m³ 下降到 2018 年的 61m³。

表 2 - 23 省级试点湖泊的主要水生生物状况统计表

编号	湖名	浮游植物			浮游动物			底栖动物			沉水植物		鱼类	
		种类数	丰度/(亿 Ind./L)	优势种	种类数	丰度/(Ind./L)	优势种	种类数	丰度/(Ind./L)	优势种	主要种类	覆盖情况	年产量/kg	优势种
1	梁子湖	29	2.316	小球藻	20	360	弯花臂尾虫	16	144	羽摇蚊幼虫、铜锈环棱螺	轮叶黑藻、苦草、狐尾藻等	++	>500万	多种
2	长湖	25	0.806	微小平裂藻	21	234	弯花臂尾轮虫	1	16	大水红德摇蚊幼虫	马来眼子菜	+	>500万	花鲢、草鱼
3	斧头湖	48	5.656	微囊藻	16	120	刺簇多肢轮虫	1	48	大水红德摇蚊幼虫	苦草	+	>1000万	花白鲢
4	鲁湖	29	2.836	平裂藻、小球藻	30	2680	对称方壳虫、刺簇多肢轮虫	2	96	雕翅摇蚊幼虫	无	————	100万	鳙鱼、鲢鱼
5	小奓湖	38	2.228	平裂藻	10	118	旋口虫	5	336	直突摇蚊幼虫	无	————	15万	花白鲢
6	内沙湖	27	0.17	小球藻	18	188	似壳轮虫	10	384	环棱螺	黑藻、苦草	+++	无养殖	鲫鱼
7	大冶湖	33	1.45	平裂藻	19	356	裂足臂尾轮虫、刺簇多肢轮虫	6	368	前囊管水蚓	无	————	500万	花白鲢、鲤鱼
8	阿湖	49	3.077	平裂藻	21	316	裂足臂尾轮虫、弯花臂尾轮虫	11	1224	花纹前突摇蚊幼虫	无	————	400万	花白鲢
9	磁湖	39	1.948	平裂藻、微囊藻	15	528	刺簇多肢轮虫	4	544	花纹前突摇蚊幼虫	无	————	无养殖	花白鲢
10	枝江东湖	35	1.498	微囊藻	15	178	段棘刺胞虫	2	96	花纹前突摇蚊幼虫	无	————	5万	花白鲢
11	洪湖	32	2.77	平裂藻	24	932	弯花臂尾轮虫	15	96	霍普水丝蚓、铜锈环棱螺	马来眼子菜	+++	不详	多种
12	三菱湖	48	1.968	平裂藻	17	308	裂足臂尾轮虫	1	16	水丝蚓	黑藻	-	25万	花白鲢
13	玉湖	33	1.872	鱼鳞藻	16	2360	弯花臂尾轮虫	4	224	粗腹摇蚊幼虫	菹草黑藻	+	不详	草鱼、鲢鱼、鳙鱼

续表

编号	湖名	浮游植物			浮游动物			底栖动物			沉水植物		鱼类	
		种类数	丰度/(亿Ind./L)	优势种	种类数	丰度/(Ind./L)	优势种	种类数	丰度/(Ind./L)	优势种	主要种类	覆盖情况	年产量/kg	优势种
14	钟祥南湖	43	2.094	平裂藻	20	1610	刺簇多肢轮虫	3	192	雕翅摇蚊幼虫	无	---	250万	花白鲢
15	洋澜湖	42	2.59	平裂藻	22	170	刺簇多肢轮虫	4	368	花纹前突摇蚊幼虫	无	---	20万	花白鲢
16	汈汊湖	24	0.238	黏球藻颤藻	18	285	似壳轮虫	5	240	雕翅摇蚊幼虫	狐尾藻、金鱼藻、苦草	++	不详	蟹类
17	野猪湖	25	1.628	微囊藻	16	270	刺簇多肢轮虫	3	112	雕翅摇蚊幼虫	无	---	100多万	花白鲢
18	赤东湖	38	1.872	平裂藻	40	1040	对称方壳虫	2	64	腹扁平蛭	无	---	260万	花白鲢
19	策湖	38	2.01	平裂藻、微囊藻	26	1280	裂足臂尾轮虫	7	2368	花纹前突摇蚊幼虫、雕翅摇蚊幼虫	渣草	+	300万	鲤鱼、鳊鱼
20	遗爱湖	51	2.794	平裂藻	28	1020	萼花臂尾轮虫	6	2896	苏氏尾鳃蚓	无	---	50万	花白鲢
21	西凉湖	25	0.078	优美平裂藻	11	84	似壳轮虫	0	0	—	金鱼藻	+++	不详	蟹类
22	蜜泉湖	54	3.928	微小平裂藻、团藻	22	1080	臂尾轮虫一种	2	80	腹扁平蛭	无	---	400万	草鱼、鲢鳙鱼
23	骑尾湖	29	0.476	微囊藻	28	1180	刺簇多肢轮虫	2	80	梨形环棱螺	无	---	无	无
24	张家大湖	25	2.23	微囊藻	32	1520	刺簇多肢轮虫	4	512	花纹前突摇蚊幼虫	无	---	150万~200万	花鲢
25	马昌湖	20	0.82	小球藻	15	1100	似壳轮虫	3	64		大茨藻	++	无养殖	鲤鱼、鲫鱼

注　+++表示沉水植物覆盖度高；++表示覆盖度中等；+表示有沉水植物，但覆盖度较低；——表示无沉水植物。

（二）水环境系统治理

水资源保护工作不断增强，水污染防治工作取得了较好成效。制定了水污染防治行动计划方案，开展了河湖保护行动、入河排污口管理、中小河流清淤及综合整治、河道保洁、生态调水等一系列工作，完成了江汉平原入河（湖）排污口普查工作，对新改扩入河（湖）排污口设置严格审批并实行公示制。制定了重要江河湖泊水功能区纳污能力核定和分阶段限总量控制方案，对梁子湖等生态敏感区实施"保护性限批"。

农业面源污染防治力度加大。农业节水控水行动持续开展，江汉平原大力推广测土配方施肥技术，创建"两清、两减"（清洁种植、清洁养殖，农药、化肥减量化）示范基地。畜禽养殖进一步规范。各县已全部完成畜禽养殖"三区"划定，养殖场标准化建设和改造持续推进。根据《湖北省畜禽养殖废弃物资源化利用行动方案（2018—2020年）》要求，至2020年江汉平原畜禽粪污综合利用率达到75%以上，规模养殖场粪污处理设施配套率达到95%以上，大型规模养殖场粪污处理设施配套率2019年前达到100%。

饮用水水源地保护工作进入新阶段。江汉平原范围内县级以上集中式水源地均划定了水源地保护区，开展了饮用水源地安全保障达标建设。全面清理整改县级城市集中式饮用水源地一级、二级保护区内的环境问题，消除环境风险隐患，提高饮用水水源地水质安全保障水平。

重点流域水环境综合治理逐步加强。编制完成了府澴河、汉北河等流域综合规划报告。开展了长江、汉江、洪湖、梁子湖、东湖等重点流域区域的水环境综合治理，取得较好成效。全面启动了"一河（湖）一策"实施方案编制工作，积极推进河湖管理与保护。

湖泊保护与治理工作全面推进。《湖北省湖泊保护条例》的颁布实施为江汉平原湖泊管理、保障湖泊功能提供了坚实的法制保障。"一湖一勘"，完成了湖泊资源环境调查与保护利用研究项目。"一湖一档"，逐湖建立湖泊名称、位置、面积、水质、水量等主要档案。"一湖一规"，编制完成30km² 以上湖泊水利综合治理规划。"一湖一责"，江汉平原湖泊全部明确了湖长并进行了备案公示。

（三）水生态保护体系建设

水库生态调度工作持续推进。江汉平原大中型水库调度规程中均有生态流量泄放规定，全部按照不低于水库坝址控制流域面积年径流量的10%不间断泄放生态流量。一部分有条件的小型水库也开展了生态流量泄放工作。除水库电站外，还对沿河环湖的闸站及橡胶坝等水工程，结合改扩建工程增设鱼道及生态泄放设施，补充完善生态调度措施。各地和厅直水库管理单位进一步强化水库生态调度理念，明确了大型水库最小生态流量，在调度规程和年度兴利调度运用计划中明确水量分配上要满足生态流量泄放需求。针对中央环保督察反馈意见，以府澴河水体"湖泊"化问题为突破口，开展了大中型水库生态流量泄放情况调查及整改工作。

积极开展江河湖库水系连通，加强河湖生态补水和重要江河水量调度。荆州市、天门市等地已多次开展生态补水工作。配合长江水利委员会开展汉江中下游梯级枢纽联合生态调度，引江济汉工程2019年从长江引水51.04亿 m³，其中补汉江水量34.73亿 m³，有效保证了汉江下游的灌溉供水、生态用水需求。位于江汉平原的50个国考断面，水质优良率达93%以上，通顺河、东湖等河湖水质达30年来最好水平。

生态滨水岸线保护与利用工作有序推进。武汉、黄石等沿江城市依托城市堤防工程，建设了一批江滩公园，着力打造长江、汉江生态廊道。如汉口江滩，全长 7km，面积 160 万 m²，与沿江大道景观相邻，与长江百舸争流相映，构成武汉市中心区独具魅力的景观中心，是武汉市著名的风景游览胜地。拆除了四湖流域 57 座丧失灌排功能、影响水系畅通的涵闸泵站，积极推动 133 条河流生态修复和 20 个河湖水系连通建设，打造了一批河畅水清、岸绿景美的亲水平台、生态景观。

重要生境与湿地保护工作稳步推进。江汉平原现已建成 40 个国家级水产种质资源保护区；累计建成各级涉水自然保护区 15 个；建立湿地公园 42 处，其中国家级湿地公园 27 个，省级 15 个。

水土保持不断加强。积极开展江河源头区水源涵养能力建设和生态修复措施，重点区域水土流失治理取得成效，全面推动崩岗治理、石漠化治理、坡耕地综合治理以及清洁小流域建设等工程。

（四）水环境保护管理机制建设

1. 河湖管护取得新的突破

开展河湖管护体制机制创新试点。2015 年启动了环梁子湖地区的鄂州市、武汉市江夏区、大冶市、咸宁市咸安区等创新河湖管护新机制国家级试点工作，并于 2018 年 3 月顺利完成验收。全面实施河（湖）长制并大力推动提档升级，2015 年潜江市、仙桃市入选为第一批省级"河长制"试点单位。河湖长制考核评价体系不断健全，2017 年年底，率先建成省、市、县、乡、村五级河（湖）长制体系。出台了河（湖）长会议、工作督察、考核问责、联席会议、河湖巡查、举报处理等工作制度，建立了以联席会议、"各级河湖长制办公室＋各级分河湖长制办公室"、"官方河（湖）长＋民间河（湖）长＋河（湖）警长＋联系部门"为主体的联动协作机制。

2. 管理能力建设不断加强

建立了江汉平原水网地区主要河流水资源保护跨区联动工作机制，印发了水利工程生态调度暂行办法，统筹兼顾各类用水需求，确保河湖水系有一定的生态流量、符合水功能区水质要求。

成立湖泊管理机构，一些地方组建起湖泊管理局、湖泊保护协会；完善现有管理机制，全面深化推进河（湖）长制工作，开展联动执法，创新融资机制，落实湖泊保护综合管理责任和考核制度，构建公众参与机制，严格制度执行，初步构建起适应江汉平原地区水生态保护的制度体系。黄冈市在白莲河探索生态保护和绿色发展示范区行政管理体制改革，成立了白莲河生态保护和绿色发展示范区管委会，并将示范区 286.7km² 的核心区划分为直管区域、托管区域和共管区域，全面理顺了白莲河水库管理体制，水库改革及生态保护和绿色发展示范区建设取得显著成效，水资源保护实现历史性突破。

（五）水生态文明城市建设试点成果

近年来，武汉市相继启动了"大东湖生态水网"构建工程、汉阳六湖连通工程、金银湖七湖连通工程等水网建设工程，改善了河湖水生态环境。

武汉市先后完成了《"大东湖"地区生态水网控制规划》《湖北省武汉市大东湖生态水网总体方案》和《湖北省武汉市大东湖生态水网构建水网连通工程（近期）可行性研究报

告》。其中《湖北省武汉市大东湖生态水网总体方案》得到了国家发展改革委的批复，主要建设内容为：①污染控制工程，包括集中点源污染控制工程、分散污水收集处理工程、污水处理厂污泥处置、城市面源控制工程和农业面源控制工程；②生态修复工程，包括水域内、湖滨带和汇水区生态修复工程；③水网连通工程，包括新改建港渠 18 条，总长 49.21km，新、改建新东湖闸、东湖闸等 18 座港渠交叉建筑物，其中船闸 3 座，节制闸 15 座，扩建罗家路泵站、改造北湖泵站；④监测评估研究平台建设。

汉阳六湖包括后官湖、墨水湖、龙阳湖、三角湖、南太子湖及北太子湖，均属于汉阳东湖水系。2000 年前后汉阳地区 86% 的污水几乎未经处理直接排入湖泊，湖泊水体污染严重，湖泊功能严重萎缩，水生态系统退化。为改善汉阳地区水生态环境，武汉市相继开展了汉阳地区水环境质量改善技术研究与综合示范、武汉新区六湖动态水网景观生态规划、武汉新区六湖水系网络规划、武汉新区六湖水系网络工程可行性研究报告等相关规划工作。重点解决从汉江合理调度水资源修复江湖生态水网、改善湖泊水体水质，从而达到汉阳地区水环境质量改善，生态系统重建和功能恢复的目的。汉阳六湖连通工程方案既考虑了六湖之间的内部水力循环，又满足了六湖水系引江济湖的调水要求，同时还兼顾四新地区排水、景观需要，主要建设内容包括水网及水力调度工程和湖泊、港渠水体修复工程。

第四节 存在的主要问题

江汉平原河湖生态环境在长江经济带发展中具有重要地位和作用，但受水资源禀赋条件、经济社会发展、人类活动等影响，河湖生态环境遭受了一定的破坏，水资源供需矛盾突出、水环境质量不容乐观、水生态系统受损等问题仍不断阻碍着江汉平原绿色高质量发展。

一、生态需水保障程度不高，水资源供需矛盾突出

江汉平原地区是湖北省的径流低值区，自产水量有限，人口多、耕地多，人均水资源量仅为 1110m³ 左右，只有全省平均水平的 30%。随着旱灾出现频率的增加，加上工程性、水质性缺水及旱涝并存、旱涝急转等情况时常出现，江汉平原的水资源状况不容乐观，生产、生活、生态用水矛盾突出，缺水使生态需水保障难度加大。

由于江汉平原区域地势较低，缺乏兴建大容量水库的条件，区域供水对客水水源依赖程度高。近年来由于各种引调水工程的实施，客水资源也日益紧张。

以汉江为例，2016 年流域水资源开发利用率达 34.7%，为中等开发利用程度。自南水北调中线一期工程 2014 年 12 月建成通水并发挥供水效益以来，丹江口至兴隆河段来水量减少了 18%～25%，多年平均下泄流量减少约 300m³/s，使得兴隆以上河段的来水量大幅减少。而汉江作为沿线 2000 多万人民的生产生活水源，供水任务艰巨。水利部批复的《汉江水量分配方案》提出，汉江丹江口水库最小下泄流量为 490m³/s。自 2014 年起，汉江流域恰逢连续 3 年来水偏枯，为保障向北方供水，丹江口水库下泄水量多数时段达不到汉江中下游需要的最小流量 490m³/s。据统计，2014—2016 年未达到 490m³/s 的时段

分别高达 60%、30% 和 60% 以上，最小下泄流量不足 300m³/s，下游生产、生活用水保证率不足导致区域水资源供需矛盾、河道内生态用水亏缺等问题日益突出。

长江水利委员会 2017 年修订的《汉江干流综合规划报告》中预测，至 2020 年，整个汉江流域水资源开发利用率将达到 47% 左右；2030 年，将达到 54% 左右，远远超出通常 40% 的水资源开发利用率上限，届时汉江中下游的水资源供需矛盾将更加突出，水资源、水生态、水环境问题将会更加严重。

通过对江汉平原水资源供需平衡的分析，江汉平原河流和湖泊均存在一定程度的生态缺水，2030 年缺水总量约 28 亿 m³，以河流为主，比较严重的河流有通顺河、松滋河、府澴河等。

二、河湖水动力条件较差，水环境承载能力低下

江汉平原历史上水系贯通、江湖相济。随着不同历史阶段水系的发展演变和人类活动的巨大影响，水系格局逐渐演变为区内河湖与外江连通受阻、湖泊萎缩消亡、湖泊间逐步分离。例如，四湖流域原有的"四湖"（洪湖、长湖、三湖、白露湖）仅存两个；汉北河流域的主要湖泊——汈汊湖，面积由 20 世纪 50 年代的 293km² 减少为不到 50km²；天门、汉川两地交界处的沉湖原水面面积为 190km²，现基本消失殆尽。

河湖水系割裂直接导致河湖水体交换不畅，河湖之间水量互给互补的调配能力相对较弱，水力联系较差，增加了河湖水生态系统的自净负荷，破坏了河湖内源平衡及生态平衡。中华人民共和国成立之前，四湖流域内湖泊原为江湖相通的天然湖泊，水质优良，湖泊内动植物种类繁多，生物资源十分丰富。随着四湖流域水害整治工程的实施，在根治了水系水患的同时，切断了区域内湖泊与外部水系的联系，湖泊与湖泊之间逐步分离，江河湖泊间的水体和物质交换受阻，水环境承载能力大幅降低，河湖水体水质状况不容乐观。

南水北调中线一期工程运行后，丹江口—兴隆河段来水量减少约 300m³/s，河道水位下降，加上梯级渠化，河道水动力条件变差，水环境容量大幅降低，遇枯水期，河道生态环境十分脆弱。汉江中下游近些年水华发生频率增加，且有向兴隆以上河段蔓延和时间加长的趋势，究其原因，主要是丹江口下泄水量减少、梯级渠化及长江水位顶托等综合因素导致的汉江干流水动力不足、自净能力变弱，不足以消纳入河污染物，使营养物富集而成。

江汉平原属于平原水网区，河道比降较小，自产水量少，加之外江引水条件恶化等原因，江—河（湖）、河（湖）—湖间的连通性减弱，导致江汉平原河湖水网系统所承载的物质循环、能量输移、信息传递和生物的生命过程等受到影响，水资源承载力下降，水环境容量减小，水质恶化，生态功能退化，生态系统健康良性发展难以维持。

以通顺河为例，该河道是汉江的分流河道，河道内水量受汉江水位影响，夏季水势高涨，入冬后基本枯竭，水位变化大。受南水北调中线工程调水影响，汉江中下游水资源量近年来明显减少、水位降低，通顺河水量也显著减小，引水难度增大，部分年份尚不能保障灌溉用水需求。实测资料显示，2014—2016 年泽口闸进水流量为 0 的天数分别为 194d、163d、120d，而通顺河武汉段多年平均流量仅为 1.64m³/s。加之通顺河沿线区域多个闸坝拦截，水体流动能力进一步减弱，使得水体自净能力大大降低。尤其是在枯水期 1—3

月、12月基本生态流量不足，河道内死水一潭，水体复氧能力衰退，加剧了水体富营养化，河道断面水质常年处于Ⅴ～劣Ⅴ类，达不到水功能区水质目标要求。

同样，由于汉江河道河床下切，东荆河口引水条件变差，引水难度增大，引水能力下降，整体呈缓慢淤积萎缩态势，2011年和2013年低水位时出现过2次断流。水动力条件恶化导致东荆河水华频繁发生，2008年2月东荆河潜江—监利段突发水华，2009年1月、2010年2月再次出现水华。

历史上汉北诸河（汉北河、天门河、府澴河）水网相互贯通，但由于经济发展、考虑防洪安全等因素，目前沿线存在较多出口控制工程，导致河湖连通性减弱，河流水体"湖泊化"，水体流动不足。区域内现状农村湖泊基本均为单一排水出口，导致水系割裂，河湖水体交换不畅，水力联系较差，部分湖内存在的堤梗也阻隔了湖汊与大湖的水体联系，增加了湖泊水生态系统的自净负荷，现状湖泊水质基本处于Ⅳ～劣Ⅴ类之间。

三、挤占河湖生态需水现象严重，水生态系统受损

受水文、气象、水利工程梯级开发建设与调度等因素影响，大部分河流生态需水无法满足。遭遇枯水年时，由于工农业取用水大幅增加，挤占了河道生态流量，部分河道甚至出现局部断流现象，河流生物多样性、生态廊道与自然景观功能受到不同程度影响。

汉江作为沿岸带居民生产生活用水的重要来源，自南水北调中线一期工程运行以来，丹江口水库下泄水量多数时段达不到汉江中下游需要的最小生态需水490m³/s，给汉江中下游生产、生活以及生态带来了严重影响，如枯水期水华现象逐年加剧。自1992年以来，汉江中下游干流共发生水华14次，具体见表2-24。水华发生一方面造成局部江段的城镇饮用水安全受到威胁，另一方面造成大量水生动植物死亡，对汉江河流生态系统也造成了严重损害。除汉江干流有水华发生外，2008—2010年，汉江支流兴隆河、田关河、唐河等均发生过硅藻水华。其中，2010年1月7日，汉江支流唐白河站点浮游植物的密度最高，达$5.1×10^7$个/L，其中冠盘藻的比例占96.09%。

表2-24　　　　汉江中下游1992—2018年间水华发生基本情况

年份	水华发生时间	持续天数/d	春节时间	地　点	藻类主要类型
1992	2月中旬至3月初	18	1992-02-04	仙桃江段、汉川江段、武汉江段	硅藻（小环藻）
1998	2月中下旬至3月上旬及4月上中旬	7	1998-01-28	汉江中下游全河段	硅藻为主
2000	2月29日至3月26日	27	2000-02-05	汉江下游全河段	硅藻（小环藻）
2003	1月29日至2月9日	12	2003-02-01	钟祥至汉江口河段	硅藻（小环藻）
2004	3月	—	2004-01-22	汉江武汉段、宗关段	硅藻（小环藻）
2007	2月26日至3月08日	11	2007-02-18	—	硅藻（小环藻）
2008	1月12日至2月11日	31	2008-02-07	东荆河段	硅藻（小环藻）
2009	2月26日至3月08日	11	2009-01-16	自钟祥以下全流域	硅藻（冠盘藻）
2010	1月27日至3月3日	36	2010-02-14	汉江中下游全流域	硅藻（冠盘藻）

年份	水华发生时间	持续天数/d	春节时间	地　　点	藻类主要类型
2011	1月、2月、4月、6月、7月			汉江中下游全流域	硅藻
2012	4月、5月			汉江中下游全流域	硅藻
2015	2月22日至3月2日	9	2015－02－19	自襄阳以下全流域	硅藻（冠盘藻）
2016	3月1—9日	9	2016－02－18	自襄阳以下全流域	硅藻（冠盘藻）
2018	2月8日至3月18日	39	2018－02－16	自皇庄以下全流域	硅藻（小环藻）

汉江干流河道内水量减少后，导致适宜的水生生境减少，特别是产漂流性卵的鱼类生境发生明显改变，部分产卵场已不存在，鱼类等生物多样性有明显的下降趋势。湿地水资源缺乏，旱生和中生植物在湿地植被中的比重增加，湿地生态系统结构与功能进一步受到影响，湿地退化或消失加剧。同时，汉江中下游江段流量降低导致的局部水体污染加剧问题，对湿地也带来了一定程度的破坏，造成水生动植物死亡、湿地植物多样性降低、水体富营养化等严重后果，湿地生态功能将进一步减弱。据统计，汉江中下游目前已形成沙化土地 1300km²，随着水位下降，将形成新的沙滩、沙洲、沙地 1200km²。

随着江汉平原城市化进程的加快，用水供需矛盾逐渐加剧，生产生活用水挤占河道生态用水的局面日益明显。最近 10 年实际年供用水调查资料显示，汉北河流域水资源开发利用程度在 45% 左右，水资源的过度开发，挤占了下游河道的生态需水，恶化了水生态环境，致使汉北河等中小河流现状水生态问题突出。经初步统计，汉北河多年平均断流天数 5.6d 以上，其中 1966 年、1967 年、1973 年、2003 年等年份，断流天数均超过了 20d。1966 年断流最严重，全年断流 178d，年均 65d 河道流量低于生态基流。河道生态需水严重不足，导致水环境恶化，水体富营养化严重，水生动植物生存环境遭到破坏，水生动植物生长、繁衍受到严重影响，生物多样性减少，河道水生态系统受损，河道生态退化，见图 2－14。

江汉平原范围内湖泊较多，且大多为浅水小型湖泊，其生态系统较为脆弱，尤其在枯水年，湖泊受周边灌溉、蒸发等影响，湖泊生态水位极易破坏，导致湖泊生态功能的退化，破坏了湖泊生态系统平衡。

近些年来，长江进入洞庭湖的河水分流量日趋减少，冬春季断流时间不断延长，影响了四口水系作为长江和洞庭湖鱼类通道功能的正常发挥，导致了长江和洞庭湖生物多样性的下降和鱼类资源的衰退。资料显示，长江每年进入洞庭湖的鱼苗数量，从 20 世纪 80 年代以前的约 30% 减少到目前的约 10%；洞庭湖渔业产量从 4.8 万 t 下降到约 2 万 t；洞庭湖鱼类现在主要以小型湖泊定居性鱼类为主，"四大家鱼"在渔获物中所占的比例缩小，2006 年监测表明

图 2－14　汉北河富营养化

小型湖泊定居性鱼类占渔获物的 84％，"四大家鱼"仅占 6％；部分洄游性鱼类如鲥鱼、鳗鲡、暗色东方鲀等已极为罕见甚至绝迹。

四、生态环境监管不到位，生态水量保障机制不完善

水污染防治涉及水利、环保、农业、市政等多个部门，目前各部门工作要求和标准各有不同，防控机制不尽合理，普遍存在职能交叉、力量分散、多头管理的情况，难以形成合力。2016 年在全国范围内实施的河（湖）长制，在一定程度上打破了"多龙管水"的困局，初步实现了有人管、管得住的转变，但还存在一些薄弱环节，如相互之间信息渠道不畅通，没有形成统一的水生态环境管理体制，跨部门、跨区域协同治理机制及长效管理机制没有完全建立。

生态环境保护需要社会各方共同参与，但直到今天，江汉平原的许多地区水污染防治仍是政府主导，企业、社会、民众参与度不高，公众参与机制没有完全建立。同时，生态环境管理存在执法力度不够、部门分工协调不到位、入河污染物总量控制未落实到具体渠道、生态环境改善手段缺乏等问题，与长江经济带发展对水生态环境保护的要求存在一定差距。

江汉平原水质监测网现已基本建成，实现了重点河流、湖泊、水库水文、水质监测常态化，但许多中小河流、湖泊的水质监测体系仍为空白，一些水源地及中小水库布设的监测点监测频次少，监测项目尚不满足要求。而水生态方面的监测站网更为薄弱，尤其是生态流量监测方面较为滞后，生态流量监管体系有待建立。

现状水资源环境监控机制尚不完备，亟须通过整合国家、省级、市级及县级监测基础设施，构建高效合理的信息采集与共享机制；信息化建设相对滞后，水资源水环境水生态实时监测与管理系统建设尚未完成，在线监测站网稀疏，监测设施设备、人员等较为缺乏，尚未实现重要水功能区、水源地、区界断面等全覆盖，对水资源、水环境、水生态等资源环境的监控能力不强，监测技术和标准体系有待提高和完善，水循环全过程精细化管控体系尚未形成。

江汉平原水系发达，水利工程众多，但过去对生态用水的重视程度较低，在流域综合规划、水资源综合规划等相关规划中，对河湖生态定位不明确，生态管理目标缺失，河道内生态流量考虑不足。由于大多数水利工程建设年份较早，在生态方面有所欠缺，基本无生态流量泄放设施，河道内生态环境需水量保障程度不高。且生态流量保障多集中在非汛期，水资源紧张，供水收益和无偿的生态流量调度存在矛盾。由于缺乏流域整体利益考虑和对生态流量重要性认识不足，生态流量保障工作的开展存在困难。生态流量的监测、预报预警、调度决策及评估考核系统基本没有建立，江河湖泊生态水量保障机制有待建立和完善。

五、闸站众多，缺乏统一协调与调度

60 多年来，江汉平原上兴建了一大批水利工程，初步形成了防洪、排涝、供水、灌溉等工程体系，在抗御水旱灾害、保障经济社会发展和生态环境方面发挥了重要作用。但由于历史的局限性，多数水利工程建设时主要基于防汛、排涝、供水、灌溉等需求，对生

态环境保护方面考虑较少。

区别于防洪调度和其他应急水量调度,生态流量调度的体制、机制尚未建立,上下游之间协调难度大。同时,由于闸站众多且主体多样、管理分散,日常运行管理多数没有考虑生态需求,统一调度难度大。水利工程生态水利调度方面的薄弱点日益凸显。

以通顺河为例,该水系为闸控河流,横跨潜江、仙桃、武汉三市,其干流及沿线分布有 100 多处涵闸泵站,涉及汉江河道管理局、各市水务局、乡镇水利站等多个部门,其调度主要基于防汛、排涝、灌溉、供水及抗旱的需求,基本上未考虑水环境保护的需求。在调度工作上,水利部门之间缺乏有效沟通和协调机制,且未与环保部门建立联动机制,现状统筹调度不足,水事矛盾偶有发生。

通顺河水系涵闸泵站统筹调度不足,对通顺河水系的生态环境产生了诸多不利影响。受汉江河道下切影响,通顺河源头来水长期不足 $10 \text{m}^3/\text{s}$,河流基本生态流量得不到保障,水体水环境容量小,水环境承载能力低,极易受到污染。在农田灌溉期间,沿线涵闸因农田灌溉用水需求,大多处于关闭状态,农田排灌水和沿线农村生活污水累积,当汛期涵闸泵站开启排渍排涝时,大量污染负荷排入通顺河干流,造成集聚性污染。而每年的 11 月至来年 3 月,通顺河流域大量水利工程设施需要进行维护及更新,集中式的放水关闸降低了原有的自净降解能力,同时上游区域沿岸的生活生产污染负荷聚集,来年集中式的开闸放水让大量污染负荷通过通顺河干流及其支流进入下游,给下游带来较大的污染负荷冲击。

第三章 汉江中下游干流生态需水

第一节 基 本 概 况

一、流域概况

汉江是长江中游最大的支流，俗称汉水，发源于秦岭南麓，干流流经陕西、湖北两省，于武汉市汇入长江，全长约 1577km。流域位置在北纬 30°~34°、东经 106°~114°之间。北以秦岭及外方山与黄河流域为界；东北以伏牛山及桐柏山与淮河流域为界；西以大巴山及荆山与嘉陵江和沮漳河相邻；东南为江汉平原，水系纷繁，与长江干流无明显天然分界，全流域面积 15.9 万 km²。

汉江流域可分为三个典型河段：丹江口以上为上游段，位于秦岭与大巴山之间，具有峡谷、盆地交替的特点，除汉中和安康盆地外，其余均为山地，山高谷深，河道两岸坡陡、河深，水流湍急，平均比降在 0.06% 以上，其落差约占全河流总落差的 95%，为开发水力资源提供了良好条件，河段长 925km，集水面积 9.52 万 km²；丹江口至钟祥为中游段，流经丘陵地带，河谷开阔、覆盖层深厚，河床不稳定，时冲时淤，沙滩甚多，河长 270km，集水面积 4.68 万 km²，河段比降约为 0.02%；钟祥以下为下游段，河长 393km，集水面积约 1.7 万 km²，汉江下游段流经江汉平原，两岸筑有完整堤防，河段平均比降约为 0.01%，在洪水期下游地区的径流不进入汉江干流，在泽口处有东荆河分流汇入长江。汉江上游水流迅疾，经过丹江口以后水流逐渐变缓，河道弯曲系数增大，河道底泥多为砂质底泥，河床较为稳定。

汉江流域地势西北高、东南低。西北部是我国著名的秦巴山地，西北—东南长约820km，南北最宽约 320km，最窄约 180km。流域北部以秦岭、外方山与黄河流域分界，分水岭高程为 1000.00~2500.00m，东北以伏牛山、桐柏山构成与淮河流域的分水岭，高程在 1000.00m 左右，西南以大巴山、荆山与嘉陵江、沮漳河为界，分水岭一般高程为1500.00~2000.00m，东南为江汉平原、与长江无明显分水界限。流域地势西高东低，由西部的中低山区向东逐渐降至丘陵平原区，西部秦巴山地高程为 1000.00~3000.00m，中部南襄盆地及周缘丘陵高程在 100.00~300.00m，东部江汉平原高程一般为 23.00~40.00m。西部最高为太白山主峰，海拔 3767.00m，东部河口高程为 18.00m，干流总落差 1964.00m。

流域内山地面积约占总面积的 55%，主要分布在西部，为中低山区；丘陵面积占总面积的 21%，主要分布于南襄盆地和江汉平原周缘；平原面积占总面积的 23%，主要为南襄盆地、江汉平原及汉江河谷阶地；湖泊面积约占总面积的 1%，主要分布于江汉平原。

汉江流域河流密布，沟壑交织，在 15.9 万 km² 的土地上，分布着数以千计的大小河流及山沟，仅陕南的汉中地区和商洛地区，河长 10km 以上的河流就有 768 条，平均河网密度分别达 1.6km/km² 和 1.3km/km²。据统计，全流域面积在 1000km² 以上的河流有 20 条，其中流域面积超过 5000km² 的较大支流有唐白河、丹江、溳水、堵河、任河、南河、旬河和甲河等 8 条，这些大小河流及其支流形成叶脉状水网格局。湖北省范围内主要汉江支流统计见表 3-1。

表 3-1　　　湖北省范围内主要汉江支流（流域面积 1000km² 以上）统计表

序号	岸别	河流名称	流域面积/km²	多年平均流量/(m³/s)	河道总长/km	所属地区
1	左	夹河	5610	54	261.4	陕西、湖北
2	左	天河	1608	15	99	陕西、湖北
3	右	堵河	12434	236	342.2	陕西、湖北
4	左	丹江	15994	174	378.6	陕西、河南、湖北
5	右	南河	6497	93	245.7	湖北
6	右	北河	1212	17	103	湖北
7	左	小清河	1967	13	121	河南、湖北
8	左	唐白河	24500	182	352.3	河南、湖北
9	右	蛮河	3276	46	184	湖北
10	左	溳水	1597	13	94.4	湖北
11	左	汉北河	8655	—	242	湖北
12	右	府河	1143	—	84.1	湖北

二、水文气象

（一）降水

流域多年平均降水量为 700~1800mm，年降水量呈现南岸大于北岸、上下游大、中游小的地区分布规律。汉江上游年内降水有 3 个集中时段：4 月下旬至 5 月下旬为春汛，6 月下旬至 7 月下旬为夏汛，8 月下旬至 10 月为秋汛。其中夏汛时段雨量最大，秋汛次之，但遇降雨天气有异时，秋汛雨量也会超过夏汛。汉江下游地区春汛、秋汛主峰不如上游明显，降水年内分配不均匀，5—10 月降水量占全年的 70%~80%，7—9 月降水量占全年的 40%~60%。降水 C_V 值上游地区为 0.20，中下游地区为 0.25。

（二）径流

汉江流域内河川径流的水源补给主要来自大气降水，地下水所占比重较小，因此地表水资源的分布规律与降水分布基本一致。由于陆地蒸发的地区分布与降水量相反，使得年径流深的地区分布不均匀。流域内径流深在 300～900mm 之间。秦岭山地和米仓山、大巴山一带均在 400mm 以上，其中米仓山、大巴山高值区分别为 1400mm 和 1000mm；流域东南部及东部降水高值带由于陆地蒸发量大，年径流深和其余大部分地区一样为 300～400mm；径流深小于 200mm 的低值区位于丹江上游商丹盆地及东部的南襄盆地一带。

汉江流域多年平均连续最大 4 个月径流占全年径流的 60%～65%，出现时间由东向西推迟，大致在襄阳以下为 4—7 月或 5—8 月，襄阳以上为 7—10 月。汛期径流占年径流的 72%～77%，由于流域的调蓄作用，径流的集中程度略次于降水。年径流变差系数（C_v）在 0.3～0.6 之间，其分布趋势由西向东递增。

流域径流年际变化很大，根据沿江主要测站现有实测资料统计，其最大、最小径流量相差大都在 3 倍以上，年径流量变差系数（C_v）不低于 0.4，为长江各大支流之冠。在降水变率较大以及区内植被破坏较严重的环境条件下，河川洪枯流量年内、年际变化显著是必然的，这是一些地区旱涝灾害频繁发生的直接原因。

（三）暴雨洪水

汉江洪水由暴雨产生，洪水的时空分布与暴雨一致，且具有较明显的前后期洪水特点。1933—2000 年历年最大洪水发生在各月频次统计成果表明，年最大洪水发生在 7 月和 9 月的频次最高。

从洪水的地区组成上看，夏汛洪水的主要暴雨区在白河以下的堵河、南河、唐白河流域，洪水历时较短，洪峰较大，且常与长江洪水发生遭遇，如"35·07"洪水，丹江口坝址和碾盘山站洪峰流量分别为 50000m³/s 和 57900m³/s；而秋汛洪水则以白河以上为主要产流区，白河以上又以安康以上的任河来水量最大，并且秋季洪水常常是连续数个洪峰，其洪量也较大，历时较长，如"64·10"洪水、"83·10"洪水，丹江口坝址洪峰流量分别为 26000m³/s 和 31900m³/s。

典型年前后期洪水地区组成分析结果表明，前期洪水丹江口—碾盘山区间 7d 洪量占碾盘山的百分比大于丹江口—碾盘山区间占碾盘山的面积比 32.0%，如"35·07"洪水、"75·08"洪水丹江口—碾盘山区间 7d 洪量分别占碾盘山的 35% 和 64%；后期洪水丹江口—碾盘山区间 7d 洪量占碾盘山的百分比则小于相应的面积比，如"64·10"洪水、"83·10"洪水，丹江口—碾盘山区间 7d 洪量占碾盘山的百分比均为 24%。就洪水季节而言，丹江口—碾盘山区间的夏汛来水量明显大于秋汛，白河以上则是夏汛来水量与秋汛相当。

（四）水文站网

汉江中下游主要设有黄家港、襄阳、皇庄、沙洋、仙桃及潜江等 6 个水文测站，各站基本信息见表 3-2，站点分布如图 3-1 所示。

其中，黄家港站、襄阳站主管单位为长江水利委员会水文局汉江水文水资源勘测局，皇庄站、沙洋站及仙桃站的主管单位为长江水利委员会水文局中游水文水资源勘测局，各站水文测验设施设备均达到了国家规定的标准，水文测验能力较强，水文测验成果科学可靠。

表 3-2　　　　　　　　　　汉江中下游水文测站基本情况一览表

站名	坐标		集水面积 /km²	起测时间	冻结或测站基面高程		刊布资料项目					
	东经	北纬			高程 /m	基面	水位	流量	输沙	级配	水温	水质
黄家港	111°32′	32°32′	95217	1953 年 8 月	−2.088	黄海	√	√	√	—	√	√
襄阳	112°17′	32°04′	103261	1929 年 5 月	−2.065	黄海	√	√	√	√	—	√
皇庄	112°35′	31°12′	142056	1974 年	−1.799	黄海	√	√	√	√	—	—
沙洋（三）	112°37′	30°42′	144219	1929 年 5 月	−1.797	黄海	√	√	√	—	—	—
仙桃（二）	113°28′	30°23′	144683	1932 年 3 月	−2.170	黄海	√	√	√	√	—	√
潜江	112°52′	30°27′	—	1933 年 5 月	—	黄海	√	√	—	—	—	√

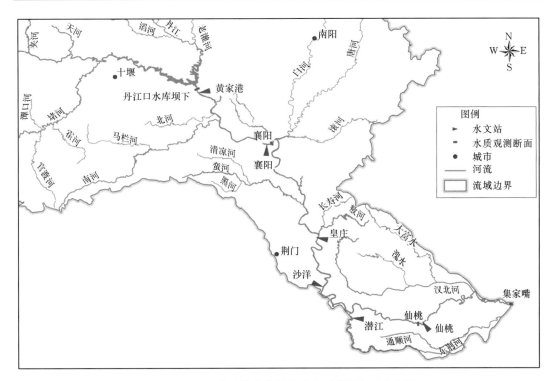

图 3-1　汉江中下游水文测站及水质观测断面分布图

三、社会经济

汉江中下游主要涉及 10 个市 30 个县（区），面积约为 6.38 万 km²，2017 年区域范围人口为 1443 万人，耕地面积为 1263 万亩。根据湖北省 2017 年统计年鉴，地区生产总值为 9751 亿元，占全省的 26%；完成全社会固定资产投资 14753 亿元，占全省的 32%；农业总产值为 777 亿元，占全省的 26%；湖北省县域区经济排名的前 20 名中，属于汉江流域的就有 11 个；城镇化水平快速提高，城镇化率达到 54.4%，社会发展水平明显提升。

目前汉江中下游已形成包括位于襄阳大都市市区和仙桃、潜江、天门城镇集聚地区。

襄阳大都市以襄阳为中心，连带周边各 50km 左右的地区，包括老河口、枣阳、宜城、谷城、南漳等县市和众多重点城镇形成的城镇聚集群，同时襄阳被定为省域副中心城市，作为"两圈一带"的支点，具有区域中心的辐射带动作用，引领区域经济协调互动发展。汉江流域地理条件优越，从农业运输角度看，供应周边地区粮食，在成本、距离、时间等方面具有得天独厚的优势。

汉江中下游是我国重要的粮食主产区、重要的生态功能区，汉江历史上是我国西部高原通往中部盆地和东部平原的五大走廊之一，是连接长江经济带和新丝绸之路经济带的一条战略通道。汉江中下游地区是湖北省生产要素最为密集的地区之一，也是其最具经济活力的地区之一。2017 年区域"三产"产业结构为 16.5：49.8：33.7，社会消费品零售额约占全省的 18%，工业增加值占全省的 21%，外贸出口总额约占全省的 11%。

汉江中下游还是湖北省产业最优的经济带，汽车制造业、粮食深加工业等在省内独具特色，产业布局最优，资源丰富，汉江中下游区域内汽车及汽车零配件、纺织服装、农产品加工、石化等产业集群初见雏形，块状经济逐渐形成，初步形成武汉、襄阳的汽车及零部件，荆门、潜江的磷化工、盐化工，仙桃、汉川的纺织，沿江特色农产品加工等优势制造业板块。目前汉江中下游流域地区的汽车、电力、机械、化工、建材、电子、轻纺、食品等工业日益发展壮大，已打造成湖北省的汽车工业走廊、装备制造业和纺织服装生产基地、商品农业基地。

汉江中下游穿越鄂北岗地和江汉平原核心地带，流域内土地肥沃，历来是全省小麦、水稻、棉花、油菜、水产等重要农产品的主产区，在全国现代农业发展中占有重要的位置。同时，汉江中下游也是湖北林特产品特色区和蔬菜生产集约区，基本形成了以十堰、襄阳、荆州、随州 4 个城市为重点的 120 万亩城郊蔬菜专业基地。

四、已开展的相关工作

汉江流域在湖北省经济社会发展中具有重要的战略地位。为改善汉江水环境质量、加强饮用水安全保护，2018 年湖北省环境保护厅发布了《湖北省汉江中下游流域污水综合排放标准》，规定了 COD、$NH_3 - N$、TN 等 16 种污染因子浓度限值，并将汉江中下游流域划分为特殊保护水域、重点保护水域、一般保护水域 3 类控制区，分别执行不同的水污染物排放控制要求。该标准总体处于全国偏严水平，实施后预计汉江中下游流域内 COD、$NH_3 - N$ 可分别削减 20.4% 和 42.6%。

国家发展改革委于 2018 年发布《汉江生态经济带发展规划》，明确了汉江生态经济带作为国家战略水资源保障区、内河流域保护开发示范区、中西部联动发展试验区、长江流域绿色发展先行区的战略地位，并将生态文明建设摆在汉江生态经济带发展的首要位置，提出重点保护和修复汉江生态环境、深入实施《水污染防治行动计划》、划定并严守生态保护红线、扎实推进水环境综合治理等一系列要求。

为落实《汉江生态经济带发展规划》，湖北省人民政府于 2019 年 8 月发布《汉江生态经济带发展规划湖北省实施方案（2019—2021 年）》，通过加强重要生态区域建设和保护、建设沿江绿化带、加强中小流域治理、加强水源地保护、加强水质监测、实施非法码头非法采砂整治、加强岸线保护与利用、严格防控船舶港口污染、严格防治工业点源污染、加强农业面源污染防治、加强城乡污水治理、加强河湖连通水系治理、优化水资源配置等措施加快推进生态文明建设，着力打造"美丽汉江"。

随着引汉济渭工程以及南水北调中线工程新增北方调水的规划，丹江口水库下泄水量可能会持续减少，汉江中下游水环境容量将随之有所减小，对河流生态需水的保障、水生动植物生境将产生一定影响。按照《南水北调工程总体规划》，为减少工程实施带来的不良影响，保护汉江中下游生态环境，规划实施引江补汉工程作为中线二期的后续水源。自2015年起，湖北省开始重点研究引江补汉太平溪绕岗线路自流引水方案（"湖北方案"），其作为整个水资源配置格局的"龙头"工程和江汉平原水安全保障的"生命线"，对支撑湖北省经济社会绿色高质量发展意义重大。太平溪绕岗线路取水口位于三峡水库左岸太平溪，采用全程自流引水，引水线路自进口开始沿丘陵岗地绕行，途经宜昌市夷陵区、远安县，襄阳市南漳县和谷城县，最后于丹江口市三官殿街办安乐河进入王甫洲水库，线路全长225km，设计引水流量为70～100m³/s。

近年来，针对汉江中下游流域生态需水，许多学者进行了研究，取得了不少成果。水利部及其下属的长江水利委员会、湖北省南水北调工程建设管理局、中国科学院测量与地球物理研究所、长江科学院河流所、水生生物研究所、武汉大学、中国地质大学、湖北省水利水电科学研究院、湖北省环境科学研究院及有关研究所、单位和部门都做了大量研究工作。

第二节　基于水力学的生态需水

河流基本生态需水量是指维持河流给定的生态环境保护目标所对应的生态环境动能不丧失，需要保留在河道内的最小水量，是河道内生态需水要求的下限值。常用的河流基本生态需水量计算方法主要为水文学法和水力学法。结合汉江中下游干流现状水文与水质资料情况，考虑到各种计算方法的匹配性，本书以黄家港、襄阳、皇庄、沙洋等4个水文站断面作为汉江干流关键控制断面进行生态需水研究。从汉江河道断面特征、水生生物习性、水利工程特性等方面对常用河流基本生态流量计算方法进行综合比较，择优选取湿周法、生态水力半径法计算各断面基于水力学的河道生态流量，为保障汉江干流基本生态需水提供科学依据。

一、湿周法

本书收集到的黄家港、襄阳、皇庄、沙洋等水文站的流量数据中，黄家港站、皇庄站有1965—2018年实测逐日水位和流量数据，襄阳站有1965—2009年实测逐日水位和流量数据，沙洋站有1965—2013年实测逐日水位和流量数据。根据各控制断面测量大断面数据及实测水位流量关系，建立稳定的湿周-流量关系。

采用最大流量和最大湿周对断面流量湿周进行无量纲化处理，根据断面具体形状确定湿周-流量拟合曲线类型。各断面的剖面几何形状如图3-2所示。

根据各断面的剖面几何形状，确定各大断面湿周-流量拟合曲线类型，进行曲线拟合，各断面的湿周-流量关系曲线如图3-3所示。

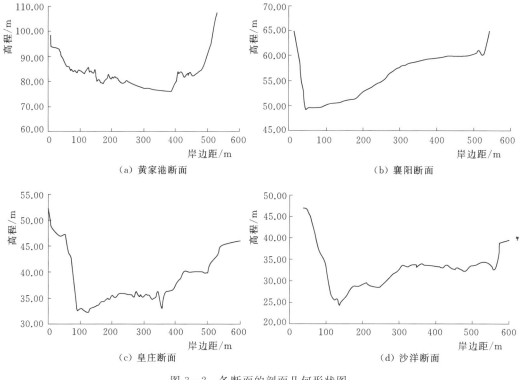

图 3-2 各断面的剖面几何形状图

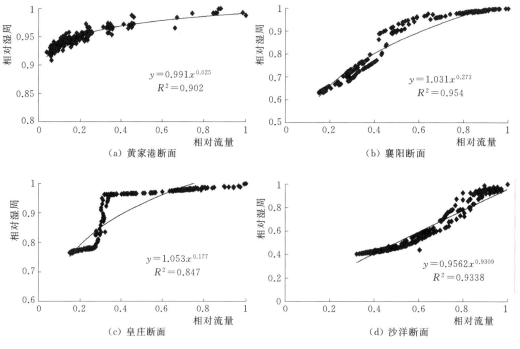

图 3-3 各断面湿周-流量关系曲线

各计算断面湿周-流量关系曲线中，除皇庄断面曲线相关系数为 0.847 外，其他各断面关系曲线相关系数均接近 1，拟合精度较高，拟合的相关曲线具有代表性。各相关计算断面的基本特征见表 3-3。

表 3-3　　　　　　　　　　　计 算 断 面 基 本 特 征

序号	断面	断面形态	多年平均流量/(m³/s)	拟合曲线
1	黄家港	抛物形	1186	$y=0.991x^{0.025}$
2	襄阳	三角形	1257	$y=1.031x^{0.273}$
3	皇庄	抛物形	1597	$y=1.053x^{0.177}$
4	沙洋	三角形	1621	$y=0.9562x^{0.9309}$

各控制断面湿周法最小生态流量计算结果见表 3-4，各控制断面最小生态流量占各水文站多年平均流量比均大于 10.0%，在 20.0%左右，符合 Tennant 法（蒙大拿法）最小生态需水量要求（多年平均流量的 10%），能够提供当地鱼类生存所需要的生境。各控制断面的最小生态流量从上游到下游逐渐增大，皇庄断面为宽浅河道，最小生态流量较下游控制断面最小生态流量有所减小，但仍能满足水生生境的湿周要求。

表 3-4　　　　　　　各控制断面湿周法最小生态流量计算结果

序号	断面	断面形态	最小生态流量/(m³/s)	占多年平均流量比例/%
1	黄家港	抛物形	152	12.8
2	襄阳	三角形	315	25.0
3	皇庄	抛物形	286	17.9
4	沙洋	三角形	324	20.0

二、生态水力半径法

生态水力半径法计算生态流量首先要确定河道断面适宜的水生生物流速。汉江四大家鱼产漂流性卵，繁殖行为受流速刺激发生。根据以往的研究，在四大家鱼产卵繁殖前及发情产卵时期必须要满足一定的水流刺激条件，包括水位上涨、水流加快、形成涡旋水；产卵后，受精卵吸水膨胀为漂浮性卵，随水流孵化，需要河流达到一定流速，使漂浮的受精卵能够保持一定的流程。鱼类在水流中对流向和流速行为的反应特性以感觉流速、喜爱流速和极限流速为指标。感觉流速是指鱼类对流速可能产生反应的最小流速值。喜爱流速是指鱼类所能适应的多种流速值中的最为适宜的流速范围。极限流速是指鱼类所能适应的最大流速值。各种鱼类的感觉流速大致相同，但极限流速差别很大。无论是极限流速还是喜爱流速，都是随着鱼类体积的增大而提高。根据对汉江中下游四大家鱼的体长调查和鱼类对水体流速要求的阈值性，对四大家鱼的趋流性进行了总结，见表 3-5。

考虑梯级水利工程开发的影响，汉江中下游各控制断面流速控制范围如下。

（1）黄家港断面。以王甫洲枢纽建成后水力半径-流量关系为依据。5—8 月为鱼类产卵期，目前记录黄家港站河段四大家鱼产卵场已经基本退化消失，为保证鱼类生存，将鱼类适宜流速的最小值 0.3m/s 作为控制流速。

表 3-5　　　　　　　　　　　　　四大家鱼体长与趋流性

种类	平均体长/cm	感觉流速/(m/s)	喜爱流速/(m/s)	极限流速/(m/s)
鲢鱼	27.5~47	0.2	0.3~0.6	0.7
草鱼	21~98	0.2	0.3~0.6	0.8
青鱼	17~110	0.2	0.3~0.6	1
鳙鱼	15~78	0.2	0.3~0.6	1

（2）襄阳断面。襄阳断面上游有北河、南河入流，但在 2010 年崔家营枢纽建成之后，襄阳站不再监测流量，且襄阳站的水位数据较 2010 年之前高出 3~4m，变化较为平稳，可见襄阳水文站段存在变为湖泊型河流的趋势。故建立襄阳站 2010 年后水力半径-流量关系，流量用上游水文站黄家港站日尺度实测流量采用水文比拟法求取，将鱼类适宜流速的最小值 0.3m/s 作为控制流速。

（3）皇庄断面。受到兴隆枢纽和崔家营枢纽影响，1—4 月期间自崔家营枢纽建成后，流速-流量关系发生了变化，同流速下流量减少；而兴隆水利枢纽建成后，皇庄流速-流量关系变化较小，当流速大于 0.4m/s 时，兴隆枢纽建成后的流量较建成前加大，可见建坝对上游的皇庄站有影响。目前，兴隆枢纽以上四大家鱼产卵场随枢纽的建成逐渐退化，为保证经济鱼类的生长，以 0.3m/s 作为鱼类生长的控制流速。

（4）沙洋断面。在兴隆枢纽建成后，沙洋站取消了流量监测。对建坝前后沙洋站水位情况进行分析，发现建坝后沙洋站水位较建坝前有明显的升高，且稳定在一定的水位值范围内，可见沙洋站汉江河段转变为湖泊型河道属性，流场的变化受到上游来水和下游泄流的影响，故采用兴隆建成后的实测水位建立水力半径-流量关系，其中流量采用上游水文站皇庄站的实测流量求取，为保证经济鱼类的生长，以 0.3m/s 作为鱼类生长的控制流速。

根据河道各典型断面实测大断面数据，及考虑上下游梯级影响的实测水位流量数据，分月建立稳定水力半径-流量关系，各断面的相关系数均在 0.8 以上，拟合的相关曲线具有一定代表性。各断面 5 月水力半径-流量关系曲线如图 3-4 所示。

用曼宁公式计算各控制断面生态流速对应的生态水力半径，根据所建立的水力半径-流量关系确定各控制断面的生态流量见表 3-6。其中，由于断面几何形状不同，皇庄断面水力半径及生态流量计算结果较其他断面偏小，各月均不超过 400m³/s，黄家港、襄阳、沙洋断面各月生态流量结果均在 700~1100m³/s 范围内。

表 3-6　　　　　　　　　　生态水力半径法生态流量计算成果

断面	流速/(m/s)	水力半径/m	生态流量/(m³/s)			
			5 月	6 月	7 月	8 月
黄家港	0.3	0.51	775	789	800	798
襄阳	0.3	0.43	1057	1035	1013	1005
皇庄	0.3	0.28	176	125	252	312
沙洋	0.3	0.57	712	897	867	821

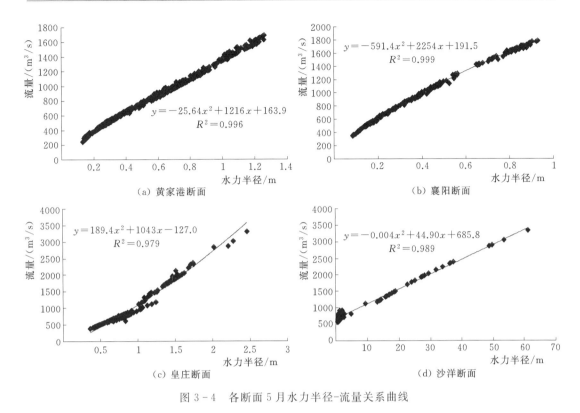

图 3-4　各断面 5 月水力半径-流量关系曲线

三、基于水力学的生态需水成果

本书分别采用湿周法、生态水力半径法对汉江中下游主要控制断面黄家港、襄阳、皇庄、沙洋断面基于水力学的生态需水进行了计算，综合两种方法的计算成果，以断面所需最小生态流量为基础，同时考虑鱼类产卵期所需生态流量，得到各断面基于水力学的生态需水成果，见表 3-7。

表 3-7　　　　　　　　　　基于水力学的生态需水计算成果　　　　　　　　　　单位：m³/s

断　　面	1 月	2 月	3 月	4 月	5 月	6 月	7 月	8 月	9 月	10 月	11 月	12 月
黄家港	152	152	152	152	775	789	800	798	152	152	152	152
襄阳	315	315	315	315	1057	1035	1013	1005	315	315	315	315
皇庄	286	286	286	286	286	286	286	312	286	286	286	286
沙洋	324	324	324	324	712	897	867	821	324	324	324	324

其中，黄家港、襄阳与沙洋断面 5—8 月生态需水量主要由生态水力半径法控制，皇庄断面仅 8 月生态需水量由生态水力半径法决定。此外，皇庄断面湿周法与生态水力半径法计算的生态需水量均明显小于上游的襄阳断面与下游的沙洋断面，这是由于皇庄断面受上下游梯级枢纽影响小，河道内水力特性接近于天然河道，而黄家港、襄阳、皇庄断面受梯级枢纽影响大，通过实测水文数据拟合得到的结果与天然河道差异较大。

第三节 基于水文学的生态需水

本书以汉江干流关键控制断面黄家港、襄阳、皇庄、沙洋为主要研究对象，从汉江中下游河道水文特性、水利工程特性等方面对常用河流基本生态流量计算方法进行综合比较，择优选取 Tennant 法、RVA 法、习变法计算各断面基于水文学的河道生态流量，为保障汉江干流基本生态需水提供科学依据。

一、Tennant 法

汉江流域面积为 15.9 万 km²，为大江大河；2016 年水资源开发利用率达 34.7%，为中等开发利用程度。参考《河湖生态环境需水计算规范》（SL/Z 712—2014）中关于河流水系生态需水量参考阈值的规定，中等开发利用强度的大江大河基本生态需水量阈值为多年平均流量的 25%～35%，综合 Tennant 法给出的河流推荐流量百分比，并结合实际情况考虑，取枯水期 20%、丰水期 40% 作为基本生态流量。由此，得到汉江中下游黄家港、襄阳、皇庄和沙洋 4 个水文站不同等级的环境流量推荐值，见表 3 - 8。计算过程的有关说明如下：

（1）汉江的枯水期为每年的 11 月至次年 5 月；丰水期为每年的 6—10 月。

（2）此次进行汉江中下游河道生态需水量计算时所需的流量资料为 1956—2016 年长系列原始实测资料，并忽略缺乏实测资料的时段。

表 3 - 8   Tennant 法 计 算 结 果

水文站	生态环境流量级别	多年平均流量/(m³/s)	流量推荐百分比/%		推荐流量值/(m³/s)	
			枯水期	丰水期	枯水期	丰水期
黄家港	最小	1186	10	30	119	356
	基本		20	40	237	474
	目标		40	60	474	712
襄阳	最小	1257	10	30	126	377
	基本		20	40	251	503
	目标		40	60	503	754
皇庄	最小	1597	10	30	160	479
	基本		20	40	319	639
	目标		40	60	639	958
沙洋	最小	1621	10	30	162	486
	基本		20	40	324	648
	目标		40	60	648	973

从表 3 - 8 可以看出，采用多年平均流量"推荐流量百分比"的处理方式计算的生态环境流量，每一级别枯水期生态环境流量均小于丰水期。各站最小生态环境流量结果偏小，属于维持大多数水生生物短期生存栖息地的最小生态基流。按照枯水期占多年平均流

量 20%、丰水期占多年平均流量 40%的百分比计算，对应建议维持大多数水生生物和一般娱乐的良好生存条件，为基本生态环境流量。按照枯水期占多年平均流量 40%、丰水期占多年平均流量 60%的百分比计算，对应建议能为大多数水生生物提供极为适宜栖息条件，为目标生态环境流量。

汉江中下游的生态需水流量在中游较高，上游、下游相对较小，这是因为实测流量反映了丹江口水库的下泄、区间入流、东荆河分流的影响，并且汉江下游河床比降变小，河道变宽，导致流速降低，流量减小，因此这种分布较为合理。

二、RVA 法

1. IHA 指标计算

根据黄家港、襄阳、皇庄、沙洋各站的流量数据，黄家港和皇庄有 1965—2018 年实测逐日流量数据，襄阳有 1973—2013 年实测逐日流量数据，沙洋有 1965—2013 年实测逐日流量数据。满足 IHA 指标参数计算要求 20 年以上连续观测数据的要求。

以各控制断面逐日流量资料为依据，计算得到各控制断面月流量均值和 RVA 上下阈值。各断面 IHA 指标参数计算结果见表 3-9。

表 3-9　　　　　　　　　各断面 IHA 指标参数计算结果　　　　　　　单位：m³/s

月均流量 断面 月份	黄家港断面			襄阳断面			皇庄断面			沙洋断面		
	均值	RVA 阈值		均值	RVA 阈值		均值	RVA 阈值		均值	RVA 阈值	
		下限	上限		下限	上限		下限	上限		下限	上限
1 月	628	445	763	829	575	1076	826	579	1058	836	620	1091
2 月	589	425	735	792	535	1045	793	553	1061	795	553	1035
3 月	624	433	795	813	559	1076	833	551	1041	845	591	1083
4 月	807	556	1050	884	659	1089	1008	718	1207	970	683	1111
5 月	972	612	1199	999	742	1224	1276	959	1689	1277	944	1551
6 月	1011	689	1274	1148	886	1350	1373	994	1704	1356	981	1594
7 月	1406	824	1645	1705	1184	2155	2160	1395	2806	2213	1463	2877
8 月	1255	795	1604	1662	1321	2332	2019	1308	2529	2092	1473	2703
9 月	1239	679	1592	1935	1004	2384	2185	1134	2741	2276	1260	2900
10 月	1296	576	1528	1428	704	1641	1768	821	1969	1804	943	2080
11 月	751	506	994	898	597	1214	1045	745	1275	1087	753	1318
12 月	651	465	793	830	566	1014	856	610	1047	895	651	1095

2. 生态流量计算

根据基于 RVA 法的生态流量估算方法，生态流量值由均值与 RVA 阈值差相减得到，它表示为维护河流生态系统所应保持的最低流量要求。各控制断面生态流量计算结果见表 3-10。

表 3-10　　　　　　　　　　　　各控制断面生态流量计算结果　　　　　　　　　　　单位：m³/s

月份	黄家港断面	襄阳断面	皇庄断面	沙洋断面
1 月	310	328	348	365
2 月	279	282	285	313
3 月	262	295	344	353
4 月	313	453	519	542
5 月	385	517	545	670
6 月	426	684	663	743
7 月	584	733	750	799
8 月	445	651	798	862
9 月	326	555	578	635
10 月	343	491	620	667
11 月	262	281	514	522
12 月	322	382	418	451

根据表 3-9 给出的月流量均值与 RVA 阈值和表 3-10 的生态流量值，确定黄家港、襄阳、皇庄、沙洋各断面的生态基流过程，如图 3-5 所示。从图 3-5 中可以看出，计算

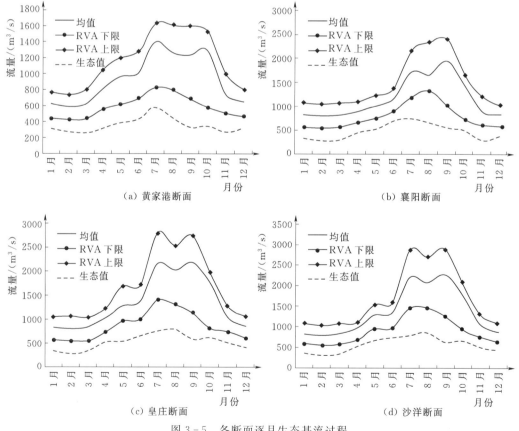

图 3-5　各断面逐月生态基流过程

得到的生态基流过程能够较好地反映天然河流的水文情势动态变化特征，控制断面各月生态流量均小于 RVA 下限，且变动幅度小于河流流量自然变化，这表明该生态流量值是能够保持河流基本稳定的流量。

三、习变法

南水北调中线一期工程专题研究之一的汉江中下游区域环境影响评价成果显示，汉江中下游主要生态保护对象为四大家鱼——鲢鱼、鳙鱼、青鱼及草鱼。其中，鲢鱼喜高温、性急躁、善跳跃、生长速度快，一般在 5 月中旬产卵；草鱼性情活泼，繁殖最适宜温度为 22～28℃，在 5 月中旬开始产卵；而青鱼性温顺，行动迟缓，产卵相对较迟，一般在 5 月下旬；鳙鱼性温驯，不爱跳跃，当河流水位陡然上涨、流速加大时进行繁殖活动，产卵时间在 6 月中旬。由于受丹江口枢纽工程的影响，产卵时间也有差异，下泄低温水使汉江中、下游鱼类繁殖较建坝前推迟 20～30d，鱼类繁殖期一般延续到 8 月中旬至 8 月底，冬季河流水位降低后皆潜入深水区越冬。

丹江口水库对汉江中下游影响的生态学分析研究成果显示，丹江口水库建坝后坝下江段冬季（12 月至次年 3 月）流量普遍提高，一般比建坝前平均增加 1～2 倍；同时，水温也提高了 4～6℃。水文因素的这种变化，给汉江鱼类越冬提供了有利的条件。

综合以上研究成果，确定汉江中下游主要生态保护对象四大家鱼在 5—8 月进行产卵、繁殖；在 12 月至次年 3 月处于冬季枯水季节，鱼类开始潜入深潭越冬。

分别采用黄家港站 1993—2018 年、襄阳站 1993—2018 年、皇庄站 1993—2018 年、沙洋站 1993—2013 年等 4 个水文站点的历年逐月平均流量，并计算得到各个水文站点的流量变异系数 C_V 值，见表 3-11。

表 3-11　　　　　　　　各站逐月流量变异系数 C_V 情况表

水文站	1月	2月	3月	4月	5月	6月	7月	8月	9月	10月	11月	12月
黄家港站	0.27	0.33	0.40	0.36	0.40	0.45	0.53	0.68	1.02	0.97	0.41	0.31
襄阳站	0.35	0.37	0.35	0.32	0.32	0.33	0.45	0.59	0.90	0.82	0.49	0.31
皇庄站	0.34	0.37	0.36	0.30	0.36	0.39	0.57	0.64	0.88	1.02	0.56	0.36
沙洋站	0.32	0.35	0.34	0.28	0.33	0.37	0.53	0.58	0.78	0.75	0.55	0.35

由表 3-11 的成果结合鱼类生活习性，确定与鱼类习性密切相关的关键月分别为春季的 1—3 月、夏季的 5—8 月、冬季的 12 月；其余月份则为一般月份，即 4 月、9—11 月。其中关键月对应的变异系数 C_V 值为一年中相对最小值，因此，河流流量变异系数出现的相对最小值时期正好对应于该研究区河流鱼类的繁殖期、产卵期及南下越冬期，也就是说生物一般选择多年平均状态流量比较平稳的月份进行繁殖产卵，在枯水季且寒冷季节潜入深潭或南下越冬。

利用关键月份及一般月份的河流生态流量计算公式分别计算关键月份、一般月份的生态流量值，得到各控制断面生态流量计算结果，见表 3-12。

表 3 - 12					习变法计算生态流量成果					单位：m³/s		
断　面	1 月	2 月	3 月	4 月	5 月	6 月	7 月	8 月	9 月	10 月	11 月	12 月
黄家港	158	192	251	95	330	395	613	867	132	122	112	184
襄阳	264	267	259	155	305	302	612	973	170	154	146	223
皇庄	290	295	301	175	390	469	1085	1392	218	186	179	297
沙洋	287	296	293	169	359	430	1060	1390	208	179	171	310

　　基于生态保护对象的生活习性和流量变化的习变法计算的生态流量结果为：黄家港断面各月生态流量在 94.7～867m³/s 之间；襄阳断面各月生态流量在 145.5～972.6m³/s 之间；皇庄断面各月生态流量在 175～1392.1m³/s 之间；沙洋断面各月生态流量在 169.3～1390.3m³/s 之间；各断面关键月生态流量均大于一般月份。由于沙洋断面流量数据年际变化更为平稳，各月对应的变异系数 C_V 值均小于上游皇庄断面，而其断面流量与皇庄断面较为接近，因此得到的生态流量值与皇庄断面相比略有减小。

四、基于水文学的生态需水成果

　　以上分别采用 Tennant 法、RVA 法以及习变法对汉江中下游主要控制断面黄家港、襄阳、皇庄、沙洋的生态需水进行了计算。其中 RVA 法主要用于反映水利工程对水文情势变化的影响，考虑到汉江干流枢纽工程均为日调节，对水文情势影响较小，该方法在汉江干流适用性不强；习变法在鱼类生活关键月份尽可能多地考虑了生物学特性，导致生态需水计算结果较大，由于汉江水资源开发利用程度高，现状径流条件无法完全满足该方法提出的生态流量要求，拟不采用该方法计算成果。综合以上考虑，最终采用 Tennant 法成果作为基于水文学的生态需水计算成果，见表 3-13。

表 3 - 13					基于水文学的生态需水计算成果					单位：m³/s		
断　面	1 月	2 月	3 月	4 月	5 月	6 月	7 月	8 月	9 月	10 月	11 月	12 月
黄家港	237	237	237	237	237	474	474	474	474	474	237	237
襄阳	251	251	251	251	251	503	503	503	503	503	251	251
皇庄	319	319	319	319	319	639	639	639	639	639	319	319
沙洋	324	324	324	324	324	648	648	648	648	648	324	324

第四节　基于水环境改善的生态需水

　　河道断面生态需水除基本生态需水以外，还包括目标生态需水量，即按照不同的保护目标对应的生态环境功能维持正常水平的需水量要求。为维持河流自净功能，可根据河段水功能区不同时段或不同水期的水质要求，选择与之相匹配的水文条件进行计算。本书主要对汉江中下游干流基于水环境改善的生态需水进行研究。根据水功能区、水文站、水利枢纽等元素将研究江段进行分析单元划分后，采用调查统计结合估算法对各单元的现状污染物入河量进行分析，并充分考虑各项截污控污措施，对规划水平年入河污染物情况进行预测。分别采用河道一维模型解析法与水环境模拟法，分析计算典型年水文条件下黄家港、襄阳、皇庄、沙洋等关键控制断面基于水环境改善的生态需水。

一、分析单元确定

选择水功能区控制断面、水文站断面、水利枢纽断面以及汉江入长江口断面为计算断面，进行计算单元划分。《汉江生态经济带发展规划》要求至 2025 年汉江干流水质要求稳定达到Ⅱ类水平，部分河段达到Ⅰ类水平，支流水质要求满足水功能区水质目标。故规划水平年各控制断面水质目标均定为Ⅱ类。

二、污染物入河量分析及预测

汉江中下游污染物入河量分析采用调查统计结合估算法，有排污资料的污染源采用调查统计法，对于无排污统计资料的污染源通过社会经济统计资料以及相应污染物排放系数与入河系数进行估算。其中，排放系数根据《第一次全国污染源普查城镇生活源产排污系数手册》《第一次全国污染源普查：畜禽养殖业源产排污系数手册》《全国水资源综合规划地表水水质评价及污染排放量调查估算工作补充技术细则》《全国水环境容量核定技术指南》《湖北省水源地环境保护规划基础调查》等相关技术规范确定。入河系数根据《全国水资源综合规划地表水水质评价及污染排放量调查估算工作补充技术细则》《全国水环境容量核定》《湖北省水源地环境保护规划基础调查》中的要求，结合各类污染源排放现状综合确定。

汉江中下游主要污染源包括点源和面源，其中点源污染主要来自工业企业废污水排放、污水处理厂尾水排放、未集中收集处理的城镇生活污水排放以及规模化养殖场畜禽粪便排放，面源污染主要来自农村生活污水排放、农业种植污染排放、农村分散式畜禽养殖废污水排放以及城镇地表径流。

（一）现状水平年污染物入河量

对现状污染源进行调查，分析计算污染负荷入河量，统计各河段现状水平年污染物入河总量，见表 3 - 14。汉江中下游现状水平年污染物入河总量为：COD 约 21.59 万 t，$NH_3 - N$ 约 3.04 万 t。

表 3 - 14　　　　　　　　　　　现状各河段污染物入河量　　　　　　　　　　单位：t/a

河　段	COD	$NH_3 - N$
丹江口—黄家港	4382.27	596.78
黄家港—襄阳	33615.12	4733.37
襄阳—皇庄	78436.82	12538.03
皇庄—沙洋	17701.90	2493.98
沙洋—龙王庙	81757.86	10037.28
合计	215893.96	30399.43

根据现状污染负荷分析成果，汉江中下游流域各类污染物源占比情况如图 3 - 6 所示。COD 主要来源于工业点源、分散养殖、城镇生活与农业种植，所占比例分别为 32%、

25%、20%、16%；NH₃ - N 主要来源于工业点源、农业种植、城镇生活与分散养殖，所占比例分别为 32%、29%、18%、13%。现状汉江中下游主要污染源为工业点源、城镇生活与农业种植。

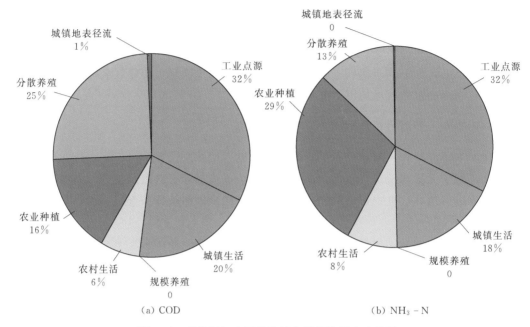

图 3 - 6 现状汉江中下游流域各类污染源占比情况

（二）规划水平年污染物入河量

在《长江经济带发展规划纲要》、《汉江生态经济带发展规划》、各地区经济社会发展规划、《汉江中下游水污染防治规划》等上位规划基础上，结合区域内工业污染防治、城镇及农村污水收集处理、畜禽养殖资源化利用、农药减量减污、海绵城市建设等各项污染治理措施，对规划水平年 2035 年各区内入河污染物情况进行预测。统计各计算单元规划水平年污染物入河总量，见表 3 - 15。研究范围内规划水平年污染物入河总量为：COD 约12.43 万 t，NH₃ - N 约 1.71 万 t。

表 3 - 15 规划水平年各河段污染物入河量 单位：t/a

河 段	COD	NH₃ - N
丹江口—黄家港	3532.51	453.31
黄家港—襄阳	18988.49	2799.17
襄阳—皇庄	39531.69	7182.85
皇庄—沙洋	16509.60	1811.74
沙洋—龙王庙	45734.72	4818.71
合计	124297.00	17065.79

根据规划水平年污染负荷分析成果，汉江中下游流域各类污染物源占比情况如图 3 - 7 所示。COD 主要来源于工业点源、城镇生活与农业种植，所占比例分别为 38%、26%、

21%；NH_3-N 主要来源于农业种植、工业点源与城镇生活，所占比例分别为 35%、28%、19%。由此可见，规划水平年汉江中下游主要污染源为工业点源、城镇生活与农业种植。

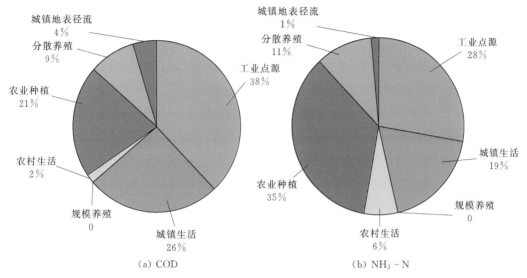

(a) COD   (b) NH_3-N

图 3-7　规划水平年汉江中下游流域各类污染源占比情况

三、生态需水研究

（一）河道一维模型解析法

《河湖生态环境需水计算规范》（SL/Z 712—2014）规定，河流控制断面生态需水量中维持河流自净功能要求的生态需水量可参照《水域纳污能力计算规程》（GB/T 25173—2010）相关规定进行计算。本书采用河道一维模型解析法进行各断面基于水环境改善的生态需水计算。其中，河段的污染物浓度采用一维对流推移方程进行求解：

$$u\frac{\partial C}{\partial X}=-kC \qquad (3-1)$$

解得

$$C_x=C_0\exp(-kx/u) \qquad (3-2)$$

式中：C_x 为流经 x 距离后的污染物浓度，mg/L；C_0 为初始断面污染物浓度，mg/L；k 为污染物综合衰减系数，1/d；x 为沿河段的纵向距离，m；u 为设计流量下河流断面的平均流速，m/s。

1. 模型计算条件

根据《河湖生态环境需水计算规范》（SL/Z 712—2014），利用黄家港、襄阳、皇庄、沙洋 4 个水文站的长系列实测流量数据进行频率分析，选择 90%保证率的 1995 年作为模型计算代表年，各计算单元区间入流量根据径流数据进行推算。

模型上游水质边界丹江口水库下泄的逐月水质为实测多年平均水质，《汉江生态经济带发展规划》明确规划水平年各控制断面目标水质均为Ⅱ类。

2．模型参数率定

结合《全国地表水水环境容量核定技术指南》、湖北省水利水电规划勘测设计院与长江科学院合作研究的《一江三河区域典型污染物综合衰减系数研究》等现有成果，考虑汉江干流现状水文水质情况，选择 NH_3 - N 综合衰减系数 0.03 （1/d）、0.05 （1/d）、0.07 （1/d）、0.09 （1/d）、0.11 （1/d） 进行参数率定。

采用 2019 年 8 月襄阳、皇庄、沙洋断面的实测浓度进行参数率定，确定汉江干流 NH_3 - N 综合衰减系数 0.07 （1/d）。各断面模拟浓度与实测浓度误差见表 3 - 16，模拟浓度与实测浓度的对比如图 3 - 8 所示。

表 3 - 16　　　　　　　　　各断面模拟浓度与实测浓度误差表

断面名称	模拟浓度 /（mg/L）	实测浓度 /（mg/L）	相对误差 /%	绝对误差 /（mg/L）
襄阳	0.16	0.17	5.9	0.01
皇庄	0.26	0.27	3.7	0.01
沙洋	0.28	0.26	7.7	0.02
平均值			5.77	0.013

根据模型参数率定成果，各断面 NH_3 - N 浓度模拟值与实测值相对误差不超过 8%，平均相对误差控制在 6% 以内，各断面模拟浓度与实测浓度相差不超过 0.02mg/L，平均绝对误差为 0.013mg/L，模拟与实测结果断面间变化趋势一致，表明水质模型具有良好的模拟精度，参数选取合理可信。

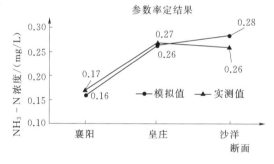

图 3 - 8　2019 年 8 月各断面 NH_3 - N 模拟浓度与实测浓度对比图

3．生态需水计算成果

将各片区污染负荷以计算单元为依托输入至河道内，基于 90% 保证率的枯水年流量过程以及河道初始水质条件，从满足各控制断面水质目标的角度出发，利用河道一维模型解析法计算了各控制断面的生态需水量，成果见表 3 - 17。

表 3 - 17　　　　　　　　　各控制断面生态需水量　　　　　　　　　单位：m^3/s

断面名称	1 月	2 月	3 月	4 月	5 月	6 月	7 月	8 月	9 月	10 月	11 月	12 月
黄家港	378	379	383	423	428	440	465	442	441	425	404	389
襄阳	440	461	465	467	485	513	578	548	546	483	450	442
皇庄	522	528	551	599	693	710	800	781	696	616	545	499
沙洋	529	540	566	621	728	750	830	804	716	643	561	510

（二）水环境模拟法

为进一步系统研究汉江中下游地区生态需水，湖北省水利水电规划勘测设计院与南京水利科学研究院合作开展了"汉江中下游干流及典型支流河道内生态环境需水分析"的研究，通过建立河道水动力-水质模型对汉江中下游干流进行水环境数值模拟，推求了各控制断面基于水环境改善的生态需水。模型原理见本书第一章第四节。

1. 模型计算条件

参考基于解析解的水动力水质模型，选择 90% 保证率的 1995 年作为模型计算代表年。为避开水利枢纽影响，模型分为两段计算：第一段为王甫洲—襄阳，第二段为崔家营—沙洋。模型上边界采用流量边界输入，下边界采用水位边界进行控制。

第一段王甫洲—襄阳的污染负荷和边界入流本底值均在上边界输入，下边界采用断面的水质数据；第二段崔家营—沙洋的污染负荷和边界入流本底值均在上边界输入，下边界采用断面的水质数据。其中污染负荷采用的是规划水平年数据，全部概化为点源输入，边界值采用的是 2017 年环保部门监测的逐月水质数据。

模型参数采用河道一维模型解析法参数率定结果。

2. 生态需水计算成果

根据河道水动力-水质模型模拟分析，确定各控制断面的生态需水量成果，见表 3-18。

表 3-18　　　　　　　　　各控制断面生态需水量　　　　　　　　单位：m³/s

断面名称	1月	2月	3月	4月	5月	6月	7月	8月	9月	10月	11月	12月
黄家港	375	380	420	380	430	430	456	400	475	395	420	390
襄阳	415	425	440	400	440	470	480	420	510	420	450	400
皇庄	535	522	506	527	635	505	528	699	653	766	705	585
沙洋	540	530	544	542	645	533	549	720	680	790	719	593

（三）基于水环境改善的生态需水成果

本书分别采用河道一维模型解析法与水环境模拟法对基于水环境改善的生态需水进行计算分析，并将两种方法的枯水期计算成果进行比较，比较结果见表 3-19。

表 3-19　　　　　　　　　两种方法枯水期计算成果　　　　　　　　单位：m³/s

断 面 名 称		1月	2月	3月	4月	5月	11月	12月	平均值
黄家港	河道一维模型解析法	378	379	383	423	428	404	389	398
	水环境模拟法	375	380	420	380	430	420	390	399
襄阳	河道一维模型解析法	440	461	465	467	485	450	442	459
	水环境模拟法	415	425	440	400	440	450	400	424
皇庄	河道一维模型解析法	522	528	551	599	693	545	499	562
	水环境模拟法	535	522	506	527	635	705	585	574
沙洋	河道一维模型解析法	529	540	566	621	728	561	510	579
	水环境模拟法	540	530	544	542	645	719	593	588

由表 3-19 可知，两种方法枯水期成果总体相近，各断面平均值最小相差 1m³/s，最大相差 35m³/s，差值百分比不超过 8%。经过综合比较分析，确定汉江中下游各控制断

面基于水环境改善的生态需水量见表 3－20。

表 3－20 汉江中下游各控制断面基于水环境改善的生态需水量 单位：m³/s

断面名称	1 月	2 月	3 月	4 月	5 月	6 月	7 月	8 月	9 月	10 月	11 月	12 月
黄家港	378	379	383	423	428	440	465	442	441	425	404	389
襄阳	440	461	465	467	485	513	578	548	546	483	450	442
皇庄	522	528	551	599	693	710	800	781	696	616	545	499
沙洋	529	540	566	621	728	750	830	804	716	643	561	510

各断面生态需水成果年内变化趋势基本一致，均服从非汛期至汛期逐渐增大的规律。各断面生态需水量最大值均出现在 7 月，分别为黄家港 465m³/s、襄阳 578m³/s、皇庄 800m³/s、沙洋 830m³/s，此外各断面生态需水量从上游黄家港断面至下游沙洋断面呈现逐渐增大的趋势，总体来说生态需水量年内变化趋势及断面间变化趋势基本合理。

第五节 基于特殊生境保障的生态需水

本书在深入剖析保障汉江特殊生境的关键环境因子基础上，提出了适用于保障汉江中下游干流特殊生境的生态需水计算方法，即生态调度数值模拟及水量平衡法。以四大家鱼为研究对象，以其产卵繁殖期所需生态水量为目标，通过分析计算得到满足四大家鱼自然繁殖所需生态需水量，为维护汉江中下游干流良好生境条件提供依据。

一、特殊生境保障的重要性

生境即栖息地。美国 Grinnell（1917 年）首先提出生境一词，即 habitat，他定义生境为生物的生存环境的空间范围，一般指生物生活的生态地理环境。生境通常指某种生物或某个生态群体生存繁衍的地域或环境类型。广义上的栖息地概念中包含了生物的生存空间以及生存空间中的全部环境因子。对鱼类而言，其栖息地则包括其完成产卵、索饵、越冬等过程所必需的水域范围。

汉江鱼类资源丰富，是多种经济鱼类的盛产地和栖息繁育场所，也是我国淡水鱼类四大家鱼与主要土著经济鱼类天然产卵场的分布区之一，是我国重要天然水域渔业基地。但随着汉江流域经济社会发展和水资源开发利用程度的提高，尤其是引调水工程实施、汉江流域梯级水库群建成投运后，汉江中下江段水流量减少与流速大幅变缓，改变了汉江中下游的水生生物生存环境。

水域环境的变迁给汉江流域中下游鱼类产卵场、鱼类种群结构、饵料生物链、渔业资源、渔业水生态环境以及流域渔业经济造成显著而深远的影响，主要表现在以下几方面。

（一）对鱼类产卵场所产生的影响

汉江中下游梯级大坝工程，阻隔了鱼类洄游与半洄游通道，天然水域鱼类产卵场破坏或消失，鱼类原有的产卵、繁衍、索饵场变迁与减退，其生物效应功能丧失，生活水体环境与栖息环境被破坏，直接影响到鱼类的生长繁衍。四大家鱼、赤眼鳟、吻鮈、蛇鮈、细尾蛇鮈、翘嘴红鲌、银鮈等种类因为没有适宜的产卵生态环境条件，不能完成鱼类产卵孵化的繁殖过程，长期下去可引起产卵场所消失。《汉江中下游鱼类资源与产卵场现状调查研究报告》指出，汉江中下游仅存宜城、钟祥、沙洋 3 个鱼类产卵场，2014 年 3 处产卵场仅有部分其他产漂流性卵的经济鱼类产卵，监测期内四大家鱼没有产卵，汉江中游产漂流卵的鱼类产卵场中四大家鱼的产卵生态条件有可能消失。

（二）对汉江中下游水体环境的影响

随着汉江中下游年均径流量减少，流速变缓，污径比增加，必然造成水体自净能力下降，流域面源污染源量的增加，导致汉江中下游水域富营养的几率上升。汉江中下游水域营养源量的增加将导致浮游生物的数量与种群结构比例产生变化，而由于自然增殖的滤食性鱼类数量严重减少，不能调控浮游植物系列量，生物链调控藻类繁育将失调。若不采取有效的措施，在这样的水域生态环境条件下，原有的生态环境平衡循环破坏将逐步扩大与加重。

（三）对汉江中下游渔业资源的影响

汉江中下游梯级枢纽的建成，导致汉江流域生态系统转化为湖泊型生态系统，流域水生生物结构和功能发生很大变化。湖北省水产科学研究所 2013—2014 年鱼类资源调查显示，4 个江段的鱼类种群数量有明显差异，王甫洲大坝以上江段为 66 种，崔家营大坝以上江段为 69 种，兴隆大坝以上江段为 69 种，兴隆大坝以下江段为 79 种。汉江中下游水文情势的变化，改变了天然饵料生物群落的结构与数量，使原来栖息汉江中下游的鱼类不能适应而在汉江中下游减退，鱼苗种数量大幅度下降，鱼类种群比例失调，鱼类生长缓慢，渔业资源量将逐渐衰退。

因此，本书从维系汉江中下游水域自然繁育增殖形成生物链角度出发，考虑鱼类产卵繁殖所需水文条件，计算保障特殊生境的生态流量，开展汉江中下游梯级枢纽联合生态调度，为鱼类产卵繁殖创造条件，保护汉江中下游鱼类资源量与流域水生态环境。

二、特殊生境保障的关键环境因子识别

湖北省水产科学研究所 2015—2018 年鱼类调查结果显示，汉江中下游干流鱼类优势种为鲤科鲫鱼以及鲿科黄颡鱼和鲇科鲇鱼。同时，汉江中下游还存在四大家鱼产卵场，在汉江干流修建了多个梯级电站后，四大家鱼自然种质保护需求尤为突出。汉江现状水生态环境条件，在保护区范围内，鱼类的捕食和越冬均足以保障。因此，本书以四大家鱼（青、草、鲢、鳙）为特殊生境保障的目标鱼类，以其产卵期为特殊生境保障的主要时段，研究生态需水量。

以往的研究表明，四大家鱼在产卵繁殖前及发情产卵时期必须要满足一定的水流刺激条件，包括水位上涨、水流加快、形成涡旋水；产卵后，受精卵吸水膨胀为漂浮性卵，随水流孵化，需要河流达到一定流速，使漂浮的受精卵能够保持一定流程。因此，涨水过程中的涨水幅度和涨水持续时间，是决定家鱼产卵与否的两个主要特征因素。

汉江中下游以四大家鱼为代表的产漂流性卵鱼的产卵繁殖期一般为 5—8 月，鱼类产卵繁殖水文参数见表 3-21。单次洪峰满足四大家鱼繁殖的基本水文水力学需求为：洪峰上涨时间持续 3～8d，水位日上涨率达到 0.01～0.3m/d，产卵起漂流速 0.2m/s 以上，孵化流速 0.2～0.6m/s，漂流性鱼卵孵化时间约为 2～3d，流程约为 300km。产漂性卵鱼的产卵繁殖期所需水温为 16～32℃。

表 3-21　　　　　　　　　汉江中下游漂浮鱼类产卵繁殖水文参数表

鱼类	洄游与否	产卵水温 /℃	涨水幅度 /(m/d)	卵类型	卵孵化流速 /(m/s)	鳔充气前所需流速 /(m/s)
鳡	半洄游性	16～32	—	飘浮型	0.2～0.6	—
青鱼	半洄游性	18～20	≥0.01	飘浮型	0.3～0.6	0.2～0.7
草鱼	半洄游性	18～28	≥0.3	飘浮型	0.3～0.6	0.2～0.7
鲢	半洄游性	18～26	≥0.3	飘浮型	0.3～0.6	0.2～0.7
鳙	半洄游性	20～28	≥0.3	飘浮型	0.3～0.6	0.2～0.7

三、汉江梯级枢纽联合生态调度方案

为了保护汉江中下游产漂流性卵鱼类的自然繁殖生境条件，湖北省人民政府于 2015 年 11 月发布了《省人民政府关于湖北省汉江干流丹江口以下梯级联合生态调度方案（试行）的批复》（以下简称《方案》），明确要求针对已建成的、拟建的航运（水电）枢纽，开展联合调度，保障亲鱼上溯洄游产卵和受精卵漂流孵化。

《方案》明确了梯级联合生态调度启动条件为：①丰水年、平水年，提前 3～4d 预报唐白河发生 600m³/s 以上洪水，且皇庄站洪峰流量大于 1200m³/s；②枯水年，提前 3～4d 预报唐白河发生 300m³/s 以上洪水，且皇庄站洪峰流量大于 1200m³/s；③特枯年份，至 8 月中旬上述启动条件仍未出现，则在 8 月下旬和 9 月上旬，通过丹江口水库加大出库流量营造洪水过程，保障河段流量日涨幅 200m³/s，涨水过程持续 3d。

梯级联合生态调度启动时间一般根据鱼类产卵温度要求，在 5—8 月实施 1～2 次。5—6 月，一旦满足启动条件，即实施一次联合调度。在 7 月，若发生较大洪水过程，则结合防洪调度实施一次联合生态调度。若在 7 月未能实现，则在 8 月遇适宜洪水过程时，实施第二次联合生态调度。

《方案》提出于每年 5 月下旬至 8 月上旬，视汉江中下游水情，在调度洪峰流量到达之前，对崔家营以下梯级依次开启闸门进行预泄 3～7d，而后实施联合敞泄 3d 以上，打开鱼类洄游上溯通道，使汉江干流崔家营以下原四大家鱼产卵场所在河段恢复至近似自然河道，以满足繁殖鱼类洄游要求。

亲鱼顺利洄游至上游后，通过丹江口下泄来水及区间洪水，制造洪水脉冲，使得水位上涨、水流加快，形成涡旋水，满足四大家鱼繁殖时的水文水力学需求，即保持洪峰上涨时间 3d 以上，水位日上涨率达到 0.1～0.3m/d 以上，产卵流速 0.2m/s，孵化流速 0.2～0.6m/s，以刺激亲鱼产卵繁殖，并保持一定的流速和流程，使得受精卵随水漂流孵化。

鱼卵孵化完成后，各梯级结合丹江口水库调度运行情况，以及上游和区间来水情况，在满足下游最小生态流量和通航要求基础上，逐步回蓄至正常蓄水位，回蓄时间为 3～10d。

四、生态需水研究

基于特殊生境保障的生态需水推求方法很多，蒋晓辉等（2009）运用流量恢复（the

flow restoration methodology）方法研究黄河下游鱼类生态需水，根据保护鱼类生态习性包括水深、流速、水量等，建立概念性模型，确定鱼类和特定流量组分之间的联系。在此基础上确定流量目标，每一个流量目标被赋予一些水力指标作为获得满足这个目标的环境流量计算的依据，运用水文学、水力学模型确定满足这些流量目标需要的水流条件，包括数量、持续时间、频率和发生时间，给出满足鱼类生长需要的生态流量，最后给出不同水资源管理情景下可接受的鱼类生态需水；蒋红霞、黄晓荣等（2012）运用物理栖息地模拟模型计算西南山区二台子引水式电站减水河段的鱼类生态需水量，以省级保护性鱼类——青石爬鮡为目标鱼类，考虑流速、水深、水温、断面形态等主要影响鱼类适宜生境的影响因子对鱼类产卵期、育幼期、成年期等不同生命时期的需水要求，并计算出不同时期的需水流量；高志强等（2018）引入优势度指数建立多物种生态流速耦合模型，计算出的生态需水量能反映鱼类种群而非单一物种对水量的实际需求。

本书基于汉江中下游干流梯级枢纽众多的特性，研究提出生态调度数值模拟法以及水量平衡法两种方法，综合确定保障汉江中下游干流特殊生境的生态需水量。

（一）生态调度数值模拟法

汉江中下游生态调度数值模拟的主要思路为通过模拟分析崔家营坝下至仙桃水文站的水动力情况，分析试算出不同洪水条件下满足崔家营以下江段四大家鱼完成自然繁殖所需丹江口增加下泄流量过程。

汉江干流丹江口以下梯级联合生态调度方式主要为：丹江口水库保证泄放生态流量和洪峰上涨及回蓄需要增加下泄流量，王甫洲、新集、崔家营枢纽按来水量下泄，雅口、碾盘山、兴隆枢纽进行敞泄及回蓄调度。因此，构建汉江中下游生态调度模型，重点模拟分析雅口、碾盘山、兴隆枢纽预泄结束，崔家营坝下至仙桃水文站江段洪峰上涨及梯级回蓄过程中的水动力情况，试算出不同洪水条件下满足崔家营以下江段四大家鱼完成自然繁殖所需生态水量。

1. 典型洪水

汉江中下游梯级枢纽联合生态调度启动是以唐白河发生洪水为前提，在每年汉江四大家鱼产卵繁殖期，通过丹江口保证下泄一定的生态流量，结合唐白河一定规模洪水，完成生态调度。以1964—2016年共53年南河、唐白河长系列逐日入江流量过程为基础，考虑各梯级水库防洪需求，在每一年四大家鱼产卵繁殖期（5月下旬至8月上旬）选取一场可用于生态调度的洪水过程。

考虑利用单次洪峰满足"四大家鱼"繁殖的基本水文水力学需求：洪峰上涨时间持续3d以上，蓄水时段为3~10d。分析统计历年5月下旬至8月上旬53场洪水的最大10日来水量，采用经验频率法进行排频分析，选取频率为5%（2010年7月）、20%（2005年7月）、50%（2002年6月）、95%（2014年6月）的4场典型洪水开展梯级联合生态调度分析，确定为满足汉江中下游四大家鱼产卵繁殖所需丹江口新增下泄的流量过程及增加水量。

2. 生态调度数学模型

依托MIKE11一维河流水动力学和水环境模拟软件构建生态调度模型，该软件是一款成熟的商业软件，在全世界被广泛应用，已成为多个国家河流模拟的标准工具。模型水动力采用描述河道水流运动的圣维南方程组，包括连续方程和动量守恒方程：

连续方程：
$$\frac{\partial Q}{\partial x}+\frac{\partial Q}{\partial t}=q \qquad (3-3)$$

动量守恒方程：
$$\frac{\partial Q}{\partial t}+\frac{\partial\left(\alpha\dfrac{Q^2}{A}\right)}{\partial x}+gA\frac{\partial h}{\partial x}+\frac{gQ|Q|}{C^2AR}=0 \qquad (3-4)$$

式中：t 为时间；x 为距水道某一固定断面沿流程的距离；h、Q 分别为 x 处、t 时刻过水断面的水深和流量；A 为过水断面面积；R 为水力半径；q 为旁侧入流量；α 为垂直速度分布系数；g 为重力加速度。

（1）模型边界。采用汉江中下游干流实测断面地形数据，构建汉江中下游崔家营—仙桃段一维水动力模型。考虑模拟演算精度、计算时间、重要节点演变规律等多种要求，搭建的河道模型断面间距采用 2km，弯曲河段、支流入河口、重要枢纽设施等位置适当加密。

模型上边界采用典型年唐白河、南河实测洪水，及典型年丹江口水库实测下泄流量序列推求。模型下边界采用仙桃（二）水位站相应时段实测水位数据。汉江中下游崔家营以下段主要汇入支流有蛮河、涢河、竹皮河等支流，沿江主要引提工程有罗汉寺闸、兴隆闸等，考虑其进出水量基本平衡，将区间源汇项简化处理，暂不考虑区间源汇项。

模拟河段上主要有雅口（在建）、碾盘山（在建）、兴隆枢纽（已建），各枢纽水闸基本情况见表 3-22。

表 3-22　　　　　　　　　　　水 闸 基 本 情 况 表

名称	闸孔数量/个	闸门宽度/m	闸门底部高程（黄海）/m	闸门最大高度/m
雅口（在建）	44	14	44	59
碾盘山（在建）	24	13	31.82	53.22
兴隆（已建）	56	14	29.5	44.7

（2）模型参数。河道糙率与河道表面是否衬砌、河道平直顺滑程度、河道断面是否规则、河底周边植物覆盖率等因素有关。湖北省水利水电科学研究院等单位 2011 年联合编制的《南水北调中线工程对汉江中下游水环境影响与对策研究》等相关报告中给出了汉江中下游河道糙率，见表 3-23。

表 3-23　　　　　　　　　　　汉江中下游河道糙率

起始断面	结束断面	糙率	数 据 来 源
崔家营	皇庄	0.02	《南水北调中线工程对汉江中下游水环境影响与对策研究》
皇庄	沙洋	0.023	
沙洋	泽口	0.027	
泽口	仙桃	0.028	

（3）生态调度方案结果分析。通过建立生态调度模型，对 4 场典型洪水分别进行联合生态调度模拟计算，使汉江中下游沙洋断面满足鱼类繁殖生长的水文水动力条件，确定丹江口水库增加下泄流量过程。

1）2010 年 7 月典型洪水调度方案。2010 年 7 月区间典型洪水过程如图 3-9 所示，这场典型洪水为多峰洪水，洪水水量主要集中在后期洪峰，最大洪水流量为 5436m³/s，洪水持续时间为 16d。实施生态调度后沙洋断面水位上涨过程如图 3-10 所示。沙洋断面水位从 7 月 18 日 0 时的 33.61m 上涨到 21 日 8 时的 35.79m，水位平均日上涨率为 0.65m/d。18 日 0 时至 21 日 8 时雅口、碾盘山、兴隆枢纽闸门全开，21 日 8 时，三个梯级逐渐关闭闸门，开始回蓄，25 日 0 时，雅口枢纽回蓄至正常蓄水位 55.22m；24 日 20 时，碾盘山枢纽回蓄至正常蓄水位 50.72m；22 日 15 时，兴隆枢纽回蓄至正常蓄水位 36.2m。该生态调度沙洋断面洪峰上涨及梯级回蓄过程不需要丹江口水库增加下泄水量，崔家营上游来水可满足沙洋断面生态调度的水文水力学要求及 3 个梯级回蓄水量需求。

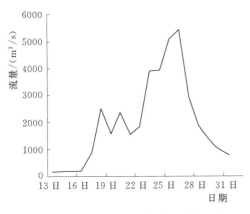

图 3-9　2010 年 7 月区间典型洪水过程

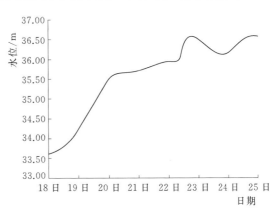

图 3-10　调度期间沙洋断面水位变化

2）2005 年 7 月典型洪水调度方案。2005 年 7 月区间典型洪水过程如图 3-11 所示，这场典型洪水为单峰洪水，洪水水量主要集中在洪水起涨阶段，最大洪水流量为 4019m³/s，洪水持续时间为 11d。实施生态调度后沙洋断面水位上涨过程如图 3-12 所示。沙洋断面水位从 7 月 8 日 8：00 的 33.65m 上涨到 11 日 8：00 的 36.35m，水位平均日上涨率为 0.90m/d。

8 日 8 时至 11 日 8 时雅口、碾盘山、兴隆枢纽闸门全开，11 日 8 时，3 个梯级逐渐关闭闸门，开始回蓄，16 日 18 时，雅口枢纽回蓄至正常蓄水位 55.22m；16 日 19 时，碾盘山枢纽回蓄至正常蓄水位 50.72m；18 日 0 时，兴隆枢纽回蓄至正常蓄水位 36.20m。在初期梯级回蓄过程中，碾盘山来水小于兴隆下泄水量，沙洋断面水位有所下降。

该场典型洪水水量主要集中在洪峰上涨阶段，峰后来水水量不足以满足雅口、碾盘山、兴隆 3 个梯级回蓄水量，需丹江口增加下泄流量。经调度模拟，丹江口增加下泄流量历时 5d，日平均新增下泄流量为 900m³/s，共新增下泄水量 3.89 亿 m³。丹江口增加下泄流量见表 3-24。

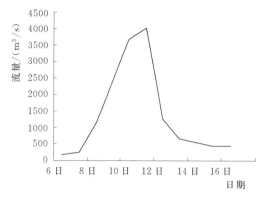

图 3-11　2005 年 7 月区间典型洪水过程

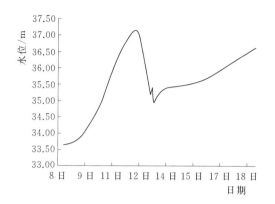

图 3-12　调度期间沙洋断面水位变化

表 3-24　　　　　　　　　　2005 年 7 月典型洪水生态调度丹江口增加下泄流量

日期	13 日	14 日	15 日	16 日	17 日
流量/(m³/s)	900	900	900	900	900

3）2002 年 6 月典型洪水调度方案。2002 年 6 月区间典型洪水过程如图 3-13 所示，这场典型洪水为双峰洪水，洪水水量主要集中在后一个洪峰，最大洪水流量为 2762m³/s，洪水持续时间为 13d。实施生态调度后沙洋断面水位上涨过程如图 3-14 所示。沙洋断面水位从 6 月 24 日 0 时的 32.94m 上涨至 27 日 2 时的 36.26m，平均水位日上涨率为 1.07m/d。

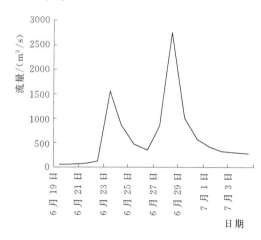

图 3-13　2002 年 6—7 月区间典型洪水过程

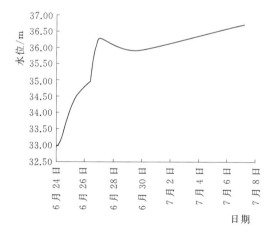

图 3-14　调度期间沙洋断面水位变化

6 月 24 日 0 时至 27 日 8 时雅口、碾盘山、兴隆枢纽闸门全开，6 月 27 日 8 时，3 个梯级逐渐关闭闸门，开始回蓄，雅口、碾盘山、兴隆枢纽分别于 6 月 28 日 22 时、6 月 30 日 19 时、7 月 3 日 3 时，回蓄至正常蓄水位。

该场洪水洪量主要集中在第二个洪峰，洪水上涨过程不能满足沙洋断面水位上涨要求，且第二个洪峰来水水量不足以满足 3 个梯级回蓄至正常蓄水位，因此需丹江口水库在洪峰上涨过程增加下泄流量，参与造峰并在回蓄过程中增加下泄水量。经调度模拟，丹江口增加下泄流量历时 7d，包括造峰过程 3d 和回蓄过程 4d，共新增下泄水量 5.05 亿 m³。丹江口增加下泄流量见表 3-25。

表 3-25　　　　2002 年 6 月典型洪水生态调度丹江口增加下泄流量过程

日期	24 日	25 日	26 日	27 日	28 日	29 日	30 日
流量/(m³/s)	900	1350	1800	450	450	450	450

4）2014 年 6 月典型洪水调度方案。2014 年 6 月区间典型洪水过程如图 3-15 所示，这场典型洪水为双峰洪水，洪水水量主要集中在后一个洪峰，最大洪水流量为 148m³/s，洪水持续时间为 6d。该场洪水过程变化不明显，流量变幅约为 100m³/s，总来水量小，无法满足沙洋断面洪峰上涨过程及梯级洪水回蓄所需水量，需要丹江口增加下泄流量，满足造峰及回蓄要求。

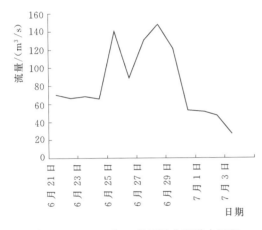

图 3-15　2014 年 6 月区间典型洪水过程

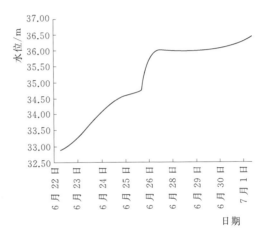

图 3-16　调度期间沙洋断面水位变化

实施生态调度后沙洋断面水位上涨过程如图 3-16 所示。沙洋断面水位从 6 月 22 日 8 时的 32.89m 上涨到 25 日 8 时的 34.53m，平均水位日上涨率为 0.55m/d。

6 月 22 日 8 时至 25 日 8 时雅口、碾盘山、兴隆枢纽闸门全开，6 月 25 日 8 时，3 个梯级逐渐关闭闸门，开始回蓄，雅口、碾盘山、兴隆枢纽分别于 6 月 29 日 16 时、7 月 2 日 8 时、7 月 1 日 8 时，回蓄至正常蓄水位。

该场洪水过程流量变化小，来水量也较小，难以满足洪峰上涨及回蓄所需水量，需丹江口增加下泄流量。丹江口增加下泄流量历时 10d，包括造峰过程 3d 和回蓄过程 7d，共新增下泄水量 12.05 亿 m³。丹江口增加下泄流量见表 3-26。

表 3-26　　　　2014 年 6 月典型洪水生态调度丹江口增加下泄流量过程

日期	21 日	22 日	23 日	24 日	25 日	26 日	27 日	28 日	29 日	30 日
流量/(m³/s)	450	900	1350	1350	1350	1350	1800	1800	1800	1800

3. 生态调度丹江口多年平均新增下泄流量

本次分别计算了频率为 5%（2010 年 7 月）、20%（2005 年 7 月）、50%（2002 年 6 月），95%（2014 年 6 月）的 4 场典型洪水下，实施梯级水库联合生态调度需丹江口水库增加的下泄生态水量，结果见表 3-27。

表 3-27　　　　　各典型洪水生态调度需丹江口水库新增的下泄水量

典 型 洪 水	频 率/%	新增下泄生态水量/亿 m³
2010 年 7 月	5	0
2005 年 7 月	20	3.89
2002 年 6 月	50	5.05
2014 年 6 月	95	12.05

根据不同频率典型洪水丹江口水库新增下泄生态水量可知，低于 5% 频率年份的典型洪水可满足汉江中下游梯级联合生态调度需水要求，不需要丹江口水库增加下泄水量。本次采用频差法计算丹江口水库多年平均需增加下泄生态调度水量，公式如下：

$$B_0 = \sum (P_i - P_{i-1}) \times (B_i + B_{i-1})/2 \tag{3-5}$$

式中：B_0 为多年平均新增下泄水量；P_i、P_{i-1} 为两相邻的频率值；B_i、B_{i-1} 为对应频率 P_i、P_{i-1} 的丹江口水库新增下泄水量。

经计算，丹江口多年平均增加下泄水量为 5.81 亿 m³。

统计分析历年亲鱼产卵繁殖期可用于生态调度的洪水过程时间分布，满足生态调度的洪峰过程主要集中在 7 月上旬，各旬发生频次及百分比见表 3-28。因此建议丹江口生态调度增加下泄水量集中在 7 月上旬，丹江口新增旬平均下泄流量为 672.9m³/s。

表 3-28　　　　　　　53 场典型洪水生态调度时间分布

日期	5 月下旬	6 月上旬	6 月中旬	6 月下旬	7 月上旬	7 月中旬	7 月下旬	8 月上旬
频次	0	1	3	8	16	15	9	1
百分比/%	0	2	6	15	30	28	17	2

（二）水量平衡法

根据水量平衡原理，梯级联合生态调度所需水量主要包括梯级敞泄后回蓄至正常蓄水位所需的水量，以及满足亲鱼产卵繁殖的洪水脉冲水量，即

$$W_{调} = W_{泄} + W_{峰} \tag{3-6}$$

式中：$W_{泄}$ 为梯级枢纽泄空水量，亿 m³；$W_{峰}$ 为鱼类产卵造峰水量，亿 m³；$W_{调}$ 是生态调度需水量，亿 m³。

2018 年，湖北省人民政府批准于 6 月 12—20 日实施了生态调度试验，武汉大学王博教授团队针对此次调度试验开展了生态调度监测，并编写了《湖北省汉江中下游梯级枢纽2018 年针对产漂流性卵鱼类自然繁殖联合生态调度综合评估报告》（以下简称《评估报告》）。考虑到每年生态调度崔家营—兴隆江段各梯级枢纽均由正常蓄水位敞泄后形成自然河道条件，枢纽泄空水量每年基本一致，故本书在 2018 年实际生态调度运行实验成果基础上，估算梯级枢纽泄空水量以及洪水脉冲水量。

2018 年实施的生态调度实验主要过程如下：

（1）兴隆枢纽自 6 月 12 日 8 时开始预泄，于 6 月 15 日达到敞泄条件，汉江干流崔家营—兴隆段形成自然河道条件。

（2）丹江口水库自 6 月 13 日 8 时开始逐渐增加下泄流量，从发电流量 1460m³/s，增加至 6 月 16 日 8 时的 3250m³/s，造峰时间持续 3d。

（3）由于上下游水力传播等因素影响，皇庄站自 6 月 14 日 20 时水位（42.37m 吴淞高程）、流量（1620m³/s）过程逐渐上涨，至 17 日 20 时水位上涨至 43.86m（吴淞高程），洪峰流量为 3630m³/s。水位最大日涨幅为 0.65m，平均日增幅约 0.5m/d，流量最大日增幅为 1230m³/s，断面平均流速变化范围为 0.80～1.16m/s。沙洋站自 6 月 15 日 23 时水位 35.84m 开始上涨，至 19 日 11 时涨至洪峰水位 38.37m（吴淞高程），水位最大日涨幅为 1.27m，平均日增幅约 0.74m/d。汉江干流崔家营—兴隆段形成了连续 3d 的洪水脉冲，能够满足四大家鱼繁殖时的水文水力学需求，刺激了亲鱼产卵繁殖。

（4）兴隆枢纽自 6 月 15 日开始持续敞泄，18 日 8 时开始回蓄，回蓄 3d 后库区达到正常蓄水位，20 日 8 时后枢纽进入正常运营。

崔家营—兴隆段形成洪水脉冲前，由于兴隆枢纽敞泄，河道为天然河道底水状态。根据该时段兴隆闸上及皇庄站实测水位，结合皇庄—兴隆库区河道地形断面，估算兴隆库区敞泄后底水量约 1.64 亿 m³。另根据相关设计资料，崔家营与雅口、雅口与碾盘山枢纽水位首尾衔接，根据皇庄站实测水位，结合崔家营—皇庄江段地形断面，估算碾盘山库区底水约 1.93 亿 m³，雅口库区底水约 1.75 亿 m³。

根据各梯级水位-容积关系曲线，分析得到各梯级泄空库容合计约 9.69 亿 m³，其中雅口枢纽泄空水量约 1.75 亿 m³，碾盘山枢纽泄空水量约 6.84 亿 m³，兴隆枢纽泄空水量约 1.09 亿 m³。即调度完成后需 9.69 亿 m³ 水量才可使得各梯级回蓄至正常蓄水位。由于崔家营枢纽敞泄对襄阳城市供水影响较大，考虑崔家营及其以上枢纽按来水量下泄，无须回蓄。

考虑到洪水脉冲过程在崔家营—兴隆江段各主要断面相似，由皇庄站 6 月 14 日 20 时至 17 日 20 时流量过程估算鱼类产卵造峰水量，结合皇庄站实测逐时流量数据，得到 3d 造峰总水量约 1.99 亿 m³。

以上分析可知，崔家营—兴隆江段实施梯级枢纽联合生态调度，其梯级枢纽泄空水量 $W_{泄}≈9.69$ 亿 m³，鱼类产卵造峰水量 $W_{峰}≈1.99$ 亿 m³，生态调度总需水量 $W_{调}≈11.7$ 亿 m³。

（三）基于特殊生境保障生态需水量成果

为满足汉江中下游产漂流性卵鱼类的产卵繁殖条件，本书提出构建生态调度数值模拟法和水量平衡法，对汉江干流崔家营—兴隆段梯级枢纽实施联合生态调度所需的生态水量开展了分析计算，结果表明：

（1）利用 MIKE11 构建汉江生态调度模型，选取不同频率的 4 场典型洪水，通过模型调度模拟，沙洋断面洪峰上涨时间 3d，水位日上涨率达到 0.55～1.07m/d，能够满足四大家鱼产卵繁殖的水文水力学参数要求。分析得到汉江干流崔家营—兴隆段实施生态调度所需丹江口水库多年平均新增下泄水量为 5.81 亿 m³。

（2）采用水量平衡法，估算生态调度总需水量约 11.7 亿 m³。

（3）为减小调度经济损失，生态调度尽量结合防洪调度，主要以唐白河发生洪水为前提，在区间来水不满足生态调度需求时，要求丹江口水库加大下泄量。根据 1964—2016

年唐白河、南河等主要支流实测洪水资料，统计崔家营以上区间来水最大 10 日洪量，按照水量平衡法确定的生态调度总需水量为 11.7 亿 m³，对不满足年份加大丹江口水库下泄流量，53 年中有 18 年区间洪水可以满足生态调度需求，其余 35 年需增加丹江口下泄水量，计算得到丹江口多年平均加大下泄生态水量约 5.6 亿 m³，该水量与生态调度模型模拟确定的多年平均丹江口下泄水量相差不大。因此，综合确定满足汉江中下游干流特殊生境需丹江口多年平均新增下泄生态水量约 5.6 亿 m³。

第六节　基于水华防控的生态需水

本书从汉江水华爆发机制方面，探讨影响、控制水华爆发的最主要因素，提出控制汉江中下游水华爆发的直接手段，即从流量的角度研究提出控制汉江中下游水华爆发的水文条件阈值。利用本书提出的水文拐点法、流量观察法等，分析计算皇庄、沙洋断面控制水华发生的流量阈值，同时建立河段水动力水生态模型，对流量观察法及水文拐点法计算成果进行校核验证，最终得到控制汉江中下游干流水华不发生的生态需水成果，以期为汉江水华防控提供技术参考。

一、水华发生发展的关键环境因子识别

（一）水华发生主要环境影响因子

李春青、叶闽等（2007）研究分析汉江水华的成因主要集中在水文因素、营养盐因素、气候因素等 3 个方面，本书收集和调查了汉江中下游干流水文、水质、水生态环境等基础数据，采用主成分分析、典型相关分析、物元分析等方法，筛选影响水华发生的主要环境影响因子。

1. 水文因素

水体发生水华的本质是水体中藻类含量急剧增大，而水流状态则直接影响了浮游植物种群的多样性特征或间接通过改变水体营养分布状态导致某种藻类疯长。河流水体的水文、水动力学变化可用水文指标（如流量和流速、水力滞留时间等）整体反映。流量、流速相互影响，决定了河流的自净能力，主要表现在污染物的混合、稀释和扩散方面。流量越大，污染物稀释倍数越高，污染物浓度越小；流速越高，污染物随流扩散，在河道紊流的作用下，污染物与水体充分混合，不断稀释，同时水体中 DO 含量提高，保证了污染物的降解过程顺利进行。水力滞留时间对河流的物理状态、化学物质及生物结构等均有直接或间接影响。河流中水位和水力滞留时间的改变导致水体中氮磷沉降和释放速率改变，控制和影响河道中氮、磷等循环过程，进而控制整个河段富营养化状态。

谢平等（2004）认为流量、流速等是制约汉江水华发生的关键因子，并分析了南水北调中线工程实施后汉江水华发生的概率；王红萍（2004）、王丽燕（2008）等研究了水动力条件对藻类的影响；王培丽（2010）认为水动力是汉江硅藻水华发生的主要诱导因子；邱炬亨（2010）研究表明，藻类普遍喜欢流速较缓的水域，蓝藻、绿藻偏爱静水区，硅藻偏爱缓流水域。与湖泊水华现象不同，一般认为流速低、水动力不足导致营养物质富集是河流水华发生的主要原因。通过模型研究不同流速条件下藻类的生长速率，结果表明不同

流速下，藻类的生长速率不同，缓慢的水流对藻类生长有促进作用，随着流速的增加，藻类生长速率逐渐减小。流速为 $0.08\sim0.6\text{m/s}$ 的河流都有爆发藻类水华的可能，但藻类在不同营养盐条件下，对应的适宜流速不同。

对 2018 年汉江水华发生期间实测流量、藻密度进行相关性分析，结果表明：流量与藻细胞密度呈现显著的负相关性，皇庄站与仙桃站的 Pearson 系数分别为 $r=-0.817$ 和 $r=-0.879$，$P<0.01$。因此，水动力条件的改变是河流硅藻水华发生的关键因素。

同时，分析 1981—2018 年汉口站、仙桃站、汉川站 1—3 月逐日平均水位可知：

（1）三峡蓄水运行后，1—3 月汉口站月平均水位抬升 $0.23\sim0.28\text{m}$，平均抬高 0.25m，旬平均水位变化幅度更大，为 $0.20\sim0.61\text{m}$。造成汉口站水位抬高的主要原因，是三峡水库枯季加大了下泄流量，1—3 月平均加大泄量 $1350\sim1790\text{m}^3/\text{s}$。

（2）南水北调中线一期工程实施后，仙桃站 1—3 月月平均水位平均下降 $0.83\sim1.14\text{m}$，流量减少 $132\sim214\text{m}^3/\text{s}$。旬平均水位变化幅度更大，为 $0.77\sim1.34\text{m}$。流量减小主要因为南水北调。水位下降原因一是流量的减小，二是河道断面下切。

（3）为分析汉口站水位的抬升对汉江仙桃至入长江口龙王庙段流速的影响，本次对汉江仙桃—龙王庙段进行水面线推算，分析 1—3 月龙王庙抬高 0.25m 时，不同等级流量下（汉江仙桃站 $650\text{m}^3/\text{s}$、$750\text{m}^3/\text{s}$、$850\text{m}^3/\text{s}$）对该河段流速的影响。各对比组合下汉江河道流速的变化见表 3-29。结果表明：1—3 月，汉江出口水位抬升后，对新沟—龙王庙段流速影响较大。汉江流量在 $650\text{m}^3/\text{s}$ 的情况下，龙王庙水位抬升 0.25m，流速最大减缓 0.04m/s，平均减缓 0.01m/s；汉江流量在 $750\text{m}^3/\text{s}$ 的情况下，流速最大减缓 0.04m/s，平均减缓 0.012m/s；汉江流量在 $850\text{m}^3/\text{s}$ 的情况下，流速最大减缓 0.03m/s，平均减缓 0.011m/s。汉口水位抬升与汉江流量减小叠加影响下（对比组合四），新沟—龙王庙段流速最大减缓 0.17m/s，平均减缓 0.12m/s。

表 3-29　　　　　　　　　　各对比组合下汉江河道流速的变化　　　　　　　　　　单位：m/s

桩号	对比组合一			对比组合二			对比组合三			对比组合四			断面位置
	龙王庙水位15m，汉江流量650m³/s	龙王庙水位15.25m，汉江流量650m³/s	流速差	龙王庙水位15m，汉江流量750m³/s	龙王庙水位15.25m，汉江流量750m³/s	流速差	龙王庙水位15m，汉江流量850m³/s	龙王庙水位15.25m，汉江流量850m³/s	流速差	龙王庙水位15m，汉江流量850m³/s	龙王庙水位15.25m，汉江流量650m³/s	流速差	
0+000	0.3	0.29	0.01	0.35	0.34	0.01	0.39	0.38	0.01	0.39	0.29	0.10	龙王庙
13+14	0.36	0.35	0.01	0.42	0.4	0.02	0.47	0.45	0.02	0.47	0.35	0.12	琴断口
27+57	0.56	0.52	0.04	0.63	0.59	0.04	0.69	0.66	0.03	0.69	0.52	0.17	蔡甸渡口村
30+94	0.57	0.54	0.03	0.64	0.61	0.03	0.71	0.68	0.03	0.71	0.54	0.17	蔡甸龙家台
46+54	0.69	0.66	0.03	0.75	0.72	0.03	0.80	0.78	0.02	0.80	0.66	0.14	新沟
79+23	0.68	0.67	0.01	0.72	0.71	0.01	0.75	0.75	0.00	0.75	0.67	0.08	汉川
94+40	0.84	0.83	0.01	0.88	0.87	0.01	0.91	0.91	0.00	0.91	0.83	0.08	分水镇
115+51	0.69	0.69	0.00	0.72	0.72	0.00	0.76	0.76	0.00	0.76	0.69	0.07	仙桃

因此，受长江较高水位顶托和汉江流量减少的共同作用，汉江下游段水面比降减小，水流速度变缓，流速减小，导致营养物质富集，水体逐渐表现出湖泊特性，为水华的发生提供了水动力条件。

2. 营养盐因素

营养盐是组成水体环境的重要物质基础，水体中的营养盐浓度与水体中的生物量存在着紧密的关联。营养盐中最为显著的就是氮、磷，它们与水体富营养化程度相关，也是藻类生长的物质基础。

一般来说，浮游植物生长需求量最大的元素是碳、氮、磷，其中碳在自然界中存量较多，且容易进入水体被浮游植物获取利用；氮在空气中含量大，但难以直接进入水体被利用；而磷在自然条件下不会大量存在于空气和水体中。因此，水体中的氮、磷含量低，常称为水体中植物生长和繁殖的限制因素。但在人类活动的影响下，一旦大量的氮、磷进入水体，造成水体富营养化，此时水体中的营养盐水平较高，足以满足浮游植物的生长需求，不再对浮游植物的生长和繁殖有限制作用，在其他条件适宜的情况下，浮游植物迅速大量繁殖，形成水华。

水华的出现与水体富营养化有直接关系，其中磷的浓度起决定性作用，中营养化的水体已经具备了发生水华的条件。汉江"水华事件"中 TP、$NH_3 - N$、高锰酸盐指数浓度均满足水华发生的水质标准。

许慧萍（2014）、王箫璇（2017）、李慧（2019）等研究了氮磷营养盐与藻类变化的关系。研究表明，若水体中 TN 与 TP 浓度的比值在 $10 \sim 25$ 的区间时，水体中藻类可迅速增殖并产生藻类水华，若氮磷浓度比值小于或者高于此比值，藻类增殖可能会受到抑制；当此比值低于 4 时，氮元素浓度很可能成为水质富营养化决定性的限制因素。经研究证实，氮和磷是藻类生长的主要限制营养元素，当水体中这两种元素过量增加时，富营养化过程是迅速的；而对淡水水体而言，磷是藻类生长的主要限制因子。

3. 气候因素

温度是水体环境中重要的物理因素，通过对浮游植物体内酶的影响，间接影响其体内物理化学及生物学过程；温度对浮游植物生长的影响，还表现在影响浮游植物种类组成和数量的变化。

一般而言，浮游植物量的季节变化与水温变化表现为正相关。春季气温偏暖，加上合适的光照条件，藻类的生长条件得以改善，表层水温升高，出现了由于水体密度不同引发的水层之间的翻转现象，水体底层和表层水之间的营养盐发生交换，导致早春出现硅藻生物量增加，甚至是硅藻水华。温度对水体中藻类的分布和数量也有一定的作用，在风力比较小和比较平静的水体，温度沿水体的分布存在温跃现象，水体呈现分层，垂直方向的传质受到限制，水体的分层会加速藻类的繁殖生长。汉江作为流动性较强的浅水河流，水温垂向分布均匀，分层现象相对较弱。

窦明等（2002）针对汉江水华问题进行室内试验，分析了不同水温下硅藻的生长特性，试验连续培养发现，硅藻在水温为 15℃ 和 20℃ 时生长最快，这说明 $15 \sim 20$℃ 是汉江硅藻的最适宜生长温度范围，这也是汉江硅藻水华主要发生在早春季节的原因。王志红等（2005）认为，水温对藻类生物量的影响受初始营养状态的影响，通过室内试验控制变量证明了不同水温条件下，藻类的生物量受水体营养状态的差异影响而差异较大。汉江硅藻水华多年来被认为是小环藻，2009 年有学者把 2005 年水华中的藻类进行分子鉴定，确定为冠盘藻，小环藻与冠盘藻同属于硅藻，但其生活习性存在一定差异。小环藻更喜好静水且磷充足的环境，而冠盘藻更容易在水体扰动较大、具有一定的流速及营养盐浓度波动较大的环境中占优势。关于冠盘藻的光强应答机制，生理学研究表明，该优势种的最适生长光强为 2000～5000lx，最接近野外水华发生时期的光照条件。2015—2016 年水华发生期间，水温持续在 10～15℃，2018 年水华发生期间水温持续在 8.5～17.7℃ 之间变动，适宜藻类生长，与藻类冬春季低温的生理适应研究结论一致。

（二）水华发生关键因子识别

水华发生的主要环境影响因素分析表明，导致水华发生的主要因素是水动力条件、氮磷浓度、气候等三方面。

已有研究表明，硅藻在温度范围 5～30℃、光照范围 5～50μEm²/s 均适宜生长，说明硅藻能够适应较宽泛的气象条件，气温升高等由气候变化引发的外界条件改变并不是汉江中下游发生春季硅藻水华的关键原因，且气候因素不易受人为因素所控制，难以从气候因素方面影响、控制水华发生。

1992 年以来，汉江中下游水华多发生在春季，主要类型为硅藻水华，且主要集中在枯水期 1—3 月，该时段皇庄断面（兴隆闸以上）对应流量变化范围为 788～846m³/s，流速均值为 0.39m/s，低于水华未爆发时期的流量变化值 869～913m³/s，流速均值 0.43m/s；仙桃断面（兴隆闸以下）对应流量变化范围为 714～768m³/s，流速均值为 0.62m/s，低于水华未爆发时期的流量变化值 776～788m³/s，流速均值 0.66m/s。对比水华发生年份与未发生年份流量、流速变化值，发现水华发生年份的流量、流速均值绝大部分小于同期未发生水华年份的均值。这也说明在汉江枯水期流量减小、水位降低、流速减缓的条件下易发生水华。

分析枯水期藻华期间藻类密度、总氮（TN）、总磷（TP）沿程分布，如图 3-17 所示，TN 沿程无显著变化，而 TP 在皇庄断面以下明显大于上游。图 3-18 为 2—3 月春季枯水期汉江暴发硅藻水华期间藻类密度沿程变化特征。沿程藻类密度变化情况表明，皇庄断面以上藻类密度显著低于下游，以"10⁷ 个/L"标准判定藻类暴发，在沙洋断面以下均

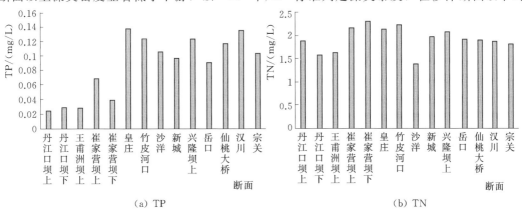

(a) TP

(b) TN

图 3-17 枯水期藻华期间 TP 和 TN 沿程分布

可出现水华现象。

综上所述，汉江中下游藻类水华爆发仍以枯水期春季为主，该时段内主要影响藻类生长的因素包括流速和TP，主要控制断面为皇庄和沙洋断面。

研究表明，自1992年汉江开始发生水华，汉江中下游1—3月的营养盐负荷水平已能满足发生水华所需，且调水后汉江中下游的营养盐负荷有进一步增加的趋势，故汉江水华的控制性指标主要是水文水力条件。河流的水力学条件，特别是流速变化很大，不同的河段由

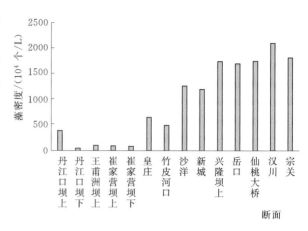

图3-18　汉江中下游干流春季枯水期各监测断面藻类密度

于其河宽河道状况导致其流速差异大，难以从流速角度提出控制水华暴发的流速阈值。而对某个具体的河流断面，流量与流速间存在较好的相关性。因此，从流量的角度研究提出控制汉江中下游水华爆发的水文条件阈值，不仅具有合理性，也具有现实操作性。

二、生态需水研究

本书提出3种基于水华防控的生态需水确定方法，分别为水文拐点法、流量观察法和水动力水生态模型法。

（一）水文拐点法

该方法是在与武汉大学邵东国教授团队合作开展"湖北省引江补汉工程受水区典型河流生态环境需水量预测研究"中提出的。其基本思想是利用水文统计学原理，建立水华发生期间实测流量的皮尔逊Ⅲ型概率密度曲线，求解分布函数的二阶导数，同时通过MAT-LAB软件编程绘出分布函数的二阶导数图，采用数形结合的方法，分析流量变化拐点，即水华发生的临界流量值。

1. 水华发生期分布曲线拐点值分析

（1）P-Ⅲ型分布曲线拟合。1992—2018年间发生多次水华，综合考虑发生时间、地点、持续时间及资料完整性等因素，以2018年水华事件为代表进行分析。2018年2月8日至3月18日，皇庄以下全流域爆发硅藻水华，影响范围从原先的武汉—仙桃段延伸至了兴隆库区，持续时间长达39d，为有资料记载以来历时最长的一次。

将研究时间范围集中在2018年水华发生期的2—3月，将水华发生月份的逐日流量数据输入到FITPE$_3$配线程序中，调整分布特征参数C_s和C_v值后，得到拟合效果良好的皮尔逊Ⅲ型分布理论频率曲线。结合水华历史监测数据，选择皇庄水文站作为关键控制断面进行生态需水量分析计算。

皇庄断面P-Ⅲ型分布曲线拟合参数值见表3-30。

表 3-30　　　　　皇庄断面 2018 年 2—3 月 P-Ⅲ型分布曲线拟合参数值

参数名称	参数值	参数名称	参数值
偏态系数 C_s	0.94	a_0	737
离势系数 C_v	0.13	平均流量/（m³/s）	1019
效率系数 D_c	0.98	最大流量/（m³/s）	1380
α	4.53	最小流量/（m³/s）	765
β	0.02		

（2）分布曲线拐点值求解与分析。由前述拟合，可以得到皇庄断面 P-Ⅲ概率密度函数表达式，对其求导，可以得到分布函数的二次导数表达式并求出相应的解，见表3-31。结合 MATLAB 软件画出分布函数的二阶导数图，通过数形结合，可以得到拐点值。

表 3-31　　　　　各断面分布函数的二阶导数为 0 的两解

断　　面	解值/（m³/s）	断　　面	解值/（m³/s）
x_1	737	x_2	957

对比 2018 年水华期间各断面流量过程，发现 2 月 8 日（水华开始）皇庄断面流量为 938m³/s，所求得的流量拐点值（x_2）为 957m³/s，说明通过分布曲线求得的流量拐点值与水华实际发生过程中的拐点值十分接近。对其他发生水华年份的流量分布曲线拟合求解分析，得到相同的一致性结果，说明以流量分布函数的拐点流量值作为水华发生的临界值参考，具有一定的可靠性。

2. 基于枯水期分布曲线拐点的生态需水量预测

汉江自 1992 年首次水华爆发以来，中下游已发生十余次水体生态环境恶化的"水华"事件。水华发生的时间最早在 1 月初，最晚持续到 4 月中上旬。每年的 1—3 月为汛前枯水期，气候温暖，光照充足，适宜水体中藻类的生长，因此 1—3 月是水华易发时间段。

将皇庄断面 1990—2018 年的 1—3 月汉江中下游干流实测逐日流量分别进行 P-Ⅲ型分布曲线拟合，分析自首次水华发生后 1—3 月枯水期流量变化规律，以期为控制水华的发生提供依据。通过 FITPE3 配线程序拟合，得到拟合效果良好的 P-Ⅲ型分布理论频率曲线，拟合效率系数 $D_c > 0.97$。

在已知各断面概率密度函数的基础上，再次求导得到皇庄断面流量分布函数的二阶导数表达式。令 $F''(x)=0$，并结合图像，得到皇庄站的流量拐点值（在 x_2 处取得），计算结果见表3-32，以此作为汉江中下游枯水期不发生水华的参考临界值。

表 3-32　　　　　　　1—3 月不发生水华的参考临界值　　　　　　　单位：m³/s

断　　面	1 月	2 月	3 月
皇庄	794	698	752

（二）流量观察法

流量观察法是在与武汉大学郭生练教授团队合作开展"湖北省汉江中下游水资源优化配置及水量调度"研究中提出的。该方法是依据 1992 年以来的汉江中下游主要水文站点 1—3 月的实测水文数据，分析汉江中下游历次水华事件发生期间流量特征，通过对比分析发生水华年份与不发生水华年份的1—3月的流量特征，计算不同流量级别下发生水华的概率，据此推求汉江中下游水华爆发的水文阈值。

对于兴隆以上的干流河段，统计分析沙洋站1992—2013年水华爆发期间（1—3月）的枯水流量特征，包括发生水华的年份及没有发生水华的年份。统计分析的流量特征指标包括1—3月的月平均流量、月最大和最小流量。由于水华的爆发是一个由低密度到高密度逐渐发展的过程，水华期间的连续多日最小平均流量与水华发生具有很高的相关性，根据汉江水华爆发期间的多年跟踪调查结果发现，在枯水期连续7d左右的低流速条件和适宜的气候条件，汉江中下游极易爆发硅藻水华。因此重点分析水华发生期间的最小7日平均流量。对于发生水华的年份，统计分析水华发生前及过程中的7日最小平均流量；对于没有发生水华的年份，分析1—3月的7日最小平均流量。

表3-33列出了1992—2013年沙洋站1—3月的平均流量、最小月平均流量、最小日流量和最小7日平均流量。对这些流量按发生水华年份和不发生水华年份进行统计分析（表3-34）发现，发生水华年份沙洋站1—3月平均流量为648m³/s，平均流量最小值为336m³/s，明显小于不发生水华年份的平均值1049m³/s和最小值699m³/s；发生水华年份的1—3月在最小日流量平均值和最小值分别为518m³/s和260m³/s，明显小于不发生水华年份的平均值838m³/s和最小值556m³/s；在7日最小平均流量方面，发生水华年份的7日最小平均流量的均值和最小值分别为540m³/s和265m³/s，也明显小于不发生水华年份的相应数值。统计检验表明，发生水华年份1—3月的平均流量、最小日流量和7日最小平均流量与不发生水华年份的对应流量具有显著的差异。

表3-33　　　　　　　　沙洋站1992—2013年1—3月流量统计分析表　　　　　单位：m³/s

年份	1—3月平均流量	1—3月的最小月平均流量	1—3月最小日流量	最小7日平均流量	备注
1992	538	515	469	478	水华
1993	1139	1013	751	765	
1994	912	886	680	705	
1995	870	764	662	686	
1996	714	647	556	572	
1997	1239	1071	872	942	
1998	336	299	260	265	水华
1999	699	691	658	667	
2000	432	369	372	351	水华
2001	1251	1182	985	1005	
2002	606	561	467	508	水华
2003	451	430	325	376	水华
2004	1216	1160	1025	1077	
2005	1008	985	918	937	
2006	1064	1030	926	980	

续表

年份	1—3月平均流量	1—3月的最小月平均流量	1—3月最小日流量	最小7日平均流量	备注
2007	576	479	431	455	水华
2008	740	699	546	558	水华
2009	928	908	847	853	水华
2010	906	883	737	758	水华
2011	968	924	725	767	水华
2012	1428	1386	1180	1224	
2013	880	808	609	672	水华

注 对于发生水华年份，统计数据为水华发生前及过程中最小日流量和最小7日平均流量。

表 3－34　　　　沙洋站发生和不发生水华年份 1—3 月流量特征统计表　　　单位：m³/s

流量指标	1—3月平均流量		最小日流量		最小7日平均流量	
	平均值	最小值	平均值	最小值	平均值	最小值
发生水华年份	648	336	503	260	537	265
无水华年份	1035	699	835	556	853	572

为了方便比较，绘制了 1992—2013 年沙洋站 1—3 月的平均流量曲线，如图 3-19 所示，图中的虚线是区分水华发生与否的标识线。可见，2008 年以前 1—3 月平均流量小于 600m³/s 的年份都发生了水华，但 2008 年后发生水华的平均流量有了明显上升，2008—2011 年和 2013 这 5 年都发生了水华，平均流量分别为 740m³/s、928m³/s、906m³/s、968m³/s 和 880m³/s。同样的，也绘制了 1992—2013 年水华发生期间的 7 日最小平均流量曲线，如图 3-20 所示，由图可见，2008 年以前 7 日最小平均流量小于 540m³/s 的年份都发生了水华，但 2008 年后水华发生期间的 7 日最小流量有了明显上升，这一点和 1—3 月平均流量具有相同的特征。

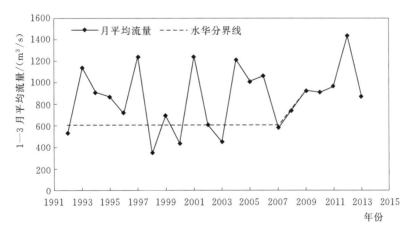

图 3-19　1992—2013 年沙洋站 1—3 月的平均流量

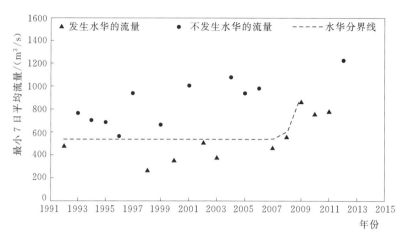

图 3-20　1992—2013 年沙洋站水华发生期间的 7 日最小平均流量

该方法忽略了天气因素的影响，在汉江中下游营养盐负荷水平能满足发生水华所需且调水后可能进一步增加的条件下，可以认为汉江中下游春季水华发生与否仅与当时的水文条件密切相关。经分析，水华爆发期间的最小 7 日平均流量与水华发生与否具有高度的相关性，因此选择 1992—2013 年这 22 年间 1—3 月最小 7 日平均流量作为样本，将流量样本与水华事件相关联，计算不同流量级别下发生水华的概率，推求汉江中下游春季硅藻水华爆发的水文阈值。

沙洋站 1992—2013 年 1—3 月的 7 日最小平均流量范围为 265～1224m³/s，简化起见，以 50m³/s 为步长单位，统计分析在不同流量区间范围内发生水华的次数。按照从小到大的进行排序，分析大于 250m³/s、300m³/s、350m³/s、400m³/s、……1000m³/s 的流量条件下，发生水华的次数，分析水华发生的频率与对应流量之间的相关关系，据此得到不同流量下发生水华的频率，见表 3-35。从表 3-35 中可以看出，1992—2013 年的 11 次水华事件中有 7 次是发生在 7 日最小流量为 600m³/s 以下的，有 3 次发生在 750m³/s 以上（2009—2011 年）。流量越大则高于该流量发生水华的次数越小，当流量高于 900m³/s 时，没有水华事件发生。将高于某流量时发生水华的实际次数与高于某流量的实际流量次数相除，就得到了高于该流量时发生水华的频率。用 1 减去该频率就得到了高于该流量时不发生水华的频率。

表 3-35　　　　　　　沙洋站不同 7 日最小平均流量下水华发生频率分析表

7 日最小平均流量 /(m³/s)		在该流量区间实际发生水华的次数	高于该流量区间下限时发生水华的实际次数	实际流量大于该流量下限时的次数	高于该流量下限时发生水华的频率 /%	高于该流量下限时不发生水华的频率 /%
下限	上限					
250	300	1	11	22	50.0	50.0
300	350	0	10	21	47.6	52.4
350	400	2	10	21	47.6	52.4
400	450	0	8	19	42.1	57.9
450	500	2	8	19	42.1	57.9

7日最小平均流量 /(m³/s)		在该流量区间实际发生水华的次数	高于该流量区间下限时发生水华的实际次数	实际流量大于该流量下限时的次数	高于该流量下限时发生水华的频率 /%	高于该流量下限时不发生水华的频率 /%
下限	上限					
500	550	1	6	17	35.3	64.7
550	600	1	5	16	31.3	68.8
600	650	0	4	14	28.6	71.4
650	700	1	4	14	28.6	71.4
700	750	3	3	11	27.3	72.7
750	800	2	3	10	30.0	70.0
800	850	0	1	7	14.3	85.7
850	900	1	1	7	14.3	85.7
900	950	0	0	6	0.0	100.0
950	1000	0	0	4	0.0	100.0
1000	1250	0	0	3	0.0	100.0

　　由于样本数量有限，得到的不同流量下水华发生的频率存在部分不合理现象，如高于 $750\text{m}^3/\text{s}$ 发生水华的频率比高于 $600\text{m}^3/\text{s}$ 发生水华的频率大。为此，对沙洋站 7 日最小平均流量和其对应的水华发生频率进行了线性拟合，拟合相关系数达到 93.4%，拟合关系图如图 3-21 所示，通过拟合关系图推求得到了不同最小 7 日流量下不发生水华的概率，见表 3-36。最小 7 日流量按 $50\text{m}^3/\text{s}$ 为基本单位，沙洋站对应 $300\text{m}^3/\text{s}$、$600\text{m}^3/\text{s}$、$750\text{m}^3/\text{s}$、$850\text{m}^3/\text{s}$ 和 $950\text{m}^3/\text{s}$ 流量下不发生水华的概率约为 50%、70%、80%、90% 和 95%。即要保证兴隆以上河段不发生水华，对应 70%、80%、90% 保证率下的最小 7 日流量不能低于 $600\text{m}^3/\text{s}$、$750\text{m}^3/\text{s}$ 和 $850\text{m}^3/\text{s}$。

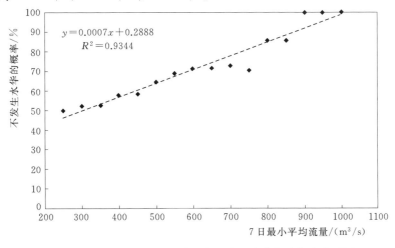

图 3-21　沙洋站最小 7 日流量与不发生水华频率拟合关系图

表 3-36	沙洋站不同最小 7 日平均流量下不发生水华的概率				
最小 7 日平均流量（流量以 50m³/s 为步长）/(m³/s)	300	600	750	850	950
高于该流量不发生水华的概率/%	50	70	80	90	95

（三）水动力水生态模型法

水动力水生态模型法是在与南京水利科学研究院合作开展"汉江中下游干流及典型支流河道内生态环境需水研究"中提出的。为推求控制汉江中下游河段冬春季硅藻水华发生与发展所需的生态流量，本书以沙洋为控制断面，构建研究河段水动力与水生态模型，模拟分析水动力条件与藻类生长及运输扩散的关系，基于量化的水动力-水生态关系，依照抑制生长流速和控制沿程累积两种原理推求沙洋断面控制水华的生态流量区间。

1. 水动力与水生态模型构建

根据水下地形、水文、水质、水生态以及水利工程等数据资料，构建汉江干流水动力数学模型，再构建水生态数学模型并与水动力模型耦合，模拟分析水动力条件与藻类生长及运输扩散的关系。

（1）水动力模型。水动力模型的构建采用基于正交曲线坐标系的连续性方程以及动量方程，垂直方向采用坐标系进行处理。

连续性方程：

$$\frac{\partial \zeta}{\partial t} + \frac{1}{\sqrt{G_{\xi\xi}}\sqrt{G_{\eta\eta}}}\frac{\partial [(d+\zeta)u\sqrt{G_{\eta\eta}}]}{\partial \xi} + \frac{1}{\sqrt{G_{\xi\xi}}\sqrt{G_{\eta\eta}}}\frac{\partial [(d+\zeta)v\sqrt{G_{\xi\xi}}]}{\partial \eta} = Q \tag{3-7}$$

其中

$$Q = H\int_{-1}^{0}(q_{in} - q_{out})d\sigma + P - E \tag{3-8}$$

式中：ζ 为参考平面 $z=0$ 以上的水位，m；d 为参考平面以下的水深，m；u、v 分别为沿 ξ、η 方向的水平流速，m/s；$G_{\xi\xi}$、$G_{\eta\eta}$ 为水平直角坐标系和正交曲线坐标系之间的转换系数；Q 为单位面积上由于降水、蒸发、排水和引水等因素引起的水量变化，m³/s；H 为总水深，m；q_{in}、q_{out} 分别为单位体积上局部的源和汇流入、流出的水量，1/s；P 为降水量，m/s；E 为蒸发量，m/s。

$$\frac{\partial u}{\partial t} + \frac{u}{\sqrt{G_{\xi\xi}}}\frac{\partial u}{\partial \xi} + \frac{v}{\sqrt{G_{\eta\eta}}}\frac{\partial u}{\partial \eta} + \frac{\omega}{d+\zeta}\frac{\partial u}{\partial \sigma} - \frac{v^2}{\sqrt{G_{\eta\eta}}\sqrt{G_{\xi\xi}}}\frac{\partial \sqrt{G_{\eta\eta}}}{\partial \xi} + \frac{uv}{\sqrt{G_{\eta\eta}}\sqrt{G_{\xi\xi}}}\frac{\partial \sqrt{G_{\xi\xi}}}{\partial \eta} - fv$$

$$= -\frac{1}{\rho_0 \sqrt{G_{\xi\xi}}}P_{\xi} + F_{\xi} + \frac{1}{(d+\zeta)^2}\frac{\partial}{\partial \sigma}\left(v_V \frac{\partial u}{\partial \sigma}\right) + M_{\xi}$$

$$\tag{3-9}$$

$$\frac{\partial v}{\partial t} + \frac{u}{\sqrt{G_{\xi\xi}}}\frac{\partial v}{\partial \xi} + \frac{v}{\sqrt{G_{\eta\eta}}}\frac{\partial v}{\partial \eta} + \frac{\omega}{d+\zeta}\frac{\partial v}{\partial \sigma} + \frac{vu}{\sqrt{G_{\eta\eta}}\sqrt{G_{\xi\xi}}}\frac{\partial \sqrt{G_{\eta\eta}}}{\partial \xi} - \frac{u^2}{\sqrt{G_{\eta\eta}}\sqrt{G_{\xi\xi}}}\frac{\partial \sqrt{G_{\xi\xi}}}{\partial \eta} + fu$$

$$= -\frac{1}{\rho_0 \sqrt{G_{\eta\eta}}}P_{\eta} + F_{\eta} + \frac{1}{(d+\zeta)^2}\frac{\partial}{\partial \sigma}\left(v_V \frac{\partial v}{\partial \sigma}\right) + M_{\eta}$$

$$\tag{3-10}$$

式中：u、v、ω 分别为 ξ、η、σ 方向上的水平流速，m/s；ζ 为参考平面 $z=0$ 以上的水

位，m；d 为参考平面以下的水深，m；f 为柯氏力系数，1/s；ρ_0 为水体密度，kg/m³；P_ξ、P_η 分别是 ξ、η 方向上的静水压力梯度，kg/(m²·s²)；F_ξ、F_η 分别为 ξ、η 方向上的紊动动量通量，m/s²；M_ξ、M_η 分别为 ξ、η 方向上动量的源或汇，m/s²；v_V 是紊动黏性系数，m²/s。

（2）藻类动态模型。藻类模型中有 3 个模型状态变量：蓝藻、硅藻和绿藻。下标 x 用于表示 4 个藻类组；c 表示蓝藻，d 表示硅藻，g 表示绿藻，m 表示大型藻类。模型中包含的源和汇是：繁殖（生产）、基础代谢、捕食、沉降、外部负载。

描述这些过程的方程对于 4 种藻类组大致相同，方程中的参数值不同。描述这些过程的动力学方程为

$$\frac{\partial B_x}{\partial t} = (P_x - BM_x - PR_x)B_x + \frac{\partial}{\partial Z}(WS_x B_x) + \frac{WB_x}{V} \tag{3-11}$$

式中：B_x 为藻类的生物量，gC/m³；t 为时间，d；P_x 为藻类的生产率 x；BM_x 为藻类的基础代谢率，1/d；PR_x 为藻类的捕食率，1/d；WS_x 为藻类群的正沉降速度，m/d；WB_x 为藻类群的外部负荷，gC/d；V 为细胞体积，m³。

（3）水文边界条件。对于有资料测站直接采用逐日平均流量数据，对于无资料的测站分具体情况进行考虑。当某计算单元的上游或下游附近有水文控制站，且降雨量和自然条件相差不大时，将邻近计算单元（参证计算单元）的设计流量乘以集雨面积比，换算到本计算单元，换算公式为

$$Q_{sj} = Q_{cz}\frac{A_{sj}}{A_{cz}} \tag{3-12}$$

式中：Q_{sj} 为本计算单元的流量，m³/s；Q_{cz} 为参证计算单元的流量，m³/s；A_{sj} 为本单元的集雨面积，m²；A_{cz} 为参证单元的集雨面积，m²。

当某计算单元上、下游均有水文站时，根据上、下游两站的设计流量 $Q_p^{上}$、$Q_p^{下}$，用内插法求取该计算单元的设计流量

$$Q_p = Q_p^{上} + (Q_p^{下} - Q_p^{上})\frac{A - A^{上}}{A^{下} - A} \tag{3-13}$$

2. 模型率定与验证

（1）水动力模型率定与验证。以王甫洲、崔家营、兴隆为节点分为四段计算，第一段为丹江口—王甫州，第二段为王甫州—崔家营，第三段为崔家营—兴隆，第四段为兴隆—汉川新沟。率定采用 2015 年全年水位数据；采用 2017 年实测数据对模型进行验证。率定、验证结果如图 3-22 和图 3-23 所示。

由图 3-23 可以看出，对各个断面的水位进行验证，得到的各断面均方根误差 RMSE 均小于 0.1，显示了良好的验证效果；四段计算得到丹江口—王甫洲、王甫洲—崔家营、崔家营—兴隆、兴隆—汉川新沟的流场，可以看出在已建成的水利枢纽上游断面流速有明显的减缓，符合实际情况。所建立的水动力模型科学合理。

（2）水生态数值模型率定与验证。根据 2015—2018 年浮游藻类监测结果，汉江中下游流域水华爆发主要发生在枯水期，爆发的藻类种群是硅藻，因此水生态模型主要针对硅藻密度进行模拟。根据对主要控制断面的藻类监测，水生态模型入流边界条件中硅藻密度

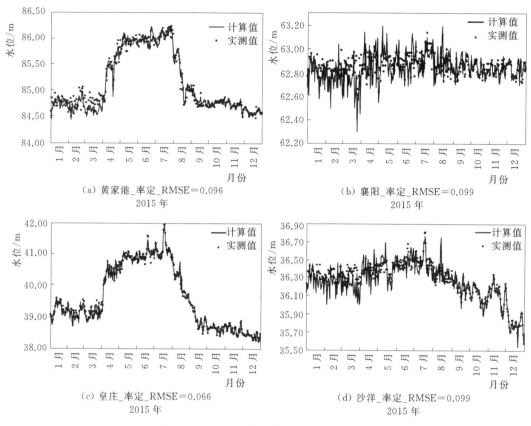

（a）黄家港_率定_RMSE=0.096
2015 年

（b）襄阳_率定_RMSE=0.099
2015 年

（c）皇庄_率定_RMSE=0.066
2015 年

（d）沙洋_率定_RMSE=0.099
2015 年

图 3 - 22　四段计算时典型断面率定效果

边界值如图 3 - 24 所示。模型初始参数值通过丁一等（2016）、Libin Chen et al.（2016）、Amin Kiaghadi et al.（2019）相关文献和国内 EFDC 模型应用实例确定。根据水生态监测数据，本次模拟采用 2015 年藻类监测数据进行参数率定，参数率定结果见表 3 - 37。

表 3 - 37　　　　　　　　　水生态模型主要参数率定结果

参　数　名	含　　义	率定结果	单位
PMd	硅藻最大生长速率	2.2	1/d
BMRd	硅藻基础代谢速率	0.025	1/d
PRRd	硅藻捕食速率	0.03	1/d
WSd	硅藻沉降速率	0.17	1/d
TMRd	硅藻生长最适温度	25	℃
KHNx	藻类吸收氮的半饱和常数	0.6	—
KHPx	藻类吸收磷的半饱和常数	0.001	—
Keb	背景光消减系数	0.1	—

　　模型验证采用 2017 年监测的数据。图 3 - 25、图 3 - 26 和表 3 - 38 列出了模型率定验

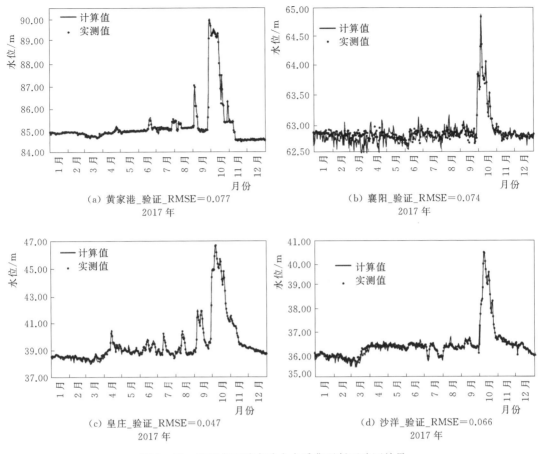

（a）黄家港_验证_RMSE=0.077
2017 年

（b）襄阳_验证_RMSE=0.074
2017 年

（c）皇庄_验证_RMSE=0.047
2017 年

（d）沙洋_验证_RMSE=0.066
2017 年

图 3-23　汉江中下游水动力水质典型断面验证效果

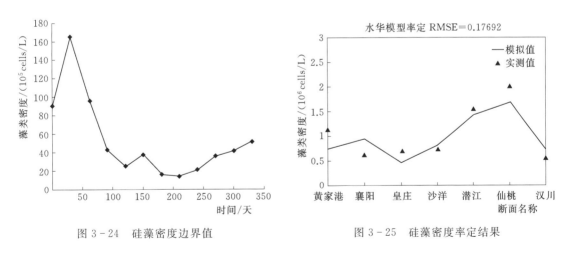

图 3-24　硅藻密度边界值　　　　　　　　图 3-25　硅藻密度率定结果

证过程中各断面硅藻密度的模拟值和实测值以及两者的相对误差分析，分析发现率定时各断面平均相对误差为 18.89%，总体吻合度较高；验证时各断面的平均相对误差为 20.75%，吻合度较高。

表 3-38				硅藻密度相对误差分析				%
相对误差	黄家港	襄阳	皇庄	沙洋	潜江	仙桃	汉川	监测时间
率定	13.34	23.51	9.43	10.89	11.67	24.26	15.78	2015 年
验证	10.06	21.60	18.67	13.59	13.89	14.45	12.70	2017 年

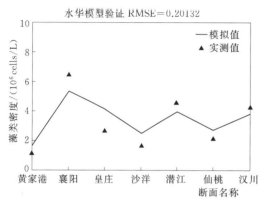

图 3-26　硅藻密度验证结果

3　模型计算

通过构建的水生态模型，基于量化的水动力、水生态关系，依照控制沿程累积和抑制生长流速两种原理推求控制水华的生态需水量。

（1）断面通量法。按照控制沿程累积原理，根据藻类生长及河道内物质运输，某一时间内某段河道的藻类生物量变化为

藻类生物量增长＝净生长量＋输入通量

－输出通量－死亡量

(3-14)

其中，藻类净生长量为

$$P_1 = PM_d \times C_0 \tag{3-15}$$

式中：PM_d 为净生长率，$1/d$；C_0 为藻类密度，g/m^3。

藻类死亡量为

$$P_2 = WS_d \times C_0 \tag{3-16}$$

式中：WS_d 为死亡率，$1/d$；C_0 为藻类密度，g/m^3。

根据相关文献，某一时间段内在水华发生断面流入、流出的通量公式为

$$W = K \sum_{i=1}^{n} \frac{C_{xi}Q_c}{n} \tag{3-17}$$

式中：K 为时段转换系数；n 为估算时段样品数；C_{xi} 为藻类流入流出的密度，g/m^3；Q_c 为断面流量，m^3/s。

当 $n=1$ 时藻类流入、流出通量分别为 W_1 和 W_2，具体公式如下：

$$W_1 = KC_1Q_c \tag{3-18}$$

$$W_2 = KC_2Q_c \tag{3-19}$$

式中：C_1 为藻类流入时的密度；C_2 为藻类流出时的密度。

将 P_1、P_2、W_1、W_2 代入式（3-14）得藻类生物量增长为

$$\Delta m = PM_d \times C_0 + KC_1Q_c - KC_2Q_c - WS_d \times C_0 \tag{3-20}$$

当藻类生物量增长 $\Delta m \leqslant 0$ 时，即河段内单位水体藻类逐步减少时，水华得到控制，由此可以推算出控制水华所需的流量 Q_c：

$$Q_c \geqslant \frac{C_0(PM_d - WS_d)}{K(C_2 - C_1)} \tag{3-21}$$

（2）抑制流速法。依据藻类生长与流速的关系，当流速处于 $0.08 \sim 0.6 m/s$ 时，河流

都有可能爆发水华，但藻类在不同的营养盐条件下的适宜流速不同。研究汉江流域水华爆发时流速的大小发现，当流速处于 $0.4\sim0.6\text{m/s}$ 时，藻类生长受到抑制，参考断面实际情况确定藻类抑制流速 $v=0.5\text{m/s}$，并通过断面地形建立流速-流量关系，确定抑制水华发生流速下的流量 Q_u。

根据构建的水动力与水生态模型，得到沙洋断面控制汉江中下游河段冬春季硅藻水华发生所对应的生态需水量阈值为 $741\sim890\text{m}^3/\text{s}$，计算结果见表 3-39。

表 3-39　　　　　　　　　控制断面生态需水模型计算结果　　　　　　　　单位：m^3/s

控制断面	方 法	1 月	2 月	3 月
沙洋	断面通量法（Q_c）	890	890	890
	抑制流速法（Q_u）	741	741	741

（四）基于水华防控的生态需水量成果

本书在分析水华发生关键因子的基础上，从流量角度提出水华防控方案，研究提出水文拐点法、流量观察法和水动力水生态模型法，分别分析计算了汉江中下游干流皇庄、沙洋断面的控制水华发生的生态需水阈值。

（1）采用水文拐点法得到汉江中下游皇庄断面不发生水华的参考临界流量值：皇庄断面 1—3 月水华不发生的参考临界流量值分别为 $794\text{m}^3/\text{s}$、$698\text{m}^3/\text{s}$ 和 $752\text{m}^3/\text{s}$。

（2）采用流量观察法得到汉江中下游沙洋断面 90% 保证率下不发生水华的参考临界流量值为 $850\text{m}^3/\text{s}$。

（3）构建水动力水生态模型，模拟得到沙洋断面 1—3 月控制水华发生的生态需水量阈值范围为 $741\sim890\text{m}^3/\text{s}$。

（4）参考其他研究成果（如南水北调中线工程规划成果）中丹江口水库最小下泄流量为 $490\text{m}^3/\text{s}$；为改善汉江中下游生态环境的用水需求，丹江口水库最小下泄流量为 $550\text{m}^3/\text{s}$；殷大聪等（2017）研究得出要保证兴隆以上河段不发生水华，以沙洋站为代表站，对应 75%、85%、90% 保证率下的最小 7 日平均流量应不低于 $600\text{m}^3/\text{s}$、$800\text{m}^3/\text{s}$ 和 $900\text{m}^3/\text{s}$。本书计算的水华防控生态需水与前人的研究结果具有较好的一致性，最终确定基于水华防控的关键控制断面生态需水量为：皇庄断面 1—3 月分别为 $794\text{m}^3/\text{s}$、$698\text{m}^3/\text{s}$、$752\text{m}^3/\text{s}$；沙洋断面 1—3 月分别为 $850\text{m}^3/\text{s}$、$850\text{m}^3/\text{s}$、$850\text{m}^3/\text{s}$。

第七节　多目标生态需水量确定

从汉江中下游干流河道内生态需水目标的内涵和管理的实际情况出发，按照分区域、分类型、分时段、分频率、分阶段的"五分"思路，在上下游、干支流相互协调的基础上，对不同目标的生态需水成果进行时间、空间、过程上的综合协调，确定各控制断面生态需水量。生态敏感区域，主要以区域内的水生态保护对象的"三场"用水过程为主要控制因素；水华易发区域，以水华防控的生态需水为主要控制因素；其他区域，原则上以基于生态水文过程、水华防控、水环境改善等各类生态需水量的外包值来确定区域生态需水量。

（1）根据汉江水华事件相关统计数据，1—2 月普遍为汉江水华发生的潜伏期，在经历一个月左右的潜伏期后水华大多于2—3月暴发，持续时间长短不一，一般不超过一个月。考虑到水华事件需以预防为主，因此黄家港、皇庄两个断面的1—3月生态需水量采用基于水华防控的生态需水量作为主要控制因素。比较可知，1—3月基于水华防控的生态需水量大于其他目标计算成果，可同时满足基本生态流量保障、水环境改善以及水华防控等各项目标需求。

（2）汉江流域的汛期集中于6—10月，汛期来水丰沛，流量、流速处于较高水平，水华不易发生；汛期来水量大，流速快，水体自净能力显著增强，汉江干流各水功能区水质情况普遍较好；同时由于汉江中下游梯级工程均为日调节水库，汛期时对于河道内水情影响较小。因此认为汛期汉江干流各控制断面的主要需求为保证水生生物生境要求的基本生态需水量，故采用水文学法计算成果作为各断面6—10月生态需水量。

（3）根据梯级枢纽联合生态调度需水量计算成果，皇庄断面7月上旬生态调度需水量为11.7亿m^3，断面新增生态调度旬平均流量为1351m^3/s，将该水量纳入皇庄断面7月总生态需水量，得到7月皇庄断面月平均生态需水量。

（4）对于其他各月，则需综合考虑基本生态流量保障、水环境改善等多项目标，采用水文学法、基于水环境改善的生态需水计算成果的外包值作为各断面生态需水量。

根据以上分析，确定汉江中下游各控制断面不同区域、不同时段的主要控制因素和河道内生态需水量取值情况，见表3-40。

表3-40　　　　　各控制断面生态需水量取值情况表　　　　　单位：m^3/s

断面名称	不同目标生态需水	1月	2月	3月	4月	5月	6月	7月	8月	9月	10月	11月	12月
黄家港	基于水力学	152	152	152	152	775	789	800	798	152	152	152	152
	基于水文学	237	237	237	237	237	474	474	474	474	474	237	237
	基于水环境改善	378	379	383	423	428	440	465	442	441	425	404	389
	基于特殊生境保障	—	—	—	—	—	—	—	—	—	—	—	—
	基于水华防控	—	—	—	—	—	—	—	—	—	—	—	—
	综合推荐	378	379	383	423	428	474	474	474	474	474	404	389
襄阳	基于水力学	315	315	315	315	1057	1035	1013	1005	315	315	315	315
	基于水文学	251	251	251	251	251	503	503	503	503	503	251	251
	基于水环境改善	440	461	465	467	485	513	578	548	546	483	450	442
	基于特殊生境保障	—	—	—	—	—	—	—	—	—	—	—	—
	基于水华防控	—	—	—	—	—	—	—	—	—	—	—	—
	综合推荐	440	461	465	467	485	503	503	503	503	503	450	442
皇庄	基于水力学	286	286	286	286	286	286	286	312	286	286	286	286
	基于水文学	319	319	319	319	319	639	639	639	639	639	319	319
	基于水环境改善	522	528	551	599	693	710	800	781	696	616	545	499
	基于特殊生境保障	—	—	—	—	—	—	1089	—	—	—	—	—
	基于水华防控	794	698	752	—	—	—	—	—	—	—	—	—
	综合推荐	794	698	752	599	693	639	1089	639	639	639	545	499

续表

断面名称	不同目标生态需水	1月	2月	3月	4月	5月	6月	7月	8月	9月	10月	11月	12月
沙洋	基于水力学	324	324	324	324	712	897	867	821	324	324	324	324
	基于水文学	324	324	324	324	324	648	648	648	648	648	324	324
	基于水环境改善	529	540	566	621	728	750	830	804	716	643	561	510
	基于特殊生境保障	—	—	—	—	—	—	—	—	—	—	—	—
	基于水华防控	850	850	850	—	—	—	—	—	—	—	—	—
	综合推荐	850	850	850	621	728	648	648	648	648	648	561	510

分析表3-40可知，汉江中下游干流黄家港、襄阳、皇庄及沙洋4个控制断面的生态需水量，呈现从上游至下游需水量逐渐变大的规律，且基本上是汛期6—10月需求大、非汛期需求略小。

黄家港断面距离丹江口水库坝下最近，全年平均生态需水量为430m³/s，其中1月378m³/s最小，6—10月为474m³/s；襄阳断面全年平均生态需水量为477m³/s，其中1月440m³/s最小，6—10月503m³/s最大；皇庄断面全年平均生态需水量为685m³/s，其中12月499m³/s最小，1—3月受水华防控需求影响，需水量较大，为698～794m³/s，7月受特殊生境保障需求影响，断面需水量最大，为1089m³/s；沙洋断面全年平均生态需水量为684m³/s，其中12月510m³/s最小，1—3月受水华防控需求影响，需水量最大，为850m³/s。

第四章 典型支流生态需水

江汉平原是典型的洪泛平原，区域上游多为山丘区，人类活动强度不高，河道生态环境状况较好；下游地势平坦，河渠纵横，人口集聚，开发利用程度较高，水资源供需矛盾突出，河渠生态环境问题严峻，亟须重点解决经济社会用水与河流生态环境用水的矛盾，恢复河流的自然和生态环境功能。

汉北河、府澴河、天门河、通顺河、东荆河均位于江汉平原河网区，是江汉平原内长江、汉江一级支流，水系发育，河渠纵横。区域社会经济较发达，生产条件优越，大部分县市区位于武汉市"1+8"城市圈内，也是长江经济带和汉江经济带交汇区域的核心区域，既是湖北省重要的工业基地，也是重要的粮棉油生产基地，在湖北省未来的发展格局中具有举足轻重的地位，区域内地市功能定位非常重要且发展前景十分广阔，但水安全保障程度不高，如果得不到有效解决，水资源的质和量将会成为区域经济发展重要的制约因素之一。为有效解决水环境较差的现状，增强河流自净能力，改善水环境质量和生物栖息地条件，实现河畅、水清、岸洁、景美的目标，本书选择几条江汉平原范围内的典型支流，从维持水生态、改善水环境、保护水生生物生境等方面出发，分析计算河流生态需水，并按河流水系的完整性，统筹考虑上下游、干支流及不同方法的生态环境需水量的协调平衡，综合确定典型支流生态需水量，为区域水资源优化配置提供技术依据。

第一节 汉北诸河生态需水

汉北诸河主要指汉江北岸一级支流汉北河、天门河，及长江一级支流府澴河，3条河流同处江汉平原腹地、长江北岸，区域原属汈汊湖水系。1969年冬实施了汉北水利工程后，区域水系分治成为两大水系三片汇水区：一是府河下游改道，形成独立的府澴河汇水区；二是开挖汉北人工河，撤洪包括万家台以上的原天门河和以下的北岸（左岸）支流汇水区；三是万家台以下原汈汊湖水系汇水区。人工开挖汉北河自西向东经应城、汉川、云梦、汉川和民乐至武汉新沟注入汉江，支流自民乐闸分流，经沦河出府澴河入长江。由于汉北河、天门河、府澴河水系互通，汉北河与府澴河可实现生态水量互济，故本书将3条河流的生态需水进行统筹研究。

一、概况

(一) 流域概况

1. 汉北河流域 (含天门河)

汉北河为汉江下游北岸一级支流，发源于大洪山山脉东南麓京山县孙桥镇朱家冲，流经京山市的杨峰和天门市的渔薪、黄潭，于万家台入人工河，经水陆李、应城市天鹅，至汉川民乐闸分为两支：主支经新沟闸汇入汉江，全长 237.6km，其中汉北河万家台至河口长 92.6km (天门市境内长 34.2km，孝感市境内 58.4km)，是湖北省最大的人工内河之一；另一支入沦河，汇入府澴河经谌家矶入长江，长 14.34km。汉北河干流石门水库以上为上游，为河源至石门水库坝址，属山区型河流，两岸无堤防；石门水库至天门市万家台为中游，为山区型向平原型河流过渡段，沿河两岸间断筑有堤防；万家台至新沟闸下河口为下游 (属人工河道)，属平原型河流，两岸均筑有堤防。

天门河为汉江流域中小河流，发源于湖北省京山市境内的大洪山脉，属汈汉湖水系。在天门拖市镇谢家岭入天门市境，由西向东流经天门市内腹地，至净潭分南、中两支流，流经汈汉湖后，分别汇入汉北河与汉江。天门河全长 150km，其中万家台至净潭乡长 43km，净潭乡以后的天门河北支长 57km，天门河南支长 50km。汉北河流域水系如图 4-1 所示。

2. 府澴河

府澴河为长江中游北岸一级支流，干流发源于大洪山北麓海拔 1042m 的斋公岩，自北向南流经湖北省的随州、广水、安陆、应城、云梦、孝昌、孝南、东西湖区、黄陂区等县 (市、区)，在武汉市黄陂区境内与澴水汇合后注入长江。干流全长 331.7km，流域面积为 14769km² (不包括澴水汇流面积)，是湖北省仅次于汉江、清江的第三大水系。府澴河卧龙潭以上干流又称府河，澴水在卧龙潭从左岸入汇。府澴河水系如图 4-2 所示。

(二) 水文气象

汉北诸河区域内各县市均设有气象站，主要有钟祥、京山、天门、应城、汉川、云梦、孝感和黄陂等气象站。根据各站气象资料统计，汉北诸河区域内多年平均年降水量为 950~1200mm，其中多年平均年降水量汉川站最大 (1209mm)，钟祥站最小 (965mm)；降水年际变化大，年内分配不均，汛期 5—9 月降水量占全年的 70% 左右，最大日降水量达 421mm。多年平均气温为 15.9~16.3℃，极端最高气温达 40.9℃，极端最低气温为 −17.3℃，高温期一般为 5—9 月。年蒸发量 1300~1500mm，其中多年平均年蒸发量云梦站最大 (1495mm)，汉川站最小 (1299mm)。多年平均相对湿度为 75%~80%，多年平均日照时数为 1615~2060h，多年平均风速为 1.9~3.1m/s。

(三) 水利工程情况

1. 汉北河流域 (含天门河)

汉北河是湖北省水资源开发程度较高的河流之一，上游山丘区为发展灌溉结合防洪现已建成 3 座大型水库、9 座中型水库和 212 座小型水库，总承雨面积为 2648km²，总库容为 14.1 亿 m³，兴利库容为 8.41 亿 m³，在流域防洪、灌溉和供水等方面发挥了巨大作用。1969—1975 年，在天门河下游和汈汉湖北部开挖了汉北河，并开挖了从沿河大小湖

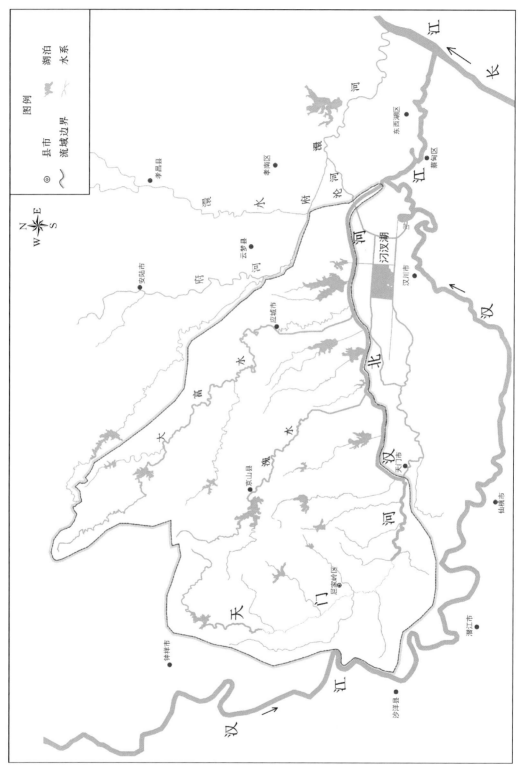

图 4－1　汉北河流域水系图

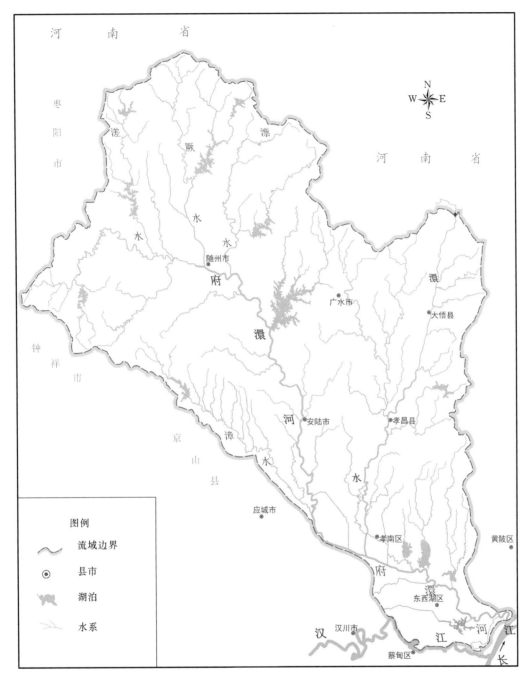

图 4-2　府澴河水系图

泊通向汉北河的排水渠，兴建了各湖出口的控制闸，以隔断汉北河汛期的洪水倒灌，并修建了天门防洪闸，因而大大改善了汉北河水系的排水条件。汉北河干流及其支流上游除了所建的大中型水库具有发电功能外，干流石门水库以下另建小型水电站庙王、罗集、苗峰、拖市、杨场、潘渡等 6 座，总装机容量为 3835kW；支流南港河建有张角、习家口 2

座水电站，总装机容量为710kW，支流西河建有1座水电站，装机容量为225kW。

2. 府澴河

流域内现已建成水库869座。其中大型水库9座，总承雨面积2725km²，总库容21.61亿m³；中型水库26座，总承雨面积1787.76km²，总库容7.40亿m³；小（1）型水库138座，总承雨面积850.88km²，总库容3.70亿m³；小（2）型水库696座，总承雨面积965.67km²，总库容2.17亿m³。流域内共有塘堰和河坝259357处，总承雨面积2477.66km²，干流两岸共有大小涵闸171处，府澴河干流建成的枢纽建筑物有3座，分别是随州市上、下白云湖枢纽和安陆市解放山水利枢纽。

（四）社会经济

汉北诸河地处江汉平原腹地，位于汉江以北，京山市、孝昌县以南，武汉市黄陂区滠水以西的广大地区，行政区划涉及天门市、孝感市、荆门市和武汉市4个地市共计11个县市区。

荆门市产业特色鲜明，矿产资源丰富，累托石、石膏、磷块岩、白云岩、石灰岩储量居湖北省第一位。农业综合优势明显，全市人均耕地占有量和水稻、棉花、油料、水果、生猪、水产品产量均居全省前列。工业发展迅速，形成了以化工、食品、建材、机电、轻纺、新能源和循环经济等为主导的产业格局，是我国中部地区重要的石油化工、磷化工、新型建材、通用航空和优质农产品生产加工基地。

天门市有丰富的农业资源，是全国粮食生产先进市、全国优质棉生产基地、全国县（市）最大的"双低"油菜生产基地、湖北省瘦肉型生猪生产基地，2014年被农业部认定为国家现代农业示范区。天门市产业独具特色，纺织服装、生物医药、食品加工、机电汽配等优势产业快速发展；医药、棉花产业列入全省重点产业集群。

孝感市是湖北省重要的粮棉油生产基地，地质矿藏丰富，有"膏都""盐海""磷山"之称。近年来，孝感市在推进新型工业化进程中，注重引导、提高产业的规模化和集约化水平，现已初步形成了汽车机电、轻工纺织、盐磷化工、食品医药、金属制品五大支柱产业，汇聚了市高新区光机电、应城盐磷化工、汉川金属制品等十大产业集群。

武汉市是我国重要的工业基地，现已形成门类较齐全、配套能力较强的工业体系。武汉市正在大力发展现代制造业，着力推进产业技术升级、集群发展，重点发展钢铁、汽车及机械装备、电子信息、石油化工、环保、烟草及食品、家电、纺织服装、医药、造纸及包装印刷十大主导产业，同时运用产业政策，引导企业向园区集中。

（五）已开展的相关工作

为了系统解决"一江三河"地区水安全、水环境、水生态、水循环、水平衡、水调度的问题，湖北省规划实施"一江三河"水系连通工程。作为湖北省水资源配置"三横两纵"格局的重要"一横"，"一江三河"水系连通工程已经纳入《汉江流域水利现代化规划》《湖北省汉江生态经济带开放开发总体规划》等重要水利工作规划。自2015年以来，"一江三河"水系连通工程作为全省水利重点项目进行了统筹谋划，制定了前期工作推进方案，启动了规划编制工作。

"一江三河"水系连通工程以水系连通为手段，通过罗汉寺闸从汉江兴隆库区引水，经天南干渠、天北干渠、汉北河、天门河、府澴河及相应湖泊，全线自流，最后汇入汉江和长江。通过连通渠建设、河湖疏浚、水生态修复、信息化建设等措施，满足区域供水、生态目标要求，将区内河湖建成安全、健康、宜居、造福人民的幸福河湖，最终将汉北地区打造成江汉平原乃至长江经济带水生态文明建设的典范，为长江经济带平原区域绿色、协调发展起到良好示范带动作用。

二、现状调查评价

（一）水资源现状调查

1. 汉北河流域（含天门河）

汉北河流域多年平均年降水量为 1059.6～1216.8mm。降水量年内分布极不均匀，夏季较多，冬季最少。5 月下旬至 9 月底的降水量占全年降水量的 75%，雨量集中，强度大，日最大降雨量为 312.2mm。汉北河流域径流的年际、年内变化与降雨大体同步，主要集中在汛期（4—10 月），占年径流总量的 86% 左右，枯季只占 14% 左右。

湖北省多年平均径流深为 541mm，地表水资源量为 1006.20 亿 m³，汉北流域年径流深为 315～365mm，为全省径流低值区。汉北河流域地表水资源量为 35.1 亿 m³，地下水资源量为 5.6 亿 m³，重复水资源量为 3.9 亿 m³，多年平均水资源总量为 36.8 亿 m³。流域人均水资源量为 1100m³，低于全省人均水资源量 1658m³。汉北河流域属水资源相对较缺乏地区。

2. 府澴河

府澴河流域属亚热带季风气候区，全年温和湿润，四季分明，无霜期长。流域多年平均年降水量为 1050～1200mm，年最大降雨量达 2180mm（1954 年），年最小降雨量仅620mm（1961 年），年际变化悬殊，年内分配不均，其中 6—8 三个月占全年降雨量的65%。全流域多年平均径流深为 350～450mm，5—9 月为汛期，径流量占全年 68%，成灾暴雨多发生在 5—7 月，尤以 7 月为甚。

流域内有随州、安陆、隔蒲潭及花园共 4 座水文站。随州站多年平均流量为 30.5m³/s，相应年径流量为 9.62 亿 m³，多年平均径流深为 251mm；安陆站多年平均流量为55.5m³/s，相应年径流量为 17.5 亿 m³，多年平均径流深为 245mm；隔蒲潭站多年平均流量为 73.1m³/s，相应年径流量为 23.1 亿 m³，多年平均径流深为 262mm；花园站多年平均流量为 28.9m³/s，相应年径流量为 9.11 亿 m³，多年平均径流深为 350mm。

（二）水环境调查评价

1. 污染物调查评价

汉北诸河水网区地处江汉平原腹地，近年来汉北诸河地区经济社会发展迅速，入河污染负荷日益增多，加上浅丘水网区水体流动性差，区域内河湖水环境质量不容乐观。

为掌握汉北诸河流域内水体承载污染物的情况，需对现状污染物入河量调查与分析计算，污染负荷计算方法可分为实测法、调查统计法和估算法。由于汉北诸河涉及地域广阔、污染源众多且分布广泛、排污情况复杂多样，难以通过实测予以统计。对于有排污口资料的地区主要通过调查统计法，调查统计各类污染源及其污染物排放量；无排污口资料的地区则通过调查分析污染物排放系数，采用估算法估算各类污染物排放量。

根据第二次全国污染源普查数据以及城镇和农村人口、耕地面积、畜禽养殖规模等相关基础数据，调查分析可知，流域农村区上、下游河流入河污染负荷水平基本持平，城市市区河段如天门河段、溳水云梦—武汉保留区段污染负荷水平明显高于农村区。污染物入河量中汉北河流域的 NH_3-N 为 2329.23t/a，TP 为 325.06t/a；府澴河流域的 NH_3-N 为 3180.26t/a，TP 为 586.75t/a；天门河流域的 NH_3-N 为 1602.71t/a，TP 为 312.28t/a。

2. 水质调查评价

汉北诸河流域范围内共设有水功能区监测断面 15 个，环保国控、省控断面共 13 个。由历年水功能区监测及环保断面监测情况可知，汉北河天门站、黄潭站水质未达到Ⅲ类的月份逐渐减少，水质有好转趋势。骨干河道汉北河水质大体可分为两段，杨峰村—肖山段丰水期、枯水期水质均很差，基本在Ⅴ类及以下，超标因子为 DO、COD、NH_3-N 等；肖山—新沟闸段水质有所好转，在Ⅲ～Ⅳ类之间，丰水期主要是肖山—麻河镇河段 DO 有所超标，枯水期主要是新沟闸上游河段 COD 有所超标。天门河丰水期、枯水期的水质均为劣Ⅴ类，主要超标因子为 TP、NH_3-N 和 DO。南支河水质总体较好，基本维持在Ⅲ类，只有汉川闸附近河段丰水期 BOD_5 超标、枯水期 COD 和 TP 超标；北支河方家村上游河段水质差，丰水期、枯水期均Ⅴ类及以下，DO 和 TP 超标，方家村下游河段水质有所好转，丰水期为Ⅲ类，枯水期为Ⅳ类，主要为 NH_3-N 超标。府澴河水质基本维持在Ⅲ～Ⅳ类之间，部分河段 COD、DO、NH_3-N 有所超标。汉北诸河重要断面水质年达标率见表 4-1，水质监测结果如图 4-3 所示。

表 4-1 汉北诸河重要断面水质年达标率 %

河流名称	断面名称	达 标 率		
		COD	NH_3-N	TP
汉北河	天门	99	32	83
	卢市	100	43	71
天门河	净潭	100	93	56
府澴河	黄花涝	100	27	8
	府河大桥	100	19	9

（三）水生态现状调查

汉北诸河流域范围内生物资源多样，为充分保护区域内的生态资源，有关部门在区域内划定了重要的生态保护区，实施严格的生态保护措施。汉北诸河流域范围内已划定重要涉水生态敏感区 2 个，包括 1 个国家级水产种质资源保护区及 1 个市级自然保护区。

汉北河瓦氏黄颡鱼国家级水产种质资源保护区位于孝感市境内，总面积为 1920hm²，已按照《水产种质资源保护区管理暂行办法》划定了核心区、实验区，明确了主要保护对象及其特别保护期，加强了水产种质资源保护与管理，对瓦氏黄颡鱼及其生境维护起到积极作用。

湖北省天门市橄榄蛏蚌自然保护区位于天门市境内，总面积为 800hm²，按照《中华人民共和国自然保护区条例》划分了核心区、缓冲区和实验区，严格按照分区管理各项活动，有效保护橄榄蛏蚌。

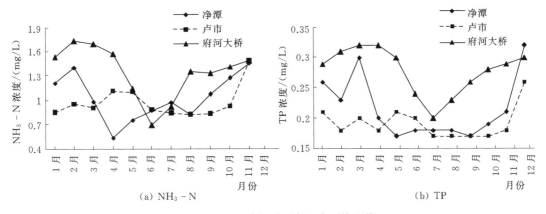

图 4-3 汉北诸河重要断面水环境现状

天门诸河河网密布，流域内河流浮游植物隶属 6 门 53 属，其中以硅藻为主，占总种类数的 90％以上，其优势种为小环藻和舟形藻，绿藻次之，还包括有蓝藻、甲藻、金藻和裸藻。浮游动物包括原生动物、轮虫和甲壳动物共 70 余属。原生动物中纤毛虫种类较多，原生动物现存量占浮游动物总现存量的 90％以上。水生高等植物 50 余种，水生植物中的沉水植物、浮叶根生植物、自由漂浮植物和挺水植物分别占总数的 33％、11％、11％和 16％。水生植物以喜旱莲子草、沿沟草、水蓼及浮游植物满江红、浮萍等为主。沉水植物分布较少，以鱼藻、狐尾藻、竹叶眼子菜等少数耐水深和耐富营养化的种属为主。

三、生态需水研究

本书采用基于水环境改善的生态需水、维持河流基本功能的生态需水、基于特殊生境保障的生态需水等多种方法来计算汉北诸河生态需水，并综合考虑汉北诸河水系在水环境、水生态、鱼类等多方面的需求，确定汉北诸河水系生态需水量。

（一）基于水环境改善的生态需水

1. 计算方法

对汉北诸河开展污染物入河量调查与分析计算，在计算成果的基础上，选取汉北诸河骨干河道上有代表性的 17 处河流控制断面及水功能区控制断面，选取达标率 80％作为控制断面水质达标的判定标准，采用一维水动力水质模型模拟确定现状及规划水平年水质目标达标的生态需水量。

2. 断面选择

综合考虑汉北诸河河流长度、流向、污染源分布，依据《河湖生态环境需水计算规范》（SL/Z 712—2014），结合水文监测断面、水质控制断面、水功能区控制断面等，选取骨干河道上有代表性的 17 处河流控制断面进行分析。控制断面布置如图 4-4 所示。

3. 边界条件

采用 MIKE11 搭建一维水动力水质模型，包括水动力模块和水质模块。其中水动力模块边界条件包括：①上游流量；②下游水位；③排污口、区间汇流等源汇项水量；④骨

图4-4　汉北诸河控制断面布置图

干河网初始水深。水质模块边界条件包括：①上游入流水质；②排污口、区间径流等源汇项污染负荷浓度；③骨干河网初始水质。

4. 成果

汉北诸河所处流域水系发育，湖泊星罗棋布，除干流外，现状流域内支流、湖泊的生态环境状况也不容乐观，生态需水不足，亟须通过干流补充生态水量，改善支流和湖泊生态环境状况。因此，本书将汉北诸河流域内支流、湖泊生态需水纳入干流生态需水统一考虑，构建汉北诸河水网区多单元、多流域基于水环境改善的生态需水耦合模型。模型关键技术如下：

（1）选取水网基础单元。水网区河湖纵横交错，构建多单元多流域生态需水耦合模型的关键是在多类河湖基本单元中选取出水网基础单元，并以此为基础，研究其他单元与水网基础单元的水量交换关系。水网基础单元选取的是众多河湖基本单元中与其他单元产生水力联系可能性最多的单元。汉北诸河水网区的基础单元为骨干河流，它与小流域、城市湖泊和农村湖泊均存在水量交换。

（2）计算河流基本单元生态需水。各河流基本单元生态需水要从水系天然禀赋条件及水量、水质、水生态等方面进行。从水环境改善角度出发，需在对各河湖基本单元进行水环境模拟的基础上，按照输入水质优于本体水质的原则，研判 COD、$NH_3 - N$、TP 等主要指标，确定各河流基本单元生态需水量。

（3）判断流域间连通补水的可行性。流域间的连通补水主要是在满足防洪排水安全的前提下，相邻流域利用天然的水系条件，通过新建工程措施或优化水资源调度实现流域间的水量调配，满足多流域的生态需水，提高水资源利用率。汉北诸河水网区三大流域本为一体，因治水害而被阻断。本书考虑到处于上游区的汉北河的水质总体要优于天门河和府澴河，且具备从区域外引水的条件，故在保证防洪排水安全的前提下，通过开启汉北河与天门河间的天门船闸、汉北河与府澴河间的东山头闸，优化涵闸调度，打通不同流域间的连通补水通道，提高水资源利用率。

（4）构建多单元多流域生态需水耦合模型。以水网基础单元为基础，在水网基础单元与其他基本河湖单元交汇处，考虑各河湖基本单元生态环境需水，利用水量平衡和质量守恒原理耦合各节点输入、输出水量及污染负荷量，搭建多单元多流域生态需水耦合模型。汉北诸河水网区生态需水分析模型框架如图4-5所示。

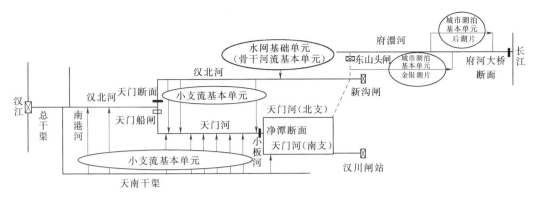

图 4-5 汉北诸河水网区生态需水分析模型框架示意图

采用 MIKE11 一维水动力水质模型计算出汉北诸河各主要断面的生态需水成果见表 4-2 和图 4-6。

表 4-2　　　　　汉北诸河各主要断面基于小环境改善的生态需水成果表　　　　　单位：m³/s

河流	断面	1月	2月	3月	4月	5月	6月	7月	8月	9月	10月	11月	12月
汉北河	黄潭	27.51	27.79	23.01	24.28	27.55	23.39	67.08	38.23	32.95	34.59	35.32	34.33
	五湖村	23.53	27.49	25.82	36.84	51.69	47.55	157.8	86.34	69.9	60.32	39.77	36.68
天门河	净潭	5.05	5.43	5.41	4.73	5.56	8.06	16.17	9.77	9.4	8.98	5.55	5.24
	东干渠北	2.57	3.63	3.15	3.84	4.88	6.08	13.02	9.41	9.43	7.93	4.04	3.7
府澴河	护子潭	8.4	11.42	12.83	10.77	26.79	23.6	109.28	32.28	18.53	13.36	14.51	10.2
	府河大桥	42.01	54.24	55.47	60.12	100.34	61.49	304.21	214.62	95.96	72.71	75.52	62.4

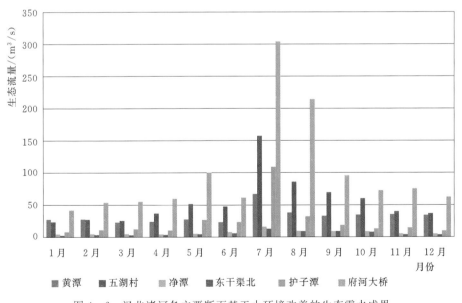

图 4-6 汉北诸河各主要断面基于小环境改善的生态需水成果

本书采用 MIKE11 构建一维水动力水质模型，模拟污染物在水体中迁移扩散和衰减的过程，计算得到各断面所需的生态需水量。

汉北河、天门河、府澴河各断面需水，以府澴河需求最大，汉北河其次，天门河最小。主要由于府澴河流域集水面积最大，片区内产生的污染负荷也较大，相应的生态需水量也大。

各断面生态需水量在汛期较大，非汛期较小，且下游断面较上游断面生态需水量大。主要由于各断面生态需水量成果与河道内水量及区间污染负荷密切相关。非汛期河道内水量与污染负荷总体偏小，因此非汛期生态需水量较汛期小。

五湖村断面可反映汉北河流域总生态需水量，年平均需水量为 55.31m³/s，其中 1 月生态需水量最小（23.53m³/s），7 月环境需水量最大（157.8m³/s）；净潭断面可反映天门河上段水生态需水量，年平均为 7.44m³/s，其中 1 月最小（5.05m³/s），7 月最大（16.17m³/s）；府河大桥断面可以反映府澴河流域生态需水量，1 月最小（42.01m³/s），7 月最大（304.21m³/s），年平均为 99.9m³/s。

（二）维持河流基本功能的生态需水

1. 计算方法

采用 QP 法、频率曲线法、Tennant 法计算河流水生态需水，最后取外包综合确定汉北诸河各计算断面生态需水量。QP 法是对 1956—2016 年每年的最枯月平均流量进行排频分析，选择 90% 频率下的最枯月平均流量作为基本生态需水量。频率曲线法采用 1956—2016 年历年逐月平均流量构建各月水文频率曲线，将 95% 频率相应的月平均流量作为对应月份的基本生态需水量，组成年内不同时段值。Tennant 法是根据汉北诸河水资源条件和开发利用现状，确定水生态流量百分比，汛期为 30%，非汛期为 10%。

2. 断面选择

按以上"基于水环境改善的生态需水"方法选取的 17 处河流控制断面，如图 4 - 4 所示。

3. 成果

综合 QP 法、频率曲线法、Tennant 法计算的基本生态需水成果，取外包确定出汉北诸河各断面的基于水文学的生态需水成果见表 4 - 3 和图 4 - 7。

表 4 - 3　　　　汉北诸河各主要断面维护河流基本功能的生态需水成果表　　　单位：m³/s

河流	断面	1 月	2 月	3 月	4 月	5 月	6 月	7 月	8 月	9 月	10 月	11 月	12 月
汉北河	黄潭	1.57	2.17	3.37	4.27	9.54	11.23	16.67	10.16	5.12	4.31	1.42	1.46
	五湖村	5.42	6.64	8.77	8.68	26.02	31.59	50.26	28.45	14.64	12.46	5.35	5.5
天门河	净潭	0.23	0.33	0.94	1.67	2.84	3.46	3.66	2.16	1.24	0.9	0.2	0.07
	东干渠北	0.22	0.27	0.97	1.5	2.84	3.65	3.71	2.12	1.19	0.89	0.17	0.07
府澴河	护子潭	10.27	8.34	11.73	13.83	50.38	55.6	110.63	51.19	26.53	20.44	7.72	6.6
	府河大桥	16.58	13.58	18.59	21.74	79.38	88.42	174.67	80.96	42.11	32.36	12.02	10.18

采用下标法、频率曲线法、Tennant 法等多种方法综合确定的河道水生态需水是维持河流生物栖息地功能不丧失所需的基本水量，是维护河道生态系统稳定的最低标准，各断

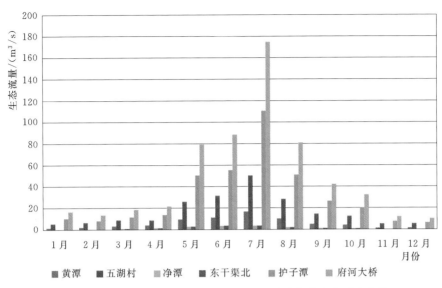

图 4-7　汉北诸河各主要断面维技河流基本功能的生态需水成果

面需水量成果总体较小，且与流域天然水文过程变化密切相关，即枯期需水量小，汛期需水量大。其中 7 月生态需水量最大，主要由于汛期河道来水量较大，其维持河道内生态状况所需的流量也相应增大。汉北河、天门河、府澴河各断面需水，以府澴河需求最大，汉北河其次，天门河最小。主要由于府澴河流域集水面积最大，河道天然来水量多，相应的生态需水量也最大。

五湖村断面可反映汉北河流域总生态需水量，年平均需水量为 17.0m³/s，其中 11 月水生态需水量最小（5.35m³/s），7 月水生态需水量最大（50.26m³/s）；净潭断面可反映天门河上段水生态需水量，年平均为 1.48m³/s，其中 12 月最小（0.07m³/s），7 月最大（3.66m³/s）；府河大桥断面可以反映府澴河流域水生态需水量，年平均为 49.2m³/s，12 月最小（10.18m³/s），7 月最大（174.67m³/s）。

（三）基于特殊生境保障的生态需水

1. **计算方法**

采用天门水文站 1956—2018 年日径流数据作为反应生物栖息地指标，来确定汉北河河道内生态需水量。

2. **断面选择**

基于四大家鱼的生活习性，在 80 个断面中选取不同特征的断面，作为上溯洄游期、产卵繁殖期、幼鱼索饵期、越冬期 4 个不同生长时期的断面。控制断面布置如图 4-8 所示。

3. **边界条件**

边界条件主要包括水文站点径流数据、汉北河河道断面实测数据以及河内水生生物资料：①水文径流数据为天门水文站 1956—2018 年日径流数据，以及基于 MIKE11 对整个河流各断面的模拟径流数据；②汉北河河道断面实测数据，断面间隔约为 1km；③水生生物生存的水力要求资料。

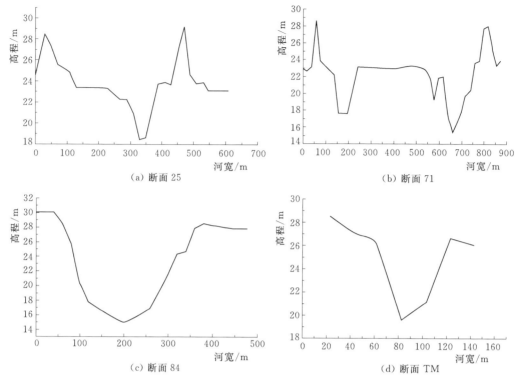

图 4-8 基于特殊生境保障的生态需水控制断面形态示意图

4. 成果

（1）生态流量计算。基于天门水文站的水文数据以及河道断面测量数据，对关键断面的水位、径流量数据进行模拟，确定关键断面的水位、流量关系，分析四大家鱼不同生长期对生态流量的需求。

1）上溯洄游期。由于多年来汉北河上游河段入流相对稳定，因此四大家鱼上溯洄游期的需求仅考虑流速要求即可。分析可知，在四大家鱼上溯洄游期，河流速度不宜高于 1.1m/s，因此设定上溯洄游期的最大流速为 1.1m³/s。断面 71 是 1.1m/s 流速对应的流量值最低的断面，为保证四大家鱼顺利洄游，选择此断面对应的流量作为上溯洄游期最高流量要求，根据其流量-流速关系曲线，四大家鱼上溯洄游期的流量需小于 145.75m³/s。根据汉北河上游水文站实测流量值以及 MIKE11 模拟流量数据，在上溯洄游期（3—4 月）基本不会发生影响四大家鱼洄游的高流量事件。

2）产卵繁殖期。基于断面选取原则，断面 71、25 最适合四大家鱼产卵繁殖，因此绘制此断面的流量-水位曲线图、流量-流速曲线图，如图 4-9～图 4-12 所示。四大家鱼产卵繁殖期的生态要求为连续 7d 以上的高脉冲流量事件，能够淹没浅滩水深超过 0.7m。断面 71 的浅滩最低高程为 22.90m，因此水位需要达到 23.60m；断面 25 的浅滩最低高程为 22.30m，水位需要达到 23.00m。结合各断面流量-水位关系图，确定断面 71、25 要求的水深对应的流量分别为 76.47m³/s、45.5m³/s。除了需要达到浅滩水深要求外，还需要达到产卵流速刺激需求，即满足河流流速大于 0.7m/s，断面 71、25 的流速需求对应的流量分别为 104.23m³/s、57.9m³/s。综合以上分析，在四大家鱼产卵繁殖期，断面 71、25 的生态流量需求分别为 104.23m³/s、57.9m³/s，因此断面 25 更适合四大家鱼产卵繁殖，故以断面 25 的生态流量作为四大家鱼产卵繁殖期的代表生态流量，且历时大于 7d。

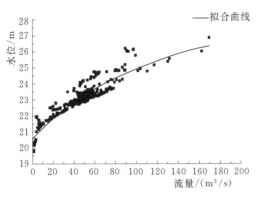

图 4-9　断面 25 流量-水位关系曲线

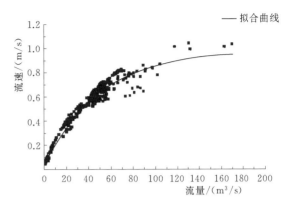

图 4-10　断面 25 流量-流速关系曲线

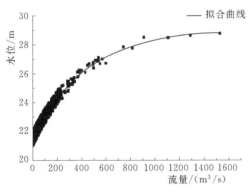

图 4-11　断面 71 流量-水位关系曲线

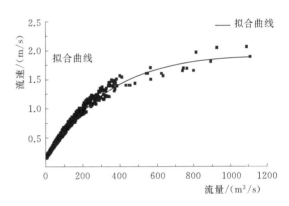

图 4-12　断面 71 流量-流速关系曲线

3）幼鱼索饵期。基于前文对四大家鱼生活习性的介绍，四大家鱼在幼鱼索饵期内发生大于 1 次的平滩流或漫滩流即可。

计算断面 71、25 的浅滩平均高程，分别为 23.80m、23.50m，断面 71、25 对应的流量分别为 82.88m³/s 与 54.2m³/s，综合考虑断面位置与鱼类生活习性，选取断面 71 为四大家鱼产卵繁殖与幼鱼生长的断面。

4）越冬期。对几个典型断面进行分析，断面 25、71、84 均满足河通水深 $h>10m$ 的要求，均适合四大家鱼越冬。

对四大家鱼各生长繁殖关键期的生态需求对应的生态流量进行汇总统计，见表 4-4。

表 4-4　　　　　　　　　　　　四大家鱼各时期生态流量组合

时期	上溯洄游期 （3—4 月）	产卵繁殖期 （5—7 月）	幼鱼索饵期 （8—10 月）	越冬期 （11 月至次年 2 月）
环境流量组分	低流量	高脉冲流量、小洪水	高脉冲流量、小洪水	低流量

时期	上溯洄游期 （3—4月）	产卵繁殖期 （5—7月）	幼鱼索饵期 （8—10月）	越冬期 （11月至次年2月）
生态需求	流速小于 1.1m/s	流速大于0.4m/s 浅滩水深大于0.7m 以上条件至少持续7d	发生至少1次平滩流 或漫滩流	河道水深大于10m
生态流量推荐	<145.75m³/s	>57.9m³/s持续7d	>82.88m³/s	无推荐
考核断面	断面71	断面25	断面71	无
情况说明	可全部满足	丰水年、平水年均可满足	丰、平水年均可满足	历史低水位即可满足

（2）基于流量组合结果、Tennant 法的流量分析。Tennant 法对生态流量的时期划分为汛期（4—9月）与非汛期（10月至次年3月），汛期与非汛期的不同等级生态流量对应的固定百分比不同，汛期高于非汛期。基于汉北河的实际径流情况，确定该河流汛期为5—9月，非汛期为10—4月，基于 Tennant 法估算两种级别的生态流量组合，即最小生态流量与适宜生态流量。

最小生态流量的确定，采用 Tennant 法中的"差"或"最小"标准，即均采用多年平均的10%作为汛期与非汛期的最小生态流量值；适宜生态流量的确定，采用 Tennant 法中的"良好"标准，采用多年平均流量的20%作为非汛期的适宜生态流量，采用多年平均流量的40%作为汛期的适宜生态流量。根据 Tennant 法计算的天门水文站逐月最小与适宜生态需水量见表4-5。

表4-5　　　　　基于 Tennant 法的天门水文站逐月最小与适宜生态需水量　　　单位：m³/s

月份		1月	2月	3月	4月	5月	6月	7月	8月	9月	10月	11月	12月
多年平均流量		10.2	15.6	16.8	29	43.2	47.2	73.3	46	35.3	32	22.4	12.3
生态 流量	最小（10%）	1.02	1.56	1.68	2.9	4.32	4.72	7.33	4.6	3.53	3.2	2.24	1.23
	适宜（20%、40%）	2.04	3.12	3.36	5.8	17.3	18.9	29.3	18.4	14.12	6.4	4.48	2.46

生态流量组合结果显示：汉北河在丰水年、平水年的径流量基本能满足四大家鱼各个时期的需求。因此，只要天门水文站来水量足够，各个典型断面的流量即可满足汉北河水生态系统的正常运行。将生态流量组合的计算结果与 Tennant 法进行比较，生态流量组合计算的5—7月生态流量仅低于 Tennant 法计算结果中的7月流量，而生态流量组合计算结果的要求为5—7月发生1次连续7d流量超过57.9m³/s的高流量事件，Tennant 法的要求是平均流量，要求更高。

基于生态流量组合计算结果，结合实际情况进行分析，四大家鱼上溯洄游期与越冬期的流量需求在历史流量情况中都能得到满足，上溯洄游期只推荐了生态流量的上限值，在实际操作中河道内仍然需要保持一定的流量以维持河流水生态系统的正常运行。因此，采用 Tennant 法推求的逐月最小与适宜生态流量值来补充生态流量组合计算结果的缺失部分，并且将计算的关键断面生态流量转换为拥有长系列流量序列的天门水文站对应生态流量。具体操作如下：

1）补充鱼类上溯洄游期的水生态系统基本生态流量。考虑整个河流水生态系统的需求，采用 Tennant 法 3 月、4 月的适宜生态流量作为上溯洄游期的基本生态流量，即 TM 断面 3 月、4 月内的日流量分别为 3.36m³/s 与 5.8m³/s。

2）补充鱼类产卵繁殖期与幼鱼索饵期的水生态系统一般情况下生态流量。基于生态组合流量的计算结果，提出在鱼类产卵繁殖（5—7 月）内在断面 25 需要至少发生 1 次的连续 7d 大于 57.9m³/s 的高流量事件，在幼鱼索饵期（8—10 月）内需要至少发生 1 次流量大于 82.88m³/s 的平滩流或漫滩流，但是对高流量事件的时段没有具体要求。采用 Tennant 法对产卵繁殖与幼鱼索饵期内其他时间进行生态流量补充，由于该时期内已经考虑了水生生物的适宜需求，故采用 Tennant 法 5—10 月的最小生态流量作为该时期内一般情况的生态流量。

3）补充鱼类越冬期的水生态系统基本生态流量需求。由于历史流量系列中流量的最小值亦能满足四大家鱼越冬期的水位要求，生态组合流量计算结果未给出越冬期的生态流量下限要求，因此采用 Tennant 法 11 月至次年 2 月的适宜生态流量作为越冬期的基本生态流量。

综上，分析天门水文站多年日平均径流量，天门水文站径流数据可满足 3 月、4 月的日流量需分别大于 3.36m³/s 与 5.8m³/s 的要求；7 月平均径流量大于 57.9m³/s，对发生 1 次的连续 7d 大于 57.9m³/s 的高流量事件进行统计，结果显示有 25 年满足，满足率仅为 40%；8 月多年平均日流量数据均小于 82.88m³/s，有 24 年出现大于 82.88m³/s 的日径流数据，约 38% 的年份满足至少发生 1 次流量大于 82.88m³/s 的平滩流或漫滩流。因此，汉北河流量距离满足产卵繁殖期与鱼类索饵期的水量要求还有一定的差距。因此，需要在 7 月、8 月对汉北河补充一定的水量，以满足鱼类需求。

基于特殊生境保障的生态需水计算出汉北河各断面的需水成果见表 4-6。

表 4-6　　　　　适于四大家鱼各时期的天门水文站生态流量组合推荐

时期		上溯洄游期		产卵繁殖期			幼鱼索饵期			越冬期			
月份		3 月	4 月	5 月	6 月	7 月	8 月	9 月	10 月	11 月	12 月	1 月	2 月
特殊生态流量 /(m³/s)		小于 145.75		流量大于 57.9 持续 7d			发生至少一次平滩流或漫滩流，即流量大于 82.88						
特殊流量考核断面		断面 71		断面 25			断面 71						
生态流量组合 /(m³/s)	最小	1.68	2.9	4.32	4.72	7.33	4.6	3.53	3.2	2.24	1.23	1.02	1.56
	适宜	3.36	5.8	17.28	18.88	34.8	20	14.12	6.4	4.48	2.46	2.04	3.12

5. 合理性分析

以青、草、鲢、鳙四大家鱼为保护对象，以汉北河为研究对象，在基于特殊生境保障的生态需水基础上，考虑环境流量指数，深入研究河流生态需水，主要研究结果如下：

（1）对天门水文站长时间序列径流量数据进行突变检验以及开展环境流量计算，结果显示汉北河径流主要涉及极低流量、低流量、高脉冲流量以及小洪水流量，且丰水年的流量事件可以很好地满足四大家鱼的生存需求，而在平水年、枯水年则相对分散，不利于四大家鱼的生存，需要补充水量。

（2）基于四大家鱼在不同生长期（上溯洄游期、产卵繁殖期、幼鱼索饵期以及越冬期）的不同水力需求进行生态需水量计算，结果显示：四大家鱼在上溯洄游期、越冬期的水力需求在丰水年、平水年以及枯水年均可满足，而产卵繁殖期、幼鱼索饵期的水力需求在丰水年、平水年可满足，枯水年不能满足，需要补充水量。

（3）在基于特殊生境保障的生态需水计算汉北河生态需水的基础上，综合考虑基本生态流量，对二者进行综合考虑，确定汉北河的逐月最小、适宜生态需水量，年平均生态需水流量为 11.1m^3/s，约占总径流量的 34.6%，结果较为合理，该计算方法值得推广。

现阶段，水文学法是使用最为普遍，且较适合我国河道生态需水的计算方法。本部分对满足鱼类生存和繁衍的汉北河河道内生态需水量进行了计算，相较于水文学法，该法考虑了区域内典型动物群的生存状态对水量的需求，是既能反映季节特征、又能兼顾生态系统适应性的比较好的方式，且分析计算比较简单，较易推广应用。

（四）综合推荐

汉北诸河地区生态需水应在河流等节点生态需水计算的基础上，按河流水系的完整性，统筹协调上下游、干支流、河流控制断面、河口、湖泊等各节点的水量平衡关系，综合水环境改善的生态需水、维持河流基本功能的生态需水、基于特殊生境保障的生态需水共同确定。汉北诸河各月生态需水量在基于水环境改善的生态需水中较大，仅有个别断面（如府澴河府河大桥断面）在 6 月不能满足河道水生态需水要求，考虑到基于水文学的生态需水与流域天然水文过程密切相关，汛期受洪水影响较大，即使局部时段不能满足要求，也不会对河道生态功能产生破坏性影响，且该断面位于流域末端，对整个流域生态系统影响较小。因此，汉北诸河生态需水的确定应重点考虑基于水环境改善的生态需水。

第二节 通顺河生态需水

一、概况

（一）流域概况

通顺河流域位于江汉平原中部，为长江、汉江及东荆河环绕。通顺河为汉江的分流河道，西起潜江市境内的泽口闸，流经潜江市、仙桃市和武汉市蔡甸区、汉南区，经黄陵矶闸入长江。通顺河主河道泽口闸—深江闸段在潜江市境内，深江闸—袁家口闸—纯良岭闸段在仙桃市境内，至纯良岭闸进入武汉市蔡甸区、汉南区境内后，通过黄陵矶闸入长江，全长 195km，为该流域灌溉及排水骨干通道。流域总面积为 3266km^2，其中潜江市内面积为 74.48km^2，仙桃市内面积为 2306.15km^2，武汉市汉南、蔡甸两区内面积为 885.37km^2。通顺河流域水系如图 4-13 所示。

（二）水文气象

1. 气象资料

通顺河流域属亚热带季风候区，四季分明，雨量丰沛，阳光充足，气候温和。受太平洋及印度洋季风气候影响，年平均相对湿度约为 80%。由仙桃站 1959—2007 年降雨资料统计，多年平均年降雨量为 1401.1mm，其中汛期 5—9 月降雨占年降雨的 61.2%，最大

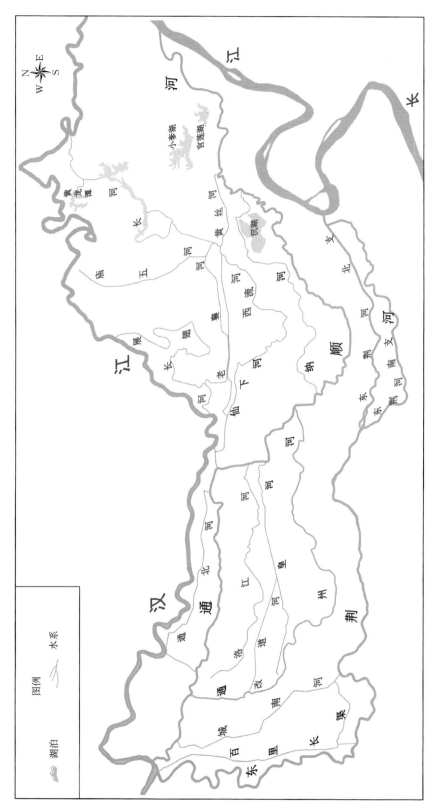

图 4-13 通顺河流域水系图

年降水量为 1687.5mm（1989 年），最小年降水量为 719.3mm（1971 年）。降雨在年内时空分配不均，年际差值大。

多年平均气温为 16.4℃，极端最低气温为－16.2℃，极端最高气温为 39.3℃。无霜期约为 258d。夏季多西南风，冬季多偏北风。一般风力为 3～4 级，最大风力为 8 级。

2. 水文站网

通顺河流域内未设立水文站，仅设立有彭家场、三伏潭、石垱、西流河等 4 个雨量站。邻近通顺河流域的有天门河的天门（黄潭）水文站、汉北河上的应城（二）水文站和汉江干流的仙桃（二）水文站及泽口水位站。

（三）水利工程概况

通顺河流域水利工程较多，通顺河干流主要控制性涵闸包括泽口闸、深江新闸、毛咀闸、深江老闸、纯良岭闸、大垸子闸、黄陵矶闸等，具有节制、引水、排水功能。通顺河中上部的泽口闸灌区水利工程包括主要引水工程 7 处，分别为汉江右岸泽口闸、芦庙闸、东荆河左岸的姚嘴闸、邵沈渡闸、联丰闸、马口闸和复兴闸等，设计引水流量为 223.5m³/s，其中泽口闸最大，设计流量为 156m³/s，为泽口闸灌区的骨干供水工程，引水水源为汉江和东荆河。提水工程主要包括向农业、城乡生活工业供水的提水工程，向农村供水的工程主要有徐鸳口、排湖、芦庙 3 处，总设计流量为 134.5m³/s；向城市供水的有汉江泽口码头水厂提水工程，供水能力为 16 万 m³/d；向仙桃市城镇生活工业供水的水厂有 2 座，水厂设计供水规模为 41 万 m³/d。

（四）社会经济

通顺河流域涉及潜江市、仙桃市以及武汉市的蔡甸区、汉南区，共 4 个市（区），该区域是著名的鱼米之乡，全国重要的粮、棉、油、鱼、猪、蛋生产基地。常住总人口为 165.91 万人，其中城镇人口为 91.08 万人；耕地面积为 236.34 万亩，粮食产量为 99.76 万 t；全流域地区生产总值 1011.18 亿元，其中第二产业 584.09 亿元。

潜江市域分布有潜江市唯一的省级开发区——潜江经济开发区。该开发区是以煤化工、石油化工、盐化工、硅化工、精细化工等为主要产业的综合类化工产业园区，是湖北省首批 17 家重点省级开发区之一，是湖北省化工产业集群、湖北省新型工业化产业示范园区、湖北省循环经济试点园区、中部地区重要的化工原料基地、武汉城市圈承接化工产业转移基地。

仙桃市属于湖北省的重要轻工业基地，拥有 1 个国家高新技术产业开发区，多年来以轻结构、外向型为产业特色，形成以纺织服装、无纺布卫材、食品加工、医药化工、机械电子为主导的产业体系，是"中国食品产业名城""中国非织造布产业名城""国家生物产业基地"。仙桃市现已建成"160 万亩优质水稻""90 万亩名特水产""40 万亩绿色蔬菜""120 万头生猪""1000 万只家禽"五大特色板块，农产品加工值连续 6 年居全省县市第一，获批国家现代农业示范区、国家农业产业化示范基地。

武汉市蔡甸区、汉南区是武汉市重点的都市农业发展基地，建设有洪北农业现代化示范区、汉南绿色食品标准化综合示范区等现代生态农业区，以奶牛、生猪、家禽养殖为主的集约化畜禽养殖区，以花卉苗木产业带和观光休闲林业产业带为主的林业都市发展区。其中，蔡甸区重点发展通讯电子、机械汽配、轻纺日化等产业，汉南区重点发展汽车零部件为主导的机电、新材料、新能源、生物医药和食品产业等。

（五）已开展的相关工作

在党中央、国务院高度重视水污染防治工作，先后出台《水污染防治行动计划》和《关于全面推行河长制的意见》的大背景下，湖北省委、省政府也及时制定了《湖北省水污染防治行动计划工作方案》和《关于全面推行河湖长制的实施意见》，对相关工作做出了制度性安排。2017年5月，召开专题会议，就贯彻落实省委、省政府《关于全面推行河湖长制的实施意见》，加快推进通顺河流域水污染防治和水生态环境保护工作进行了专题研究部署，全力推进污水处理厂建设、推进城区黑臭水体治理和雨污分流工程、全面推进工业污染治理及农业面源污染防治工作实施等。近年来，仙桃市否决了多个水污染项目，并加强实施工业污染治理，推动工业企业关停搬迁入园；督促排水企业安装污水自动在线监控装置，立案调查环境违法案件；加快生活污染治理，对镇级生活污水处理厂进行新建及提标改造等措施，通顺河水环境质量有较大改善。

二、现状调查评价

（一）水资源现状调查

通顺河流域内水资源由地表水和地下水组成，区内多年平均地表水资源量为7.71亿m³，地下水资源量为2.7亿m³，重复水资源量为1.2亿m³，多年平均水资源总量为9.21亿m³。区域内泽口闸灌区多年平均径流深为374mm，属于湖北省径流较低水平，与流域内经济发展趋势不相符。

通顺河流域潜江段的泽口闸大部分时段都处于关闭状态，以枯水期和汛期为主，同期汉南河出水控制闸深江节制闸也处于关闭状态，导致汉南河水流不畅，且泽口闸进水受汉江流量影响较大，2013—2016年逐年引水总量分别为53085万m³、40790.86万m³、65170.66万m³、76477.1万m³，泽口灌区耕地灌溉需水总量为62331万m³/a。可见，泽口闸在2013—2015年的全年引水量都未能保障该灌区耕地灌溉需求。2013—2016年泽口闸进水逐日平均流量变化、逐月平均流量变化分别如图4-14和图4-15所示。

通顺河流域仙桃段水资源来源主要由三部分组成：一是潜江泽口闸来水通过深江闸向南干渠补水，二是潜江泽口闸来水通过毛嘴闸向北干渠补水，三是仙桃市境内电排河通过东堤闸向通顺河补水。总入境水量约为109842.4万m³/a，其中电排河为仙桃区域主要水源，年均流量为34.8m³/s。

通顺河流域武汉段宽度为300～800m，春冬季水深为2～3m，夏季水深达10m，多年平均流量约1.64m³/s。

（二）水环境调查评价

1. 污染物调查评价

通顺河流域潜江区域污染物输入中，NH_3-N、COD主要来源于上游潜江经济开发区工业企业，其次为沿线生活，TP主要来源于沿线农村农业；仙桃区域的污染物输入中，COD主要来源于生活和畜禽养殖，NH_3-N主要来源于生活和种植业，TP主要来源于畜禽养殖；武汉区域的污染物输入中，COD污染主要来源于城镇生活和水产养殖，NH_3-N主要来源于城镇生活和畜禽养殖，TP主要来源于水产养殖和畜禽养殖，污染贡献均以蔡甸区为主。

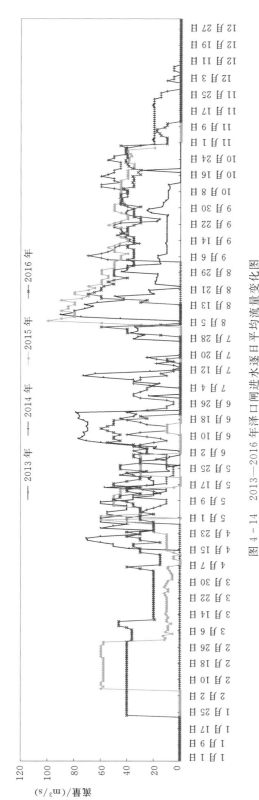

图 4-14 2013—2016年泽口闸进水逐日平均流量变化图

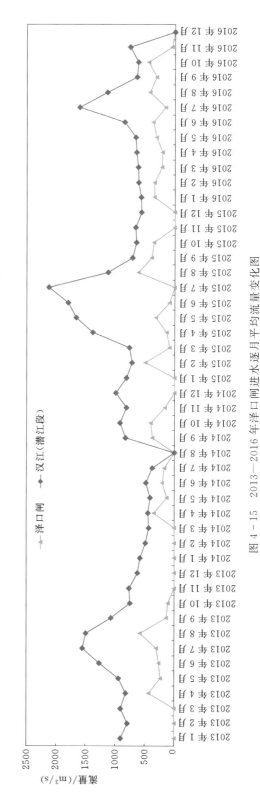

图 4-15 2013—2016年泽口闸进水逐月平均流量变化图

通顺河流域主要污染物排放（入河）负荷见表4-7，主要污染物来源分布如图4-16所示。从区域来看，通顺河流域COD排放总量为33989.8t/a，主要来源于仙桃区域，占比52.5%；其次为潜江区域，占比38.2%。NH₃-N排放总量为3858.88t/a，主要来源于仙桃区域，占比67.1%；其次为潜江区域，占比24.4%。从污染源类型来看，通顺河流域COD输入主要来源于工业，占比32.1%；其次为生活和畜禽养殖，分别占比28%和18.4%。NH₃-N主要来源于生活，占比39.4%；其次为种植业、工业和畜禽养殖，分别占比23.3%、16.2%和15.7%。

表4-7　　　　　　通顺河流域主要污染物排放（入河）负荷统计　　　　　单位：t/a

污染源	COD				NH₃-N			
	潜江	仙桃	武汉	合计	潜江	仙桃	武汉	合计
工业	9667.2	1197.9	45.8	10910.9	509.8	113.2	3.3	626.3
生活	2459.6	5775.0	1268.9	9503.5	323.0	1034.8	164.3	1522.1
畜禽养殖	515.7	5291.7	444.5	6251.9	39.7	477.7	88.9	606.3
种植业	340.7	3825.5	447.6	4613.7	68.1	779.2	53.7	901.0
水产养殖		1741.6	968.2	2709.8		183.1	20.2	203.2
合计	12983.2	17831.7	3174.9	33989.8	940.6	2587.9	330.3	3858.9

2. 水质评价

2013—2016年间，通顺河总体水质为劣Ⅴ～Ⅴ类，水质变化整体表现为沿程水质污染程度有所缓解（污染程度：潜江段＞仙桃段＞武汉段），且有逐年改善的趋势。通顺河水质主要受沿线区域输入大量污染负荷影响、且上游水质影响下游水质，此外与河道水资源量、水流畅通与否有很大的关系。通顺河水质污染指标主要包括：NH₃-N、COD、高锰酸盐指数、BOD、TP。通顺河河道底泥营养物质（N、P）和重金属（Hg、Cr、Ni、Cu、Zn、As、Cd、Pb）污染十分严重，内源污染也相对严重。

近年来，通顺河水质稍有改善的趋势，但仍处于较严重的污染状态。通顺河水系已开展长系列水质监测的3个跨界断面（郑场游潭村、港洲村、黄陵大桥）中，仅武汉市境内的入江断面黄陵大桥断面在2015年水质为Ⅳ类，其他断面水质均为劣Ⅴ～Ⅴ类。主要污染因子NH₃-N、COD、TP年均值超Ⅲ类水质目标值分别达到16.3倍、1.16倍、2.2倍，其中NH₃-N在部分月份的超标倍数高达97.3倍。

（三）水生态调查评价

通顺河流域现有维管束植物117科335属550种，种子植物共112科325属525种；陆生脊椎动物94种，包括两栖类、爬行类、哺乳类和鸟类等四大类群。区域湖泊浮游植物主要有绿藻、硅藻、蓝藻、隐藻、裸藻等，其中以绿藻、硅藻的种类最多。区内湖泊浮游动物种类主要有轮虫、原生动物、枝角类、桡足类4类。底栖动物以环节动物、水生昆虫和软体动物3个类群为主。鱼类资源的种质资源质量较差，自然繁殖的种类也减少较多；人工养殖的生产力较高，鱼类主要为人工养殖的经济鱼类和适于湖泊生活环境的鱼类。

三、生态需水研究

针对通顺河流域存在的水质优良率较低、水资源与水环境承载力不足等主要问题，为

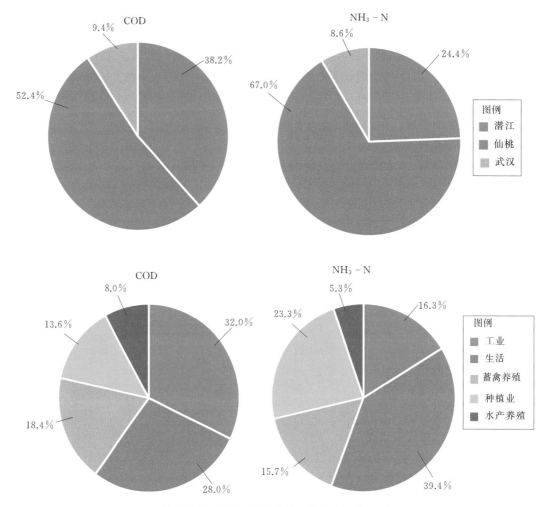

图 4-16　通顺河流域主要污染物来源分布图

系统推进水污染防治、水资源管理、水生态保护，有效控制入河污染物排放总量，逐步修复水生态环境，实现水环境质量逐年改善，打造"水清、水动、河畅、岸绿、景美"的通顺河，需尽最大可能地保障河道流量，恢复河流水质。因此，本书主要多种方法来计算通顺河流域的生态需水，并综合考虑通顺河水网在水环境、水生态方面的总体需求，从而确定通顺河流域的适宜生态环境需水量。

（一）基于水环境改善的生态需水

1. 计算方法

对通顺河流域开展现状点、面源污染物入河量调查与分析计算，在计算成果的基础上，选取通顺河水系骨干河道上有代表性的河流控制断面，选取达标率 80% 作为控制断面水质达标的判定标准，采用一维水动力水质模型模拟确定现状及规划水平年水质目标达标的生态需水量。

2. 断面选择

考虑通顺河河流长度、流向、污染源分布，结合通顺河流域水质监测断面、水功能区控制断面等情况，选取通顺河河网上具有代表性的河流控制断面共 10 处，断面分布情况如图 4-17 所示。

图 4-17　通顺河流域控制断面分布图

3. 边界条件

基于水环境改善的生态需水采用一维水动力水质模型计算，包括水动力模块和水质模块。其中水动力模块边界条件包括：①上游流量；②下游水位；③排污口、区间汇流等源汇项水量；④河网初始水深。水质模块边界条件包括：①上游入流水质；②排污口、区间径流等源汇项污染负荷浓度；③河网初始水质。

4. 模型参数

通顺河流域内部水文监测站点缺乏，系列年份径流实测数据缺乏，故综合考虑通顺河河道现状河床形态、边坡状况、岸线、过流能力等特征，确定通顺河总干渠段、通顺河北干渠段、通洲河综合糙率取 0.02，通顺河袁家口—黄陵矶段、仙下河、西流河、洪道河等河道综合糙率取 0.025。结合《全国地表水水环境容量核定技术指南》等成果，综合确定 COD 综合衰减系数为 0.1/d，NH_3-N 衰减系数为 0.07/d、TP 综合衰减系数为 0.04/d。

5. 生态需水结果

基于水环境改善的生态需水确定的河道生态需水是维持河流水质达标率满足 80% 以上所需的水量，是保障河道水环境健康稳定的标准。据通顺河水系各断面需水成果显示，枯期需水量小，汛期需水量大。总干渠上的郑场游潭村断面可基本反映通顺河流域上游南北干渠的总生态需水量，最小需水月份为 12 月，需水量为 6.25m³/s，最大需水月份为 7月，需水量为 44.26m³/s；黄陵大桥断面可反映通顺河主河道的生态需水，在所有断面中该断面水量需求最大，最大需水月份为 7 月，需水量为 150.69m³/s，最小需水月份为 1月，需水量为 29.23m³/s。全流域黄林村断面水量需求最小，需水量为 4.66～14.36m³/s，最大需水月份为 1 月，最小需水月份为 8 月。基于水环境改善的生态需水计算结果如图 4-18 所示。

（二）维持河流基本功能的生态需水

为维持河流基本生态系统健康，维系河道给定的生态环境保护目标所对应的生态环境功能不丧失，需要保留在河道内的最小基本水量。据《河湖生态环境需水计算规范》（SL/Z 712—2014），河道控制断面的基本生态需水量，可采用 QP 法、Tennant 法、

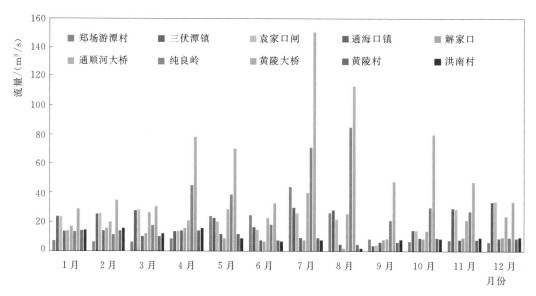

图 4-18　基于水环境改善的生态需水计算成果

频率曲线法、湿周法等方法确定。

考虑通顺河总干渠段、通顺河北干渠段和通洲河主要为灌溉渠道，河道天然径流汇水面积较小，水文学方法计算河道基本生态需水量不合适，因此主要采用湿周法计算；通顺河袁家口—黄陵矶段为自然排水河道，有一定的汇流面积，满足计算所需的基本水文条件，故采用 QP 法、频率曲线法、Tennant 法等水文学法以及湿周法等水力学法分别计算河道基本生态需水量。最后综合多种方法成果，合理确定河道各控制断面的基本生态需水量。

1. 水文学法

采用 QP 法、Tennant 法、频率曲线法等水文学法计算通顺河袁家口—黄陵矶河段内水生态需水。QP 法，采取 1957—1997 年每年的最枯月平均流量进行排频分析，选择 90% 频率下的最枯月平均流量作为基本生态需水量；Tennant 法，考虑通顺河流域河道水资源条件和开发利用现状，确定水生态流量百分比在汛期为 30%，非汛期为 10%。频率曲线法，采用 1957—1997 年历年逐月平均流量构建各月水文频率曲线，将 95% 频率相应的月平均流量作为对应月份的基本生态环境需水量，组成年内不同时段值。选取通顺河袁家口—黄陵矶河段、仙下河、西流河的通顺河大桥、纯良岭、黄陵大桥、黄林村、洪南村等 5 个断面，断面分布如图 4-17 所示。

QP 法、频率曲线法、Tennant 法等水文学法计算的生态需水结果见表 4-8。将以上 3 种方法计算结果取外包得到水文学法生态需水成果，如图 4-19 所示。各断面在枯水期需水量较小，汛期需水量较大，占全年生态需水的 80% 以上。

2. 水力学法

采用湿周法计算通顺河总干渠段、通顺河北干渠段和通洲河河道内生态需水。利用湿周作为水生物栖息地指标，通过收集水生生物栖息地的河道尺寸及对应的流量数据，分析

表 4-8　　　　　　　　QP 法、频率曲线法及 Tennant 法生态需水计算成果　　　　　　单位：m³/s

计算方法	水 文 学 法														
	QP 法					频率曲线法					Tennant 法				
断面	通顺河大桥	纯良岭	黄陵大桥	黄林村	洪南村	通顺河大桥	纯良岭	黄陵大桥	黄林村	洪南村	通顺河大桥	纯良岭	黄陵大桥	黄林村	洪南村
1 月	0.04	0.08	0.17	0.002	0.01	0.28	0.54	1.22	0.01	0.06	0.85	1.66	3.77	0.04	0.18
2 月	0.04	0.08	0.17	0.002	0.01	0.31	0.6	1.36	0.02	0.07	0.85	1.66	3.77	0.04	0.18
3 月	0.04	0.08	0.17	0.002	0.01	1.9	3.71	8.45	0.1	0.41	0.85	1.66	3.77	0.04	0.18
4 月	0.04	0.08	0.17	0.002	0.01	1.77	3.45	7.84	0.09	0.38	2.55	4.97	11.3	0.13	0.55
5 月	0.04	0.08	0.17	0.002	0.01	3.59	6.99	15.91	0.18	0.78	2.55	4.97	11.3	0.13	0.55
6 月	0.04	0.08	0.17	0.002	0.01	1.9	3.71	8.44	0.1	0.41	2.55	4.97	11.3	0.13	0.55
7 月	0.04	0.08	0.17	0.002	0.01	1.61	3.14	7.14	0.08	0.35	2.55	4.97	11.3	0.13	0.55
8 月	0.04	0.08	0.17	0.002	0.01	0.28	0.55	1.25	0.01	0.06	2.55	4.97	11.3	0.13	0.55
9 月	0.04	0.08	0.17	0.002	0.01	0.34	0.65	1.49	0.02	0.07	2.55	4.97	11.3	0.13	0.55
10 月	0.04	0.08	0.17	0.002	0.01	0.3	0.59	1.34	0.02	0.07	2.55	4.97	11.3	0.13	0.55
11 月	0.04	0.08	0.17	0.002	0.01	0.12	0.24	0.54	0.02	0.03	0.85	1.66	3.77	0.04	0.18
12 月	0.04	0.08	0.17	0.002	0.01	0.04	0.08	0.18	0.002	0.01	0.85	1.66	3.77	0.04	0.18

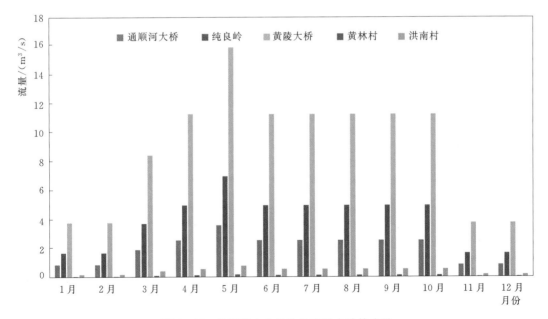

图 4-19　各断面水文学法生态需水计算成果

湿周与流量的关系，建立湿周-流量关系曲线，选择曲线中的斜率为 1 且曲率最大的拐点对应的流量作为基本生态环境需水量。

所有断面中黄陵大桥断面需水量最大，达 9.74m³/s；黄林村断面需水量最小，为
1.57m³/s。湿周法具体计算结果如图 4-20 所示。

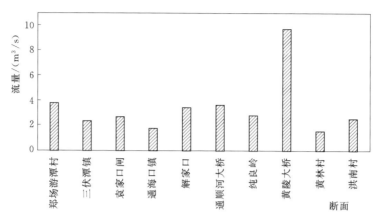

图 4-20 各断面水力学法生态需水计算成果

3. 维持河流基本功能生态需水结果

综合水文学法、水力学法所计算的生态需水成果，取外包确定通顺河流域河网各断面
生态需水取值，如图 4-21 所示。结果显示，各断面在枯水期需水量最小，汛期需水量最
大。多数断面各月份生态需水量取决于水力学法计算成果，少数取决于水文学法计算成
果。其中黄陵大桥断面需水量最大，最大需水月份为 5 月，需水量为 15.91m³/s；黄林村
断面需水量最小，需水量为 1.57m³/s。

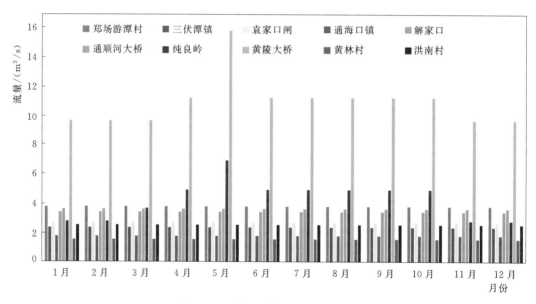

图 4-21 各断面水生态需水外包值

（三）综合推荐

通顺河流域生态需水应在各河流节点生态需水量计算的基础上，按河流水系的完整

性，统筹协调上河道下游、干支流、左右岸，河流控制断面、河口、湖泊等各节点的水量平衡关系以及枯、汛期水量需求，综合考虑水环境、水生态方面因素，对以上3种方法取外包所确定的生态需水值更加合理，以此将该外包值作为通顺河生态需水的推荐值。结果显示年内各断面生态需水量主要取决于基于水环境改善的生态需水计算成果，需水主要集中在5—8月。所有断面中黄陵大桥断面需水量最大，最大生态需水量达 $150.69\text{m}^3/\text{s}$，最大需水月份为7月。流域内总干渠年均需水量为 $14.85\text{m}^3/\text{s}$，北干渠年均需水量为 $22\text{m}^3/\text{s}$，南干渠年均需水量为 $10.01\text{m}^3/\text{s}$，通顺河主河道年均需水量为 $39.32\text{m}^3/\text{s}$，占主导性地位，而仙下河、西流河年均需水量较小，分别为 $1.57\text{m}^3/\text{s}$、$2.57\text{m}^3/\text{s}$。通顺河生态需水综合推荐成果如图4-22所示。

（四）合理性分析

（1）模拟分析成果与通顺河流域水生态环境现状基本一致。根据通顺河郑场游潭村、港洲村、黄陵大桥3个环保监测断面以及水功能区监测断面通顺河纯良站近4年水质监测数据，通顺河流域水质较差，基本处于 V～劣 V 类，主要超标因子为 NH_3-N、TP、COD，严重超标月份均集中在1—3月、12月。根据河网水动力水质模拟结果，主要污染物 COD、NH_3-N、TP 的浓度在枯水期较丰水期要高，严重超标月份在1—3月、11—12月，与现状水质情况基本一致。

本次计算的河道基本生态需水量为维持河道生态系统基本功能的生态基流，由于通顺河流域现状各类引水闸站工程较完善，可常年从汉江补水以满足区内生产生活需求，河道大多月份能维持基本水流，各断面基本生态需水大多时段能够满足。

（2）河道内水量年内分布不均，枯水期水量不能满足现状生态环境需求。对不同年份径流分析，丰水期6—8月3个月的河道内水量占全年的48%左右，接近全年一半；1月、9—12月共5个月河道内水量约占全年的24%左右；4—5月2个月河道内水量约占全年21%左右；2—3月2个月河道内水量约占全年7%左右。总体而言，河道内水量主要集中在4—8月，1月、9—12月、2—3月河道内水量较少。

通顺河流域主要河道为通顺河，区内基本无调蓄工程，水量不能实现年内调节，丰水期河道内水量直接经通顺河排入长江。而河道枯水期水量较少，水动力条件差，河道水环境容量不足，现状通顺河流域河道枯水期水质较丰水期更差，导致区域内引水不足，不能满足现状生态环境需求。

（3）区域对汉江水源依靠程度高，不同年份间河道内水量差异不大，多年生态需水不能满足。通顺河流域紧邻汉江，对外江补水依靠程度高，内有大型灌区泽口灌区，灌溉水源为汉江，现状各类引水闸站工程较为完备。根据不同代表年河道水量组成分析，外江引水与区内取水基本平衡。从河道内水量组成来看，通顺河流域河道内水量主要由天然径流量和退水量组成，由于流域自然汇流面积较小，天然径流量相对较少，退水占比大。根据结果分析，天然径流量与退水量比例约2∶1，枯水年退水量占比更重，约1∶1，河道内水量受退水影响较大，受天然径流的丰枯变化影响不大。河道内水量年际分布相对平均，不同年份间枯水期河道内水量差异不大，故在枯水期河道生态需水不能得到满足，需依靠外来水补充。

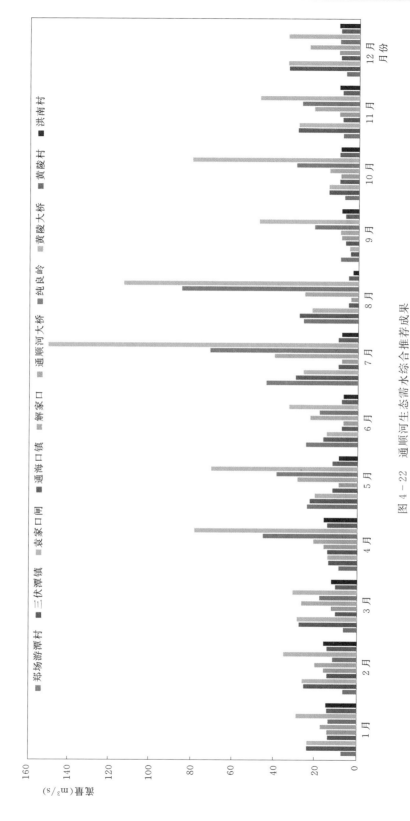

图 4 - 22 通顺河生态需水综合推荐成果

第三节 东荆河生态需水

一、概况

(一) 流域概况

东荆河是汉江下游重要的天然分洪河道，是连接汉江下游和长江的重要纽带，西于潜江泽口接汉水，先南下后向东流至新滩口入长江，全长 173 km，流域面积为 417.5 km²。东荆河分为上、下游两段，上游段由潜江龙头拐至中革岭，长 118km，河道蜿蜒曲折，宽窄悬殊；下游段从中革岭到武汉市汉南区三合垸，长 55km，河道沟网纵横，洲滩围垸众多。东荆河是汉江下游唯一的分流河道，为汉江防洪体系的重要组成部分，汛期能分泄约 1/6～1/4 的汉江洪水流量入长江，减轻了下游仙桃、汉川、武汉等地的防洪压力。

东荆河贯穿潜江、监利、仙桃、洪湖等县市 86 个乡镇（农场、办事处），是 500 多万人口赖以生存的母亲河，也是沿岸工农业生产的主要水源地，沿线 120 万亩农田靠之灌溉，16 万余人直接取之饮用。宽广悠长的东荆河翩若惊鸿，蜿蜒逶迤，横亘在一马平川的江汉平原中间。碧波荡漾的河水像光滑的绸缎，把潜江、监利、仙桃、洪湖串联在一起，灌溉着这片肥沃的土地，养育着两岸辛勤的人民。东荆河水系见通顺河水系图（图 4-13）。

(二) 水文气象

东荆河流域属于亚热带季风气候区，具有全年气候温和、雨量充沛、日照充足、四季分明、无霜期长等特点，多年平均气温为 16.1～16.4℃，相对湿度为 80%～81%，多年平均日照时数为 1880～2003h，多年平均无霜期为 252～256d。气象特征值见表 4-9。

表 4-9　　　　　　　　　东荆河流域气象特征值表

项　目	潜　江	仙　桃
多年平均降水量/mm	1135.9	1170.3
多年平均蒸发量/mm	1246.4	1246.4
多年平均气温/℃	16.1	16.4
历年极端最高气温/℃	37.9	38.6
出现时间	1961-7-19	1971-7-21
历年极端最低气温/℃	-16.5	-14.2
出现时间	1977-1-30	1977-1-30
多年平均相对湿度/%	81	80
多年平均风速/(m/s)	2.4	2.6
历年最大风速/(m/s)	15.7	13
出现时间	1983-5-14	1980-4-13
历年最多风向	N	N
多年平均日照时数/h	1880.3	2002.9
多年平均无霜期/d	252	256

东荆河内有潜江水文站以及高湖台、新沟咀、北口、万家坝、白庙、中革岭、杨林尾、黄家口、唐嘴、三合垸（现移至白斧池）等多个水位站。东荆河进口上游的汉江干流有沙洋水文站（2015 年下移 46km 更名为兴隆水文站），为东荆河分流前汉江干流的水情基本控制站，监测兴隆水利枢纽下泄以及引江济汉工程高石碑出流汇合后的水沙过程，也是东荆河分流前汉江干流水沙监测站。下游有泽口水位站、岳口水位站。

（三）水利工程概况

1. 兴隆水利枢纽工程

兴隆水利枢纽位于湖北省天门市的多宝镇和潜江市的高石碑镇，是汉江干流规划的最下一级枢纽，下距东荆河分流口门约 28.5km，其下泄流量和引江济汉在高石碑出口流量大小影响东荆河分流量。兴隆水利枢纽正常蓄水位为 36.20m（黄海高程），开发任务为灌溉和航运，同时兼顾发电，最小通航流量为 420m³/s。

2. 引江济汉工程

工程引水口位于荆江河段龙洲垸，通过引水干渠向汉江干流补水，出口位于兴隆水利枢纽下游约 3km 的高石碑；同时，在长湖有部分流量经田关河向东荆河补水。工程设计引水流量为 350m³/s，最大引水流量为 500m³/s，东荆河补水设计流量为 100m³/s，加大流量为 110m³/s。年平均输水 37 亿 m³，其中补汉江水量为 31 亿 m³，补东荆河水量为 6 亿 m³。为抬高东荆河枯水位，改善两岸涵闸取水条件，修建了马口、黄家口、冯家口 3 座橡胶坝，坝址分别位于马口闸下游 300m、黄家口镇下游 200m、冯家口闸下游 900m 处，见表 4-10。

表 4-10　　　　　　　　　　　东荆河已建橡胶坝基本情况　　　　　　　　　　单位：m

名称	正常蓄水位	塌坝水位	坝顶高程	底板高程	坝袋高
马口橡胶坝	25.94	26.50	26.20	21.70	4.5
黄家口橡胶坝	24.54	25.10	24.80	20.30	4.5
冯家口橡胶坝	24.44	24.90	24.60	19.60	5.0

注　表中高程为黄海高程。

3. 田关闸和田关泵站

田关闸位于田关河的渠尾、东荆河右岸处，主要担负长湖流域田北（田关河以北）片的排水任务，同时挡东荆河洪水。该闸设计为排灌两用，设计排水能力为 250m³/s，校核排水能力为 300m³/s；设计引水能力 55m³/s，受益农田 70 万亩；运用控制水位，内排为 32.10m，外引为 36.00m。

田关泵站位于东荆河右岸田关闸南侧 300m 处，主要目的是在田关闸不能自排的时候，将田关河的水量提排入东荆河。泵站设计装机为 2800kW×6，流量为 220m³/s。

（四）社会经济

东荆河贯穿潜江市南北，进口段左岸为潜江市区，右岸为规划建设的新城区，左右两岸是潜江市政治、经济、文化的核心区域。全年地区生产总值增长 7.9%，规上工业增加值增长 8.8%，固定资产投资增长 12.4%，社会消费品零售总额增长 12.3%，主要经济指标增速均高于全省平均水平。2019 年，潜江市位列全国县域经济百强第 90 位、全国县域营商环境百强第 82 位、全国县域经济与县域综合发展第 65 位，获评国家资源枯竭城市转型绩效考核优秀等次，成为全国 3 个乡村电气化示范市之一。

二、现状调查评价

（一）水资源现状调查

丹江口水库蓄水后、引江济汉及兴隆水库建成后的多年平均径流量分别为 38.75 亿 m^3、23.68 亿 m^3，径流量主要集中在 7—10 月，占全年总量的 70% 以上。2015 年，潜江站 7—10 月径流量占全年总量的 35.08%。东荆河潜江水文站不同时期月均流量分配见表 4-11。

表 4-11　　　　　　　东荆河潜江水文站不同时期月均流量分配统计表

月份	丹江口水库蓄水期		引江济汉及兴隆水库建成后	
	径流量/亿 m^3	占年百分比/%	径流量/亿 m^3	占年百分比/%
1 月	0.91	2.35	1.11	4.7
2 月	0.79	2.05	0.74	3.14
3 月	0.84	2.16	0.99	4.19
4 月	1.01	2.61	3.09	13.03
5 月	2.13	5.51	4.51	19.04
6 月	2.36	6.10	4.82	20.35
7 月	6.67	17.21	6.10	25.75
8 月	8.17	21.08	1.81	7.64
9 月	7.59	19.60	0.24	1.02
10 月	5.70	14.72	0.16	0.68
11 月	1.58	4.08	0.10	0.42
12 月	0.98	2.52	0.01	0.05
多年平均	38.75	100.00	23.68	100.00
统计年份	1968—2014 年资料中断		2015 年	

（二）水环境调查评价

东荆河流域中农村地区占多，耕地面积广，污染源以农业面源污染为主，其次是生活污染源。东荆河地表水断面水质情况统计见表 4-12。

表 4-12　　　　　　　　东荆河地表水断面水质情况统计表

河流水系	地级行政区	断面名称	水质目标	水质类别	达标情况
东荆河	潜江市	潜江大桥	Ⅱ	Ⅱ	达标
		新刘家台	Ⅲ	Ⅲ	达标
	仙桃市、荆州市	汉洪大桥	Ⅲ	Ⅲ	达标

注　数据取自《2017 年东荆河地表水监测报告》。

（三）水生态现状调查

东荆河流域内浮游植物有藻类 8 门 49 属 73 种；浮游动物有 4 大类，共约 88 种，从种类看，以轮虫为最多，约 31 种，其次为枝角类 24 种，原生动物有 20 种，桡足类 13 种；底栖动物 34 种，其中环节动物 7 种，软体动物 10 种，节肢动物 17 种；鱼类 4 目 5

科 63 种，重要经济鱼类有草鱼、鳙鱼、鲢鱼、鲤鱼、黄颡鱼、翘嘴鲌等，流域范围内水生动物未涉及国家重点保护野生动物。

三、生态需水研究

（一）河道改善目标

东荆河流域为国家"1+8""两型社会"建设示范区，也是汉江中下游的分水区。根据东荆河进口段现状及存在的问题，考虑潜江市经济社会发展需求，确定东荆河河道改善目标为：通过构建东荆河河道生态修复体系，加大东荆河枯水期进流量，增加枯水期水环境容量，满足东荆河干流田关闸以上河段生态基流的要求，弥补中线南水北调工程、引江济汉工程规划中缺少考虑河道内生态需水之"短板"，着力解决东荆河上下游地区之间水环境治理矛盾，以及满足兴隆枢纽建成后东荆河适宜的生态需水问题，为周边城区发展提供良好的水生态环境、为流域长远发展创造条件。

（二）计算方法及成果

为保证东荆河流域水生态系统健康、可持续发展，需保障良好的生态水位。结合东荆河的具体情况和保护目标，考虑多年水位资料、生物资料和河流特征参数等，采用Tennant 法、流量历时曲线法、90%保证率最枯月平均流量法和最枯月平均流量的多年平均值法计算东荆河的最低生态水位。采用潜江水文站作为东荆河进口河段生态流量计算的控制断面。

1. Tennant 法

Tennant 法是标准流量法的一种，以预先确定的河道年平均流量的百分数为基准进行计算。Tennant 法将多年平均流量的 10% 作为生态基流的最小控制值。潜江站 1951—1973 年、1974—2014 年天然多年平均流量分别为 196m³/s、107m³/s，据此计算可得，两个时期东荆河进口河段生态基流分别约为 20m³/s、11m³/s。

2. 流量历时曲线法

流量历时曲线法利用历史流量资料（$n \geqslant 20$）构建各月流量历时曲线。以 90% 保证率对应流量作为基本生态环境需水量的最小值，生态基流分别约为 6m³/s、7m³/s。

3. 90% 保证率最枯月平均流量法

90% 保证率最枯月平均流量法以节点长系列天然月平均流量为基础，用每年的最枯月均流量排频，选择 90% 频率下的最枯月平均流量作为节点基本生态环境需水量的最小值。

以各年不为 0 的最小月平均流量作为样本，1951—1973 年、1974—2014 年相应于 90% 保证率的东荆河的生态基流分别约为 1.8m³/s、1.6m³/s，频率曲线如图 4-23 和图 4-24 所示。

4. 最枯月平均流量的多年平均值法

最枯月平均流量的多年平均值法以河流最小月平均实测流量的多年平均值作为河流的基本生态需水量。考虑实测资料，运用该法计算 1951—1973 年、1974—2014 年东荆河的生态基流分别约为 12m³/s、9m³/s。

（三）综合推荐

因 1973 年底丹江口大坝初期规模建成以后，东荆河流域的水文情势发生了较大变化，

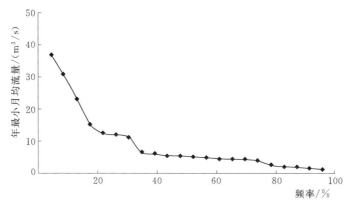

图 4-23　潜江站 1951—1973 年最小月均流量频率曲线图

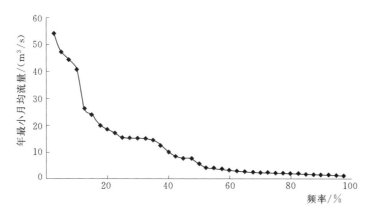

图 4-24　潜江站 1974—2014 年最小月均流量频率曲线图

生态流量分析以丹江口初期规模建成为时间节点，采用 1951—1973 年、1974—2014 年的水文资料，分别进行计算。各方法计算成果见表 4-13。

表 4-13　　　　　　　　　　不同方法计算生态基流成果表

方　　法	资料系列	生态基流/(m³/s)
Tennant 法	1951—1973 年	20
	1974—2014 年	11
流量历时曲线法	1951—1973 年	6
	1974—2014 年	7
90%保证率最枯月平均流量法	1951—1973 年	1.8
	1974—2014 年	1.6
最枯月平均流量的多年平均值法	1951—1973 年	12
	1974—2014 年	9

综合考虑东荆河河道生态系统恢复需求以及东荆河进口河道逐渐淤积的趋势，推荐采用 1951—1973 年资料系列 Tennant 法计算结果，即潜江站生态基流为 20m³/s。

第五章 重要湖泊生态需水

湖泊生态需水是指保证一定阶段湖泊生态系统结构稳定，发挥其正常功能而必需的一定数量和质量的水。由于湖泊生态系统各组成部分功能发挥与所必需的水位和水深具有明显的相关性，因此本书采用生态水位来表征不同湖泊生态系统的服务功能。

湖北是千湖之省，绝大多数湖泊位于江汉平原。本书选择江汉平原上面积较大的梁子湖、洪湖、长湖、斧头湖、汈汊湖、西凉湖、汤逊湖和东湖开展湖泊生态需水研究。其中梁子湖、洪湖、长湖、斧头湖、汈汊湖、西凉湖为农村湖泊，以原生态风貌为主，远离城市建设用地，湖泊与周边农田、林地紧密相连，湖区水生野生动植物资源丰富，形成较为完善的近自然生态系统，生态环境保存良好，功能定位以生物栖息、防洪排涝、农业灌溉、观光旅游为主。汤逊湖和东湖为城市湖泊，具有不同于农村湖泊的特点：湖岸带及湖体人工化、湖盆浅、换水周期长，珍稀物种、挺水及漂浮水生植物缺失，并且由于人类活动的影响，城市湖泊在保留农村湖泊生态系统服务功能的同时，又增加了社会服务功能。城市湖泊生态系统服务功能主要体现为重要的景观和旅游资源、水质净化作用和防洪排涝。

本书采用湖泊形态法、生物最小生物空间等方法确定湖泊的最低生态水位，并以最低生态水位为基础，根据湖泊的整体性、系统性及其内在规律，综合考虑湖泊各功能需求，统筹协调近岸与水域、水上与水下、开发利用与生态保护的关系，在水资源开发利用配置调度时，选择合适的生态水位，强化适宜水位控制，使其发挥综合效益。

第一节 汤逊湖生态需水

一、概况

（一）流域概况

汤逊湖是目前国内最大的城中湖，位于武汉市东南部，地处北纬 $30°22'\sim30°30'$，东经 $114°15'\sim114°35'$ 之间。水面面积为 47.62km²，调蓄容积为 3285 万 m³，流域汇水面积为 240.48 km²，平均水深为 1.85 m，属于典型的宽浅型湖泊。汤逊湖主要功能为灌溉、渔业养殖和景观娱乐等，是武汉市的备用水源地。

汤逊湖流域属于长江中下游典型的平原水网地区，该水系由湖北省武汉市洪山区的汤逊湖、黄家湖、南湖、野芷湖、青菱湖、野湖，江夏区的神山湖、郭家湖、道士湖、西湖等湖泊组成。东北部以蛇山、洪山、桂子山、关山分水岭与东沙湖水系为界，西北部濒临长江。汤逊湖水系内河道纵横交错，各大小湖泊通过青菱河、巡司河等相互连通，形成庞大的河湖水网体系（图 5-1）。

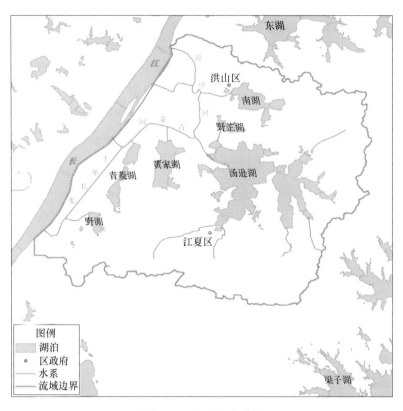

图 5-1　汤逊湖水系图

（二）水文气象

汤逊湖属于亚热带湿润季风气候，雨量充沛，雨热同季，日照充足，四季分明。多年平均气温为 16.9℃，极端高温为 42.2℃，极端低温为-18.1℃，最冷为 1 月，平均气温为 3.0℃，最热是 7 月，平均气温为 29.0℃，湖面多年平均气温为 18.2～18.5℃；全年主导风向为东北风，平均风速为 2.3m/s，年最大风速为 19.1m/s，春季多为东风和北风，夏季以南风为主，秋冬季节以东北风为主；区域多年平均降雨量为 1251.2mm，最大年降雨量为 2044.5mm（1954 年），最小年降雨量为 730.4mm（1966 年），暴雨多集中在 6—8月，其间降雨量占全年的 65.6%，进入春季后降雨量逐渐增加，从秋季开始降雨量逐渐减少，冬季最低；多年平均蒸发量为 949.8mm，7 月、8 月蒸发量最大，分别为 130mm、140mm，分别占全年 14%、15%，1 月、2 月蒸发量最少。

径流年内分配不均，汛期、枯水期水量相差大，多年平均汛期 4—9 月径流量占全年径流总量的 70%～80%，其中 5—8 月是全年来水的高峰期，这 4 个月径流量占全年50%～60%。年径流量最多的月份是 6 月或 7 月，单月径流量占全年的 20%～30%。全年径流最少的月份是年初 1 月或年末 12 月，单月径流量只占全年的 2%～3%。

（三）水利工程概况

汤逊湖现有 2 个出江泵站，分别为汤逊湖泵站（现状规模 112.5m³/s）和江南泵站（现状规模 150 m³/s），有 3 座出江排水闸，分别为武泰闸、陈家山闸和江南闸。汤逊湖水系现有港渠 15 条，其中一级排水港道 3 条，分别为汤逊湖泵站进水港（青菱河）、巡司河和十里长渠。非汛期，区域雨水由武泰闸、陈家山闸自排出江，汛期通过汤逊湖泵站和江南泵站抽排出江。

汤逊湖雨水管道收集系统主要集中在武汉东湖学院片区、大花岭片区、东湖高新建成区、藏龙大道沿线片区、江夏大道沿线片区、栗庙路沿线片区、纸坊片区等。汤逊湖民垸主要有赵家池、红旗垸、杨桥湖民垸、麻雀湖民垸、大桥湖民垸、中洲民垸等。民堤主要包括程家湖围堤、马港大堤、马咀大堤、渔牧三场河边围堤、大桥湖堤等。

（四）社会经济

汤逊湖跨武汉市江夏区、洪山区和东湖新技术开发区 3 个行政区，总人口约 50.75 万人。其中，江夏区拥有的湖面约占整个湖面的 70%，包括纸坊、藏龙岛、栗庙岛的全部和五里界、大桥的部分范围，总人口约 30.14 万人；东湖新技术开发区拥有的湖面约 15% 左右，总人口约 16.46 万人；洪山区拥有湖面 15% 左右，总人口约 4.15 万人。汤逊湖地区的建设发展主要集中在江夏的庙山、藏龙岛、纸纺和东湖高新科技开发区的汤逊湖园区、流芳科技园等，用地性质以产业、教育及居住为主。

（五）已开展的相关工作

1. 污水处理设施建设

汤逊湖汇水范围内，已经建成的集中污水处理厂主要有 5 座，分别为汤逊湖污水处理厂、纸坊污水处理厂、龙王嘴污水处理厂、黄家湖污水处理厂和王家店污水处理厂，污水处理能力总计达到 69.0 万 m³/d。

2. 综合整治工程

2012 年起，汤逊湖沿线先后开展了汤逊湖泵站进水港、巡司河、南湖连通渠等综合整治工程。2012—2013 年实施了汤逊湖进水港综合整治工程，港渠清淤 67.19 万 m³，部分拐弯、居民集中的港段实施植生块护岸 3.94 万 m²。巡司河综合整治工程包括三部分内容：河道治理工程、两岸截污工程、两岸环境景观工程。河道治理工程中清淤总量为 11.97 万 m³，岸坡整治 22.83km，全部采用生态护坡。两岸截污工程按照"东岸分流改造、西岸分段截流、全部集中处理"的方案实施，沿巡司河西岸武梁路以南铺设直径为 400~800mm 的截污管，将沿线污水截污，最终入黄家湖污水处理厂进行处理。

此外，对玉龙岛花园排口和红旗渠（绣湖明渠）排口分别进行了改造，对小区内部建设提升泵站和铺设压力管道抽排至岛外市政污水管网，彻底解决玉龙岛花园污水排放问题。2016 年，对红旗渠上游的小区进行雨污分流改造，并启动实施了秀湖明渠初期雨水截流闸工程。

3. 农业污染防治

根据《武汉市人民政府关于批转武汉市拆除湖泊渔业三网设施实施方案的通知》相关要求，各区人民政府作为本辖区河流、湖泊保护的责任主体，统一组织渔业"三网"设施的拆除工作。目前，江夏区、东湖高新区和洪山区已分别完成流域范围内列入全市湖泊保护目录的渔业"三网"设施拆除工作。截至 2017 年初，汤逊湖共拆除湖泊"三网"养殖面积 40532 亩，其中江夏区 19095 亩，东湖高新区 3300 亩，洪山区 18137 亩。

为有效防治畜禽养殖对环境的污染，全面改善环境质量，根据《国务院关于印发〈水污染防治行动计划的通知〉》（国发〔2015〕17 号）要求和《湖北省畜禽养殖区域划分技术规范（试行）》（鄂环发〔2016〕5 号）和有关法律法规的规定，江夏区、东湖高新区和洪山区协调和配合相关部门大力开展畜禽养殖退养工作。目前，汤逊湖地区通过划分禁止养殖区、限制养殖区、适宜养殖区，优化畜禽养殖生产布局，规范畜禽养殖行为，开展清洁生产和生态养殖，推进畜禽养殖废弃物无害化、资源化利用，促使畜禽养殖业污染防治管理规范化、法制化，实现畜牧业生产与生态环境全面协调发展，使居住环境和生态环境得到了有效改善。

4. 水系连通工程

目前，由于东沙湖水系、汤逊湖水系和梁子湖水系管理调度方式不明确，未能实现各水系的有效连通，根据《武汉市水生态文明建设规划》，将打通东沙湖水系、梁子湖水系、汤逊湖水系之间的连通通道，增加排水通道，提高区域排水能力，充分利用梁子湖优良的水资源条件和调蓄空间，提高区域水资源水环境承载力，完善汤逊湖水系与大东湖水系、梁子湖水系的水力联系，通过引江济湖和湖湖连通，将"死水"变"活水"，最终实现长江、大东湖、梁子湖和汤逊湖互通的江南水网，恢复汤逊湖湖泊群的水生态环境。

二、现状调查评价

（一）水资源现状调查

1. 水资源量

根据汤逊湖附近纸坊站 1956—2010 年的雨量资料，汤逊湖多年平均年降雨量为 1327mm，多年平均径流深为 531mm，因此，汤逊湖地区多年平均年降雨总量为 31848 万 m³，多年平均地表水资源量（即径流量）为 12744 万 m³。根据《武汉市水资源调查评价报告》，汤逊湖地区多年平均地下水资源量为 3530 万 m³，扣除重复计算量 2190 万 m³，则汤逊湖地区多年平均水资源总量为 14084 万 m³。

2. 水资源开发利用现状

目前，汤逊湖水资源的开发利用主要是湖泊调蓄、灌溉机站取水和渔业养殖。此外，根据《武汉市城市饮用水水源地安全保障规划》，汤逊湖为武昌片备用应急水源地。汤逊湖调蓄容积为 4764.42 万 m³，常水位为 17.65m，最高控制水位为 18.65m。汤逊湖应急水源地取水规模为 3.47m³/s，此外沿湖部分居民生活用水亦取自汤逊湖。汤逊湖周边有灌溉机站 22 处，总取水量为 4.4 m³/s。汤逊湖水产养殖主要集中在江夏区，由汤逊湖渔场承担，养殖面积约 15405 亩，养殖类型包括青鱼、草鱼、鲢鱼、鳙鱼、甲鱼等。根据《江夏区 2014 年年鉴》，汤逊湖水域范围内的纸坊、五里界、庙山办事处、藏龙岛办事处、大桥新区办事处的水产养殖产量约 1.73 万 t。

（二）水环境调查评价

1. 污染物调查评价

汤逊湖流域的污染负荷主要包括点源污染、面源污染和内源污染等。

（1）点源污染。汤逊湖流域点源污染主要是由城镇生活污水和工业废水通过管道、沟渠等排污口集中排入湖泊所带来的污染负荷。近年来虽然汤逊湖污染治理力度不断加强，截污工程正在逐步实施，但是汤逊湖周边仍然存在不少排污口。汤逊湖区域污水及混流排口共 75 个，排污口主要分布在汤逊湖南岸、西岸和北岸。2018 年 5—6 月对其中 36 个排口开展了补充监测，结合现场调查情况，按照补充监测数据估算，主要排口入湖 COD 污染总负荷为 7713.71t/a，TN 为 973.18 t/a，$NH_3 - N$ 为 587.68t/a，TP 为 35.39t/a。

（2）面源污染。汤逊湖地区面源污染包括农村生活污染、农田径流污染、畜禽养殖污染和城市降雨径流污染等。汤逊湖范围内农业人口约为 5.3 万人，农村生活污水和生活垃圾等污染物随意排放会对受纳水体造成极大污染。汤逊湖地区畜禽养殖的规模参差不齐，小规模及散养养殖占有相当大的比重。此外，农业种植过程中，化肥、农药、农田固废等也是造成污染的主要来源。根据调查，汤逊湖面源污染负荷入湖总量 COD 为 1102.92t/a，TN 为 422.91 t/a，$NH_3 - N$ 为 203.51 t/a，TP 为 59.93 t/a。

（3）内源污染。作为汤逊湖流域农村经济主要来源的水产养殖业，是直接污染水体的重要污染源之一。在水产养殖生产过程中，由于部分养殖向养殖水体（藻类及贝类等不需投饵的养殖品种除外）中投入饵料、渔用药物等物质，养殖水体中残饵、排泄物、生物尸体、渔用饲料和渔药等大量增加，造成氮、磷以及其他有机或无机物质在封闭或半封闭的养殖生态系统中超过了水体的自然净化能力，从而导致对水体环境的污染，造成水质恶化。根据调查数据，汤逊湖流域由水产养殖业产生的 COD 入湖量约为 53.76t/a，$NH_3 - N$ 为 3.15t/a，TN 为 7.3t/a、TP 为 0.8t/a。

2. 水质调查评价

依据《武汉市水功能区划》，汤逊湖水质目标为地表水环境质量Ⅲ类标准。在 1995 年以前，汤逊湖水清澈见底，水草种类丰富。近几十年来，汤逊湖周边人口密度的不断增加和产业园与开发区的快速建设，加重了对汤逊湖湖泊水质的影响。近 10 年来，汤逊湖水质均未达到Ⅲ类水质要求，且水质呈现恶化趋势。2011—2013 年汤逊湖整体水质为Ⅳ类，2014 年以后汤逊湖整体水质已降至Ⅴ类，从超标倍数来分析，各种污染物超标倍数呈现上涨趋势，超标污染物主要为 TN、TP、$NH_3 - N$、COD 等。

近 20 年来汤逊湖 TN、TP 浓度均呈现递增趋势，且趋势较为明显，TN、TP 浓度平均每年增加分别为 0.116mg/L、0.006mg/L，如图 5 - 2 所示。2007 年以前汤逊湖水质整体较好，除 2002 年以外，平均水质均优于Ⅳ类；2008—2009 年水质出现明显恶化，TN 浓度处于劣Ⅴ类，TP 浓度为Ⅴ类，2010—2011 年水质有所好转，2012 年以后水质逐渐恶化，2018 年 TN 和 TP 浓度均处于劣Ⅴ类。

（三）水生态现状

1. 自然保护区

汤逊湖藏龙岛湿地公园位于江夏区东部，西邻汤逊湖湖畔，面积约 401hm²，是国家级湿地公园。藏龙岛湿地公园是以天然湿地为载体，通过保护性开发形成的集生态、人

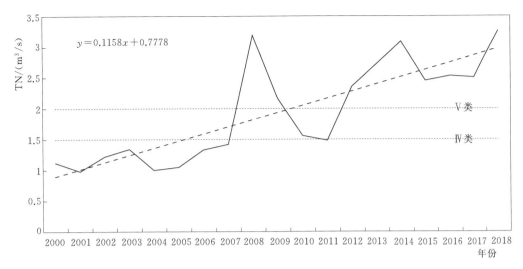

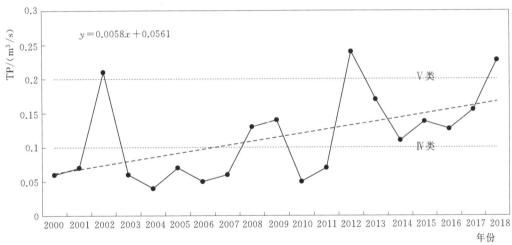

图 5-2　汤逊湖年平均 TN 和 TP 浓度变化

文、艺术、运动休闲等功能于一体的自然保护区和景点。浅湖与沼泽草甸连接的湿地生态系统，为越冬的鹤类、鹭类等珍稀水禽提供了优良的栖息环境。国家一级保护鸟类有东方白鹤、黑鹤、中华秋沙鸭和金雕等 4 种；国家二级保护鸟类有白额燕、鸳鸯、小天鹅、苍鹰、灰鹤、乌雕、白头鹞和白琵鹭等 8 种；国家保护的有益或有重要经济科学研究价值的鸟类有 49 种。汤逊湖有植物种类 152 种，包括国家二级保护水生植物野莲和野菱等，以苔草、灯芯草、荆三棱、水蓼、红穗苔草、芦苇、荻、菰、莲、槐叶萍、紫萍、浮萍、莕菜、水鳖、芡实、菱、黑藻、金鱼藻、狐尾藻、竹叶眼子菜、苦草、篦齿眼子菜、菹草、茨草等最为常见。

2.生物资源现状

（1）浮游生物。汤逊湖浮游植物主要包括蓝藻、隐藻、硅藻、绿藻、金藻、裸藻和甲藻等 7 个门类，其中以绿藻门和硅藻门的种类最多。浮游植物群落结构随季节变化而变动，春季以绿藻为优势种，夏季以蓝藻为优势种，易形成蓝藻水华，秋季以硅藻为主，冬季藻类密度及生物量都较低，多样性指数为全年最低。

湖泊浮游动物主要有轮虫、原生动物、枝角类、桡足类等4类群，其中浮游动物以轮虫为优势类群，它不仅在年均数量上占优势而且在一年中的大部分月份占优势，其次为桡足类、原生动物、枝角类。

（2）底栖动物。汤逊湖水体中的底栖动物以环节动物、水生昆虫和软体动物等3个类群为主。其中，环节动物常见种类有水丝蚓、颤蚓、扁蛭等；水生昆虫常见种类有摇蚊幼虫、蜻蜓幼虫、水甲等；软体动物常见种类有铜锈环棱螺、梨形环棱螺和光亮隔扁螺等。

（3）水生维管束植物。汤逊湖水生维管束植物种类相对比较丰富，包含挺水植物、湿生植物、浮叶植物和沉水植物等几种类型。其中，冬春季节以菹草为优势种，生物量较大。此外，分布的主要水生植物有芦苇、香蒲、莲、水蓼、酸模、荇菜、金鱼藻、狐尾藻、浮萍、槐叶萍等，其中芦苇和香蒲为沿岸带优势种，其他水生植物生物量较小。

（4）鱼类。汤逊湖水体中的鱼类种类组成基本都是适于湖泊或缓流水环境的鱼类，由于与江湖阻隔，洄游性鱼类的种类数目明显减少。凶猛性鱼类的种类数目也在减少，主体为湖泊定居性种类。湖底有机物质沉积丰富，湖底动物也较多，以底栖动物为食的鱼类，如鲤、鲫、青鱼等提供了有利条件。渔获物大多是人工繁殖放养的种类，如四大家鱼、鳊、鲂等。

三、生态需水研究

本书首先通过湖泊形态法和生物最小生存空间法确定汤逊湖的最低生态水位，然后基于水生植物水位需求确定汤逊湖的适宜生态水位区间。

（一）汤逊湖最低生态水位研究

1. 湖泊形态分析法

利用汤逊湖实测湖泊水位和湖泊水面面积资料，计算得到湖泊水位和湖泊水面面积增加率（dF/dZ）关系曲线（图5-3）。该曲线中水面面积增加率的最大值的相应水位是16.00m，因此，由湖泊形态法确定的汤逊湖最低生态水位为16.00m。

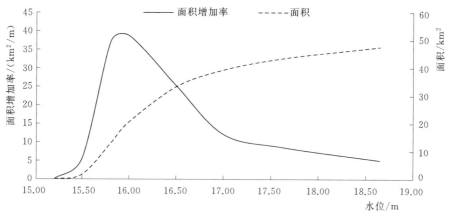

图5-3　汤逊湖水位和水面面积增加率关系

2．生物空间法

和其他的类群相比，鱼类在水生态系统中的位置独特。一般情况下，鱼类是水生态系统中的顶级群落，是大多数情况下的渔获对象。作为顶级群落，鱼类对其他类群的存在和丰度有着重要作用。鱼类对湖泊生态系统具有特殊作用，加之鱼类对低水位最为敏感，故将鱼类作为指示物。认为鱼类的最低生态水位得到满足，则其他类型生物的最低生态水位也得到满足。湖底高程加上鱼类要求的最小水深即为最低生态水位。

根据汤逊湖地形资料，汤逊湖主湖区域湖底平均高程为 16.00m。根据研究资料，浅水湖泊鱼类要求的最小水深约为 1.0m，由此可以得出汤逊湖最低生态水位为 17.00m。

3．最低生态水位确定及合理性分析

根据湖泊形态分析法和生物空间法计算得到的汤逊湖最低生态水位分别为 16.00m 和 17.00m。湖泊形态分析法从水文和地形的角度分析了保持生态系统不严重退化的最低水位，但缺点是没有和湖泊的实际生态指标建立联系。生物最小生存空间法只考虑了鱼类的生存与繁殖条件，忽略了汤逊湖的水文变化。

本书从生态安全的角度，选取两种研究结果的最高值，确定汤逊湖最低生态水位为 17.00m，此时湖泊面积为 42.7km²，可以基本满足湖泊的生态和景观功能。

（二）汤逊湖适宜生态水位研究

1．湖泊生态保护目标

根据汤逊湖生态系统调查结果，选取水生植物作为湖泊生态保护目标。分析水生植物不同生长时期的水位需求，根据目标物种生长所需的水位变化或水深要求核算湖泊生态水位要求，由此确定湖泊适宜生态水位上下限值。

水生植物是沼泽湿地的生物群落中必须考虑的关键要素。就汤逊湖湿地而言，植被类型主要分为挺水植物、湿生植物、浮叶植物和沉水植物等几种类型。挺水植物根系生于水体基质，茎和叶绝大部分挺立水面，常分布于 0～1.5m 的浅水处，以芦苇、香蒲、荷花等为代表。湿生植物为中生或湿中生植物，土壤为草甸土，以美人蕉、梭鱼草、千屈菜、水生鸢尾、红蓼、狼尾草、蒲草为代表。浮叶植物根系着生于水体基质，叶片浮于水面，以荇菜为代表；沉水植物根系着生于水体基质，植株沉于水体，花蕾挺出水面，水媒传粉，包括苦草、金鱼藻、狐尾藻等。

2．水生植物生态-水文响应研究

生态-水文响应关系是指生态要素变化与水文过程之间的相互作用关系。以典型水生植物为生态保护目标，分析关键物种生长与水文要素间的定量响应关系，预测不同水位下潜在的水生植物空间分布，为湖泊生态水位过程研究提供支撑。

（1）水生植物适宜生境范围确定。湖滨带是水生植物的集中分布区，是湖泊流域陆地生态系统与水生生态系统间十分重要的生态过渡带，是湖泊的天然保护屏障。湖滨带水陆交错带的空间范围主要取决于周期性的水位涨落导致的湖滨的干湿交替变化。从湖泊浅水区域向岸边依次分布着沉水植物、浮叶植物、挺水植物和湿生植物等，在沿湖岸边和湖泊浅水处，形成湿生植物带和挺水植物带，往湖心方向随着水深增加，逐渐形成浮叶植物带和沉水植物带。

水生植被的生长繁殖与水位波动休戚相关，不同时期对水位有不同的需求。根据亚热

带湖泊水生植物特征，将其生长时期分为萌发期、幼苗生长期、生长扩散期、成熟期、种子传播期和休眠期等6个阶段。其中，萌发期的水位条件是决定水生植物能否再生的关键因素，对水生植物的生长和分布起着至关重要的作用。本书在汇总和分析水生植物研究文献的基础上，归纳了汤逊湖水生植被萌发期的水位需求和萌发条件，见表5-1。

表5-1　　　　　　　　　　　　汤逊湖主要水生植被萌发条件

水生植物种类	代 表 性 植 物	萌 发 条 件
挺水植物	芦苇、香蒲等	土壤湿度较高的露滩及水深不宜超过20cm的浅水区域
湿生植物	千屈菜、水生鸢尾、红蓼、狼尾草、蒲草等	水面以上土壤湿度较高的露滩
浮叶植物	浮萍、睡莲、荇菜、菱等	水深0~20cm
沉水植物	苦草、金鱼藻、狐尾藻等	透明度与水深之比大于0.6的浅水区域

湖泊水生植被各生长时期的水位波动需求，见表5-2。研究可知，2—3月为种子萌发期，需保持较低的水位以增加露滩面积；4—5月为幼苗生长期，适宜保持中等水位，需保持水位稳定并缓慢上涨，月上涨幅度应控制在0.6m以内；6—7月为生长扩散期，适宜保持高水位，一方面促进水生植物分布范围向外扩展，另一方面可以防止湖滨带萎缩，但水位上涨速率不宜过快，不宜超过5cm/d，且不能超过挺水植物顶部；8—9月为成熟期，适宜保持高水位，水位需要上涨以淹没湿生植被区域，防止陆生植物入侵及湖泊沼泽化，但最高值不能超过湖泊警戒水位；10—11月为种子传播期，适宜保持中等水位，需保持水位稳定并缓慢下降，下降速率不超过3cm/d，促进种子的成熟和传播。12月至次年1月是湖泊植物的休眠期，适宜保持中等至低水位。

表5-2　　　　　　　　　　　湖泊水生植被年内的水位波动需求模式

月份	阶段	适宜水位	水位变化速率要求
2—3月	萌发期	低水位	挺水植物萌发水深不宜超过20cm，沉水植物萌发要求透明度与水深之比大于0.6，且萌发期水位应高于湖泊历年最低水位
4—5月	幼苗生长期	中等水位	沉水植物适宜生长在1~1.5m水深，保持水位稳定并缓慢上涨，上涨速率不得超过2cm/d
6—7月	生长扩散期	高水位	保持水位稳定并缓慢上涨，上涨速率不宜超过5cm/d，且不得超过挺水植物顶部
8—9月	成熟期	高水位	上涨速率不宜超过5cm/d，水位需要上涨以淹没湿生植被区域，防止陆生植物入侵及湖泊沼泽化，生态水位的低值需大于或等于多年平均水位，最高值不超过湖泊警戒水位
10—11月	种子传播期	中等水位	下降速率不超过3cm/d
12月至次年1月	休眠期	低水位	下降速率不超过3cm/d

（2）汤逊湖水位与水生植被覆盖度的关系。水生植被覆盖度是指湖泊中水生植被面积占湖泊总面积的百分比，是湖泊生态系统中水生植物生长状况的重要指标。本书将其作为湖泊生态水位调控中的重要生态恢复目标。

湖泊湿地生态系统中水生植物的分布与萌发期水位有着密切关系，可以根据萌发期的水位计算水生植被覆盖度，计算步骤如下。

步骤 1：建立水位 Z 与湖泊面积 A 之间的关系。

根据湖泊水下地形数据，可以计算出不同水位 Z 对应的水面面积 A，从而得到 Z 与 A 的函数关系，并表示为 $A = f(Z)$。

步骤 2：计算湖泊的水生植被覆盖度。

2—3 月的露滩是适宜于湿生植物和挺水植物萌发和生长的区域，露滩面积可以根据湖泊正常水位 Z_c 与萌发期间水位 Z_g 之间的湖底面积计算得到。此外，挺水植物和浮叶植物还可以在水深不足 20cm 的浅水区域萌发。因此，湿生植物、挺水植物和浮叶植物可萌发的高程分布为 $(Z_g - 0.2) \sim Z_c$。

只有当透明度 SD 与水深之比大于 0.6 时，沉水植物才能发育，因此沉水植物可萌发的最低高程为 $Z_g - \mathrm{SD}/0.6$，沉水植物的高程分布为 $(Z_g - \mathrm{SD}/0.6) \sim Z_g$，与湿生植物和挺水植物部分重叠。

因此，沉水植物、湿生植物和挺水植物可萌发的高程分布分别为 $(Z_g - \mathrm{SD}/0.6) \sim Z_g$、$Z_g \sim Z_c$ 和 $(Z_g - 0.2) \sim Z_c$。水生植物可萌发的最低高程为 $Z_g - \mathrm{SD}/0.6$ 和 $Z_g - 0.2$ 的最小值，即海拔分布范围为 $\min[(Z_g - \mathrm{SD}/0.6), (Z_g - 0.2) \sim Z_c] \sim Z_c$。根据函数 $A = f(Z)$ 可以计算出相应的湖底面积，即水生植物的萌发面积。因此，湖泊覆盖率的计算如下：

$$C = \frac{A_c - \min\left[A\left(Z_g - \dfrac{\mathrm{SD}}{0.6}\right), A(Z_g - 0.2)\right]}{A_c} \times 100\%$$

$$= \frac{f(Z_c) - \min\left[f\left(Z_g - \dfrac{\mathrm{SD}}{0.6}\right), f(Z_g - 0.2)\right]}{f(Z_c)} \times 100\% \tag{5-1}$$

汤逊湖的正常水位 Z_c 为 17.63m，汤逊湖水位与露滩面积的关系如图 5-4 所示。根据实测数据，汤逊湖 2—3 月份透明度 SD 约为 50cm，由于沉水植物萌发和正常生长的透明度与水深之比应大于 0.6，因此沉水植物可萌发的最大水深约为 0.8m，而挺水植物和浮叶植物萌发的最低水位为水下 20cm。

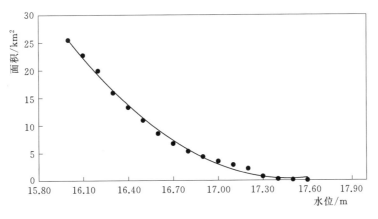

图 5-4　汤逊湖水位和露滩面积关系图

汤逊湖历年最低水位 Z_L 为 16.58m，给定萌发期水位 Z_g 为 16.5～17.7m，以 0.1m 为步长，根据式（5-1）可计算得到不同萌发期水位对应的水生植被覆盖度，水位和植被覆盖度关系式为 $C = 27.82Z^2 - 1011Z + 9190.9$（$16.5 \leqslant Z \leqslant 17.7$），其中 C 为植被覆盖度，Z 为萌发期水位，如图 5-5 所示。不同萌发期水位下预测的汤逊湖水生植被分布如图 5-6 所示。可以看出，萌发期水位越低，水生植被覆盖度越大。在水生植被萌发期（2—3 月），保持较低的水位可以给植物提供充足的光照条件，且低水位时露滩面积较大，可以促进植物种子和繁殖体的萌发。当萌发期水位为 16.80m 时，露滩面积达到 6.3km²，湿生植物、挺水植物和沉水植物可萌发的高程范围分别为 16.80～17.63m、16.60～17.63m 和 16.00～16.80m，植被面积分别为 6.3km²、8.5km² 和 20.2km²，此时植被萌发区域总面积为 26.5km²，植被覆盖度达到 56.1%。当水位超过 17.60m 时，露滩面积逐渐趋于 0，湿生植物全部淹没，不能萌发和生长，此时植被覆盖度小于 13.4%。

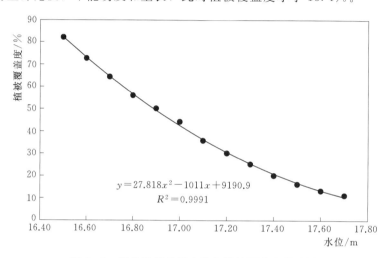

图 5-5　汤逊湖萌发期水位和植被覆盖度关系图

3. 湖泊适宜生态水位研究

汤逊湖生态水位研究主要针对水生植被生长的适宜水位需求，分别核算不同水位条件下水生植被的分布范围，建立有效生境面积与水位定量关系曲线，进而确定汤逊湖全年生态水位过程。每年 2—3 月为水生植物种子萌发期，对于湖泊水生植被生长和分布至关重要，该时期生态水位的确定可依据植被覆盖度保护目标和水生植物萌发水位需求进行核算，进而确定幼苗生长期、生长扩散期、成熟期、种子传播期和休眠期等其他生长阶段所需水位。同时，湖泊水位以不超过挺水植物顶部为原则限制最高水位。

（1）植被覆盖度恢复目标。依据历史资料，汤逊湖在 2000 年以前分布有较多的水生植物，2000 年以后水生植物有所减少，部分年份水生植物覆盖率不到 10%。近年来，由于湖泊水域面积萎缩、湖滨带生境破坏和水体富营养化加重，武汉市湖泊中水生植物群落退化严重，特别是沉水植物面积萎缩严重，群落结构简单化。根据《南湖水环境治理与岸线建设规划方案》，南湖生态修复目标为水生植物覆盖度不小于 30%，参考南湖修复目标，设定汤逊湖保护目标为植被盖度达到 20%～30%。

（2）适宜生态水位过程。萌发期水位和植被覆盖度关系式为 $C = 27.82Z^2 - 1011Z +$

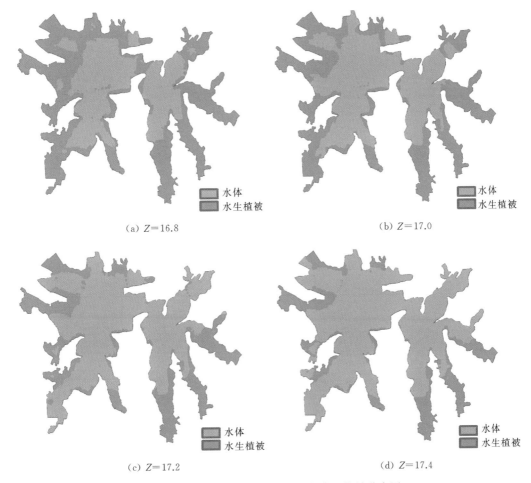

图 5-6 不同萌发期水位下预测的水生植被分布图

9190.9（16.5≤Z≤17.7），可计算得到植被覆盖度为 20% 和 30% 时，萌发期所需水位分别为 17.40m 和 17.20m，因此，确定萌发期（2—3 月）适宜生态水位为 17.20～17.40m。

同时，挺水植物生长过程中水位不能没顶，以芦苇为例，芦苇是喜水性植物，一定的地表淹水有利于芦苇的生存，但长时间淹水并不利于芦苇种群数量的稳定。尤其是芦苇幼苗耐水性较低，只适合在较浅水深中生长。相关研究表明，没顶淹水环境下，芦苇幼苗生长期死亡率接近 20%，除了顶端新生芦苇叶子外，淹水中的幼芽和叶片基本完全掉落。因此，需要分析其从发芽到成熟期的生长状况，建立芦苇植株的高度随生长时间的变化规律，如图 5-7 所示。通过芦苇高度与生长时间的关系，可确定水生植物各生长时期的水位上限。

4—5 月为幼苗生长期，沉水植物适宜生长水深为 1～1.5m，最低水位按植物生长需求保持缓慢上升，最高水位保持水位稳定并缓慢上涨，控制月上涨幅度不超过 2cm/d，且不超过芦苇顶部，即控制上涨水位不超过 20～45cm；6—7 月为生长扩散期，最低水位保持水位稳定上升，最高水位不能超过芦苇顶部，即水深不超过 1.9m，且最高水位不能超过汤逊湖汛期调度水位 18.90m；8—9 月为成熟期，适宜保持高水位；10—11 月为种子传播期，需保持水位平稳下降，下降速率不超过 3cm/d；12 月至次年 1 月为植物休

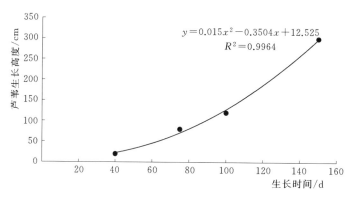

图 5-7　芦苇生长高度与生长时间的关系图

眠期，水位需逐渐下降，保持中等至低水位，由此得到全年适宜水位过程，如表 5-3 和图 5-8 所示。

表 5-3　　　　　　　　　　　　　　汤逊湖适宜生态水位　　　　　　　　　　　　　　单位：m

月份	1 月	2 月	3 月	4 月	5 月	6 月	7 月	8 月	9 月	10 月	11 月	12 月
上限	17.70	17.40	17.40	17.60	17.80	18.40	18.90	18.90	18.90	18.90	18.50	18.30
下限	17.20	17.20	17.20	17.40	17.60	17.80	18.30	18.30	18.30	18.10	17.80	17.50

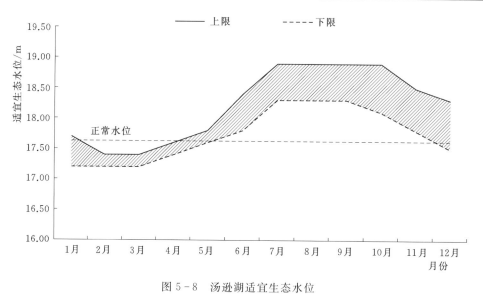

图 5-8　汤逊湖适宜生态水位

第二节　东湖生态需水

一、概况

(一) 流域概况

东湖位于长江干流右岸、武汉市东南部，在武汉市区二环线与三环线之间，地处东经

114°21′~114°28′、北纬 30°30′~30°36′。湖面面积为 33.9km²，是武汉第二大的城中湖，多年平均水深为 2.61m，平均水位为 19.55m，东湖被分割为水果湖、汤菱湖、筲箕湖、郭郑湖、团湖、后湖、庙湖、喻家湖等子湖。湖岸蜿蜒曲折，港汊交错，素有"九十九湾"之说。东湖地形起伏多态，南面群峰相连，山水相映；北面平坦舒展，水天一色；东面坡地郁郁葱葱，碧水蓝天；西面阶地高楼林立，城市和湖泊相得益彰。

由于东湖在武汉的地位特殊，同时也是武汉市的绿楔之一，针对武汉城市湖泊的水系群的综合治理，东湖控制常水位为 19.15m，控制高水位为 19.65m，东湖水位-面积-容积曲线如图 5-9 所示。2009 年提出了大东湖综合治理的理念，以东湖为中心，通过新建楚河汉街、花山渠、九峰渠等连通渠道，实现东边的北湖水系和西边的东沙湖水系连通，形成水网交错，调度灵活的水网格局。东湖流域水系如图 5-10 所示。

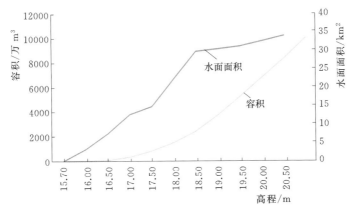

图 5-9 东湖水位-面积-容积曲线

（二）水文气象

东湖地处北亚热带季风区，全年四季分明，日照充足，雨量充沛，冬冷干燥，夏热湿润。据武汉吴家山气象站统计，多年平均气温为 16.7℃，最冷为 1 月，平均气温 3.0℃，最热是 7 月，平均气温 29.0℃，历年最高温度达 39.4℃（1951 年 8 月），最低温度达 -18.1℃（1977 年 1 月 30 日）；全年日照时数为 2079h，日照率为 4.7%；全年无霜期为 241d，最长 272d，最短 211d；全年主导风向为北风，平均风速为 2.3m/s，最大风速为 19.1m/s。

武汉市多年平均年降水量为 1262mm（考虑与长江水位系列长度保持一致，采用 1952—2002 年系列），最大年降水量为 2056.9mm（1954 年），最小年降水量为 726.7mm（1966 年）。降水多集中在 4—8 月，其间降水量占全年的 65.2%。相对于 3 月、4 月、9 月、10 月降水量不大。6 月中旬至 7 月中旬是梅雨季节。梅雨期间雨量大，历时长，笼罩面积宽广，往往有内涝发生。梅雨期过后进入盛夏，受太平洋副热带高压控制，维持一段时间高温无雨天气，易产生伏旱和伏秋连旱，形成武汉市前涝后旱的一般规律。

武汉市多年平均蒸发量为 855.1mm，7 月、8 月蒸发量最大，分别占全年蒸发量的 14.5%、15.8%，1 月、2 月蒸发量最小。东湖流域多年平均风速为 2.3m/s，多年主导风向为 NNE（表 5-4）。

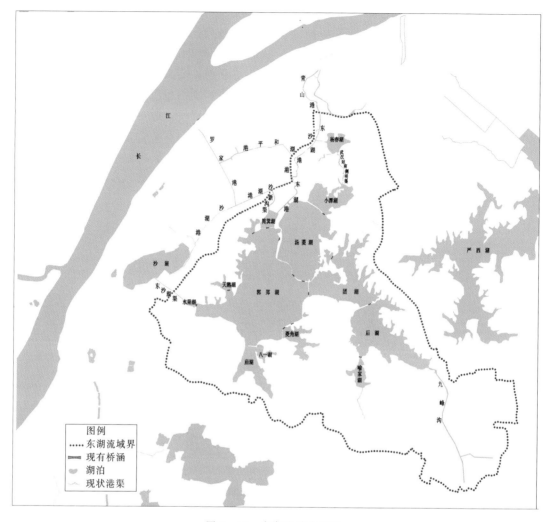

图 5-10　东湖流域水系图

表 5-4　　　　　　　　　　东湖区域多年月平均风速和风向

月份	1月	2月	3月	4月	5月	6月	7月	9月	10月	11月	12月	年平均
平均风速/(m/s)	2.4	2.8	2.6	2.6	2.3	2.3	2.6	2.4	2.1	2.2	2.3	2.3
最多风向	NNE	NNE	NNE	NNE	NNE	SSE	SSW	NNE	NNE	NNE	NNE	NNE

（三）水利工程概况

东湖流域内的主要排涝泵站为罗家路泵站、新生路泵站及前进路泵站，总规模为 142m³/s；主要排涝闸为罗家路闸及曾家巷闸。湖泊之间通过港渠连通，现状主要港渠有 15 条，总长 43.17km，其中西竹港、竹青港为连通港渠，仅沿程有少量来水汇入，余下 12 条港渠均以排水为主或兼具排水功能。

（四）社会经济

东湖流域涉及武汉市武昌区、洪山区、青山区、东湖新技术开发区和东湖风景区等 5

个区，珞珈山街、水果湖街、中南路街、和平街、关山街、卓刀泉街、珞南街、厂前街、九峰街、关东街等 10 个街道，其中东湖风景区面积最大，流域总人口为 65.50 万人。

1950 年，国家开始在东湖兴建风景区。1982 年东湖风景区被国务院列为首批国家重点风景区。2000 年成为国家首批 AAAA 级旅游景区。2013 年，被批准为国家 AAAAA 级旅游景区，风景区面积约 80km²。

东湖周边聚集了武汉大学、华中科技大学、中国地质大学（武汉）、武汉体育学院等 26 所高等院校，中国科学院武汉植物园、水生物研究所等 56 个国家、省、部属科研院所，东湖新技术开发区国家光电子产业基地——中国光谷、光谷商圈；东湖周边还有湖北省博物馆、湖北美术馆等文化设施以及东湖宾馆等高级酒店和欢乐谷等众多旅游、休闲娱乐场所，还有各具特色的茶楼酒肆、农家乐等。

美丽的东湖，历史文化底蕴深厚，旅游资源丰富，高新技术产业群集，现代服务业发达，是中国乃至世界一颗耀眼的明珠。

（五）已开展的相关工作

东湖作为武汉市中心的城中湖，同时也是 5A 级景区。20 世纪 80 年代初，东湖污染问题得到了社会各界的高度重视。经过几十年的综合治理，目前流域内的沙湖（15 万 t/d）、二郎庙（18 万 t/d）、龙王嘴（15 万 t/d）三大污水收集处理系统已建成投入运行，该地区"清水入湖"工程已基本完成；随着落步咀（12 万 t/d）污水收集系统的建成使用，位于东湖东部偏远地区和旅游景点等 7 处污水排放点源进了分散处理、达标排放；东湖滨湖区域陆续建设了一批塘-湿地系统，对农田径流及周边是生活污水起到了净化和阻控作用；2003 年至今已对东湖重要区域进行了清淤疏浚工作，同时全面禁止东湖水域范围内的"三网"养殖工作，建成区岸线总长约 105.19km，占东湖总岸线的 88.3%。

在截污控污的基础上，生态及景观的打造也有序推进。已建成的东湖绿道，全长 101.98km，是国家城区首条 5A 级景区绿道，绿道把散碎的景区串联起来形成了整体。伴随着大东湖项目建设的推进，流域内的港渠正在治理，目前完成的楚河汉界和东湖港现在已成为武汉市新的旅游名片，恢复了东湖原始连通的水网格局，现已完成了东湖和沙湖、东湖和严西湖等湖泊连通。

1. 东湖绿道

武汉东湖绿道位于东湖风景区内，是国内首条城区内 5A 级景区绿道。东湖绿道全长 101.98km，宽 6m，串联起东湖磨山、听涛、落雁、渔光、喻家湖等八大景区，有湖中道、湖山道、磨山道、郊野道 4 段主题绿道。

2. 楚河汉街

东沙湖连通工程为一条开敞式的生态景观河，工程主要由连通渠、渠道节制闸及沿湖景观等组成，总长 1703m，宽 45～75m，双向引水，设计流量为 10～20m³/s。河道按Ⅶ级航道标准设计，沿河新建节制闸 2 座、交通景观桥 4 座。该景观河位于武昌核心区，是"大东湖"生态水网构建体系中的重点工程，沟通东湖和沙湖，具有引水、排水、面源截污功能，有助于改善东湖、沙湖和水果湖水质，增强区域排水能力，并通过城市开发建设，形成具有浓郁人文、时尚、生态特色的城市景观。

3. 东湖港

东湖港位于武汉市青山区和东湖风景区之间，是联系长江和东湖两个生态斑块的生态走廊，是武汉市大东湖生态水网构建中的引江济湖的重要通道，是武汉市海绵城市试点建设青山示范区的重点项目之一。主要建设任务为海绵城市、引水排水、园林景观与区域交通建设，见图5-11。港渠全长4.7km，控制廊道宽100～140m，设计流量为32m³/s，渠道、桥梁等主要建筑物级别为3级。工程于2016开工，目前主要工程已全部完工。

图5-11　东湖港

二、现状调查评价

(一) 水资源现状调查

东湖流域湖泊众多，沟港密布，流域内主要湖泊东湖、沙湖、杨春湖、严西湖、严东湖、北湖承担着调蓄的作用。降水是东湖地区地表水资源的直接来源，东沙湖水系1952—2002年多年平均径流深为503.9mm，北湖多年平均径流深为468.5mm，严东湖、严西湖多年平均径流深为443.2mm，大东湖地区加权平均径流深为477.8mm，从湖北省降水量和径流深等值线图来看，本地区多年平均年降水量为1200mm左右，多年平均径流深为450mm左右，经分析得到的年平均降水量为1262mm，多年平均径流深为478mm，多年平均地表水资源量为4.42亿m³。

(二) 水环境调查评价

1. 污染物调查评价

东湖水质较差，是多因素、长期累积影响的结果。东湖水体关键水质指标是 COD_{Mn}、TN、TP等，其核心来源是"大东湖"汇水区的点源、面源、内源及降尘等污染物。

(1) 点源污染。东湖周边已不存在工业废水排口；周边生活污水排口基本截流，目前排入东湖的点源生活污水主要来自王家店污水处理厂、沙湖污水处理厂、落步嘴污水处理厂尾水及11个分散污水处理设施，年污水入湖总量6052.22万t，COD、TN、TP污染物年排放量分别为1568.58t、458.01t、29.34t。

（2）面源污染。东湖周边分布雨水口175个，分布于各子湖中，其中雨水口最多的为郭郑湖。郭郑湖、喻家湖、庙湖和水果湖在暴雨期间受雨污合流排污口冲击负荷的影响较大，COD、TN、TP污染物年排放量分别为7131.47t、445.36t、57.32万t。

（3）内源污染。2016年对东湖底泥进行了调查，结果表明：东湖底泥平均厚度为0.63m，由于有的子湖实施过清淤工程，所以东湖各子湖中沉积物的分布极不均匀。东湖沉积物单位体重TN、TP含量较高，分别为1.40kg/m³和0.59kg/m³。TN、TP污染物年释放量分别68.84t、6.42t。

（4）入湖降尘污染。根据相关研究成果，武汉市东湖地区降尘中污染物平均含量COD为0.08939/（m²·d），TN为0.0108g/（m²·d），TP为0.541mg/（m²·d）。根据各子湖面积换算，通过降尘形式进入东湖水体的污染物量COD为1096.61t，TN为133.07t，TP为6.67t。

2. 水质调查评价

（1）水功能区。根据《武汉市水功能区划》（鄂政函〔2003〕101号文批复）和《武汉市水功能区划（修编）》（武政〔2013〕75号），参考《武汉市城市地区空间发展概念规划》，确定东湖为东湖景观娱乐用水区，主要功能为集中式生活饮用水水源地二级保护区，水质目标为Ⅲ类。目前水功能区综合水质为Ⅴ类，不达标。

（2）水质现状。东湖是武汉市重要的景观和调蓄湖泊，同时也是5A级景区，湖泊水质监测数据较全。经过多年治理，目前东湖水质水体富营养化得到显著改善，东湖水质目前大部分时段维持在Ⅳ类。

（三）水生态现状调查

1. 东湖湿地公园自然保护区

东湖湿地公园隶属武汉东湖风景区规划范围，地跨东湖吹笛、落雁景区，水域主要包括团湖、后湖、喻家湖。场地东接武汉中环线，南靠马鞍山森林公园，西至东湖磨山余脉，北边临近东湖清河桥，总面积约10.2km²。外围保护范围东至建强村，南至梅山、猴山一带，西至郭郑湖，北至落雁岛，用地面积为6.1km²；周边景观控制区主要涉及落雁景区、吹笛景区及磨山景区的湖泊湿地区域，用地面积约为27km²。东湖湿地公园兼顾了湿地公园水体净化、维持生物多样性、恢复水体中多层次的水生植物等生态化功能之外，同时也结合整合东湖景区进行了景观打造，既使得湿地公园水质得到显著提升，也对整个景区提供了新的景观节点。

2. 生物资源现状

（1）浮游植物。东湖流域中各湖泊共计分布有浮游植物7门39属，包括蓝藻门、绿藻门、硅藻门、隐藻门、裸藻门、甲藻门和金藻门。其中，绿藻门以小球藻和衣藻占优势；硅藻门以脆杆藻、小环藻、针杆藻为优势种；蓝藻门以鱼腥藻和伪鱼腥藻为优势种。

（2）水生植物。东湖现存水生植物18科22属22种。其中挺水植物9种、浮叶植物8种、沉水植物5种。水生植物主要分布在小潭湖、汤菱湖、团湖、后湖等部分区域。郭郑湖、庙湖、菱角湖、喻家湖、水果湖无水生植物或呈零星斑块分布。菹草是沉水植物的优势种，主要分布在汤菱湖和后湖，最大分部水深可达 2.4m。黑藻、苦草、轮藻均为零星分布。菖蒲、芦苇和菰是挺水植物中的优势种。水生植物分布面积约 1.16km²，呈现出北部多于南部，东部多于西部，四周多于中间的总体趋势。

（3）浮游动物。各湖泊分布浮游动物 30 种，其中轮虫 17 种、枝角类 8 种、桡足类 5种。轮虫中的优势种为针簇多肢轮虫、角突臂尾轮虫和螺形龟甲轮虫；枝角类的优势种为点滴尖额溞、简弧象鼻溞和圆形盘肠溞；桡足类优势种为广步中剑水蚤和近邻剑水蚤。从密度来看，轮虫占浮游动物中的绝对优势，枝角类很少，桡足类主要以幼体为主。

（4）底栖动物。各湖泊水域分布有底栖动物 11 属 14 种，包括水生昆虫、寡毛类和软体动物三大类。各湖区底栖动物物种丰度都相对较低，种类比较单一。水生昆虫主要有红裸须摇蚊、前突摇蚊属、中国长足摇蚊等；寡毛类主要为霍甫水丝蚓和苏氏尾鳃蚓；软体动物只有湖滨带有部分环棱螺属和敞水区球蚬属的类群。

（5）鱼类。东湖鱼类资源相对比较丰富。目前水体中共有鱼类 4 目 8 科 21 种，鲤形目鱼类最多（15 种），其余依次为鲈形目（3 种）、鲇形目（2 种）、合鳃鱼目（1 种）。东湖渔获物由放养鱼类和非放养鱼类组成。近年来统计结果表明：放养鱼类占绝对优势，达到 91%～98%；非放养鱼类数量小，仅占 1.8%～7%。鲢、鳙占渔获物的 90%～98%，草鱼、青鱼等产量逐渐减少。非放养鱼类包括鲤鱼、鲫鱼、蒙古鲌、鳡鱼和小杂鱼等。

从湿生生物大的组成类别上分析，长江干流湿地生物与大东湖水系无明显差异，但湖泊水系栖息生境及饵料条件较好，生物种类和数量更为丰富。

三、生态需水研究

根据《河湖生态需水评估导则》，结合东湖的具体情况和保护目标，考虑基础资料情况，采用湖泊形态分析法，最小生物空间法计算东湖的最低生态水位。

（一）湖泊形态分析法

利用东湖实测湖泊水位和湖泊水面面积资料，计算得到湖泊水位和湖泊水面面积增加率（dF/dZ）关系曲线，如图 5-12 所示。

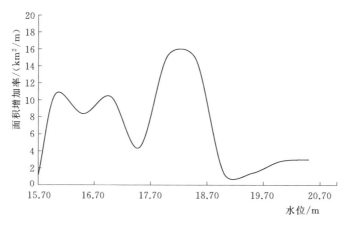

图 5-12　东湖水位和水面面积增加率关系图

该曲线中水面面积增加率最大值的相应水位是 18.00m，因此，由湖泊形态分析法确定的东湖最低生态水位为 18.00m。

（二）最小生物空间法

东湖湖底高程为 15.70m，参考最低生态水位相关文献研究成果，综合各种资料分析，东湖鱼类生存要求的最小水深约为 1.0m。因此，东湖最低生态水位为 16.70m。从湖泊水生态偏安全角度考虑，取两种方法中较大值作为湖泊最低生态水位，因此，确定东湖最低生态水位为 18.00m。

第三节　梁子湖生态需水

一、概况

（一）流域概况

梁子湖地处长江中游南岸，位于湖北省东南部，东与黄石市交界，南与咸宁市为邻，西与武汉市接壤，地跨东经 114°32′～114°43′、北纬 30°01′～30°16′，素有鄂州市南大门之称。湖区承水面积为 2085km²，梁子湖水面面积为 271km²。湖区以梁子山为界分东、西二湖：东梁子湖包括蔡家灜、涂镇湖、前瀚、后瀚、东湖、西湖等子湖，属鄂州市；西梁子湖包括牛山湖、宁港、前江大湖、张桥湖、仙人湖、山坡湖、土地堂湖等子湖，属武汉市江夏区。梁子湖有高桥河、金牛河、谢埠河等 30 多条支流入汇，地表径流汇入湖泊经调蓄后，于东部磨刀矶流入长港，经樊口大闸泄入长江。梁子湖流域水系如图 5-13 所示。

梁子湖湖水清澈、水质优良、水草茂盛，是江汉湖群水生植被被保持得最为完好的近郊湖泊，也是湖北省重点保护水系，湖区内动植物资源十分丰富，是重要的水产种质资源基因库。

（二）水文气象

梁子湖地处中纬度南部，属典型的亚热带大陆性季风气候，冬冷夏热，四季分明，光照充足，雨量充沛，平均气温为 16.8℃，极端最低气温为 −11℃，极端最高气温为 40℃，无霜期年平均为 264d。多年平均年降水量为 1330mm，多年平均水位为 18.02m，多年平均径流深为 613.5mm，径流量为 19.2 亿 m³，径流量在年内季节分配和年际间变化与降水量基本吻合。历史上年积雪最深为 0.23m，年平均日照时数 1810h。

梁子湖流域太阳辐射有明显的季节变化，冬季受蒙古冷高压控制，多北风；夏季受西太平洋副热带高压和印度洋热带低压影响，多南风；春秋两季，两种风交替出现。境内地势北高南低，冷空气通过汉江河道直驱江汉平原。纬度、季风、地势多种条件相互影响制约，构成该流域的气候特色。

（三）水利工程概况

梁子湖流域的主要出江泵站为樊口泵站一站和樊口泵站二站。主要控制闸共 9 座，分别为樊口大闸、磨刀矶闸、三山湖闸、东沟闸、车湾闸、东港口闸、南塘口闸、六十口闸、洋泽沟闸。有主要排水通道 5 条，分别为新港、薛家港、长港、拾湖港、车湾新港。

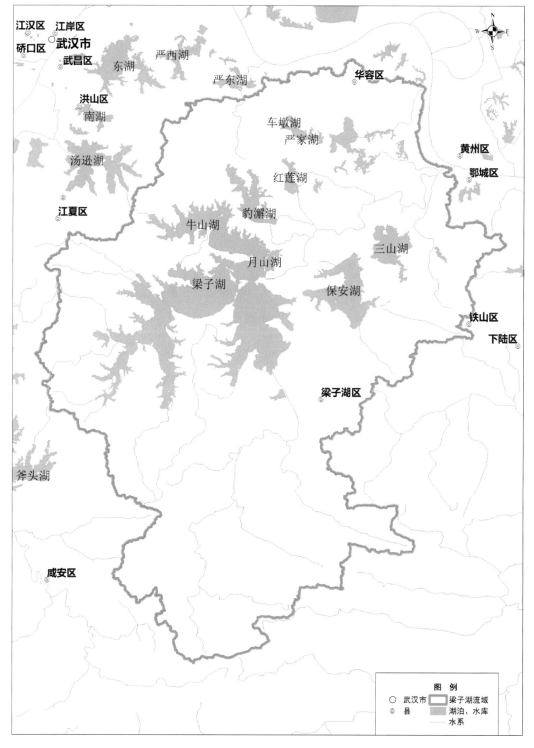

图 5-13 梁子湖流域水系图

有骨干提水灌溉泵站 5 座，分别为杨家巷泵站、黄金山口泵站、金鸡山泵站、浮山泵站和军台山泵站。

梁子湖流域现有中型水库 1 处，小（1）型水库 23 座，小（2）型水库 137 座，总库容达 12626 万 m^3，兼有防洪、养殖、发电等综合效益。梁子湖区现有防洪除涝内垸 69 个，其中 5000 亩以上圩垸鄂州有 5 个，江夏有 4 个；1000～5000 亩圩垸鄂州有 23 个，江夏有 3 个；1000 亩以下圩垸鄂州有 17 个，江夏有 14 个，大冶有 1 个。

（四）社会经济

梁子湖流域包括武汉市的江夏区、东湖高新区，黄石市的大冶市、铁山区，鄂州市的鄂城区、华容区、梁子湖区和咸宁市的咸安区等市区的部分区域。流域内共有人口 116.38 万人（其中城镇人口 60.60 万人），国土面积为 2412.32 km^2，耕地面积为 81.47 万亩（其中水田面积 38.41 万亩）。

梁子湖渔业发展较快，年均水产品产量保持在 31.7 万 t 左右。流域内非金属矿物储量达 2 亿 t，有沸石、珍珠岩、膨润土、富碱玻璃矿等 31 种，是全国著名的三大非金属矿基地之一。

梁子湖旅游资源丰富，2006 年 3 月，江夏区建立梁子湖风景区；东部鄂州市梁子湖区则以梁子岛为中心，规划建设了鄂州梁子（湖）岛生态旅游度假区。

（五）已开展的相关工作

牛山湖退垸还湖工程于 2016 年 7 月实施，破垸分洪之后，梁子湖、牛山湖、埝网湖、愚公湖及其余分洪民垸连成一体，梁子湖面积增加 100 余 km^2，达到 370km^2，从而减少养殖污染，增强湖泊自净功能，提升湖泊水质，修复湖泊生态。此为永久性退垸还湖，发挥了湖泊绿色发展在长江大保护中的积极作用。

梁子湖水系连通工程为"湖北省水资源保护规划"中鄂东江南平原区重点区域的重点项目，也是"湖北省梁子湖区水利综合治理规划"中"一主两翼多支"水网的西翼工程。主要水网连通线路为：梁子湖—长江通道、梁子湖（牛山湖）—梧桐湖—红莲湖—五四湖通道、梁子湖—保安湖—三山湖通道。

二、现状调查评价

（一）水资源现状调查

梁子湖承雨面积为 2085km^2，第一批湖泊保护名录中调查的湖面面积为 271km^2，18.00m（冻结吴淞高程，下同）水位时湖泊容积为 6.1 亿 m^3，湖区围堤高程一般为 22.50～23.50m，设防水位为 19.00m，保证水位为 21.36m，湖水通过磨刀矶节制闸经 43km 长港流入樊口站（闸）排入长江。梁子湖流域湖区与山丘区相毗连，属半圩区。山丘客水需经湖泊调蓄后，才能排出外江，因此，常因山洪加剧湖区渍涝程度。尤以梁子湖较为突出，其上游山丘区集水面积达 840km^2，占梁子湖集水面积的 40% 以上。

（二）水环境调查评价

1. 污染物调查评价

梁子湖的入湖污染主要来自点源污染、面源污染、内源污染等方面。点污染源主要为城镇工业、生活及规模养殖污染，面污染源主要为农村生活、农业生产及农村分散养殖污染，内源主要是湖区水产养殖污染等。

梁子湖流域污染排放情况详见表 5-5，各行业污染负荷详见表 5-6。

表 5-5　　　　　　　　　　　　梁子湖流域污染排放统计表

污染排放类型	污水产生量/万 t	污水排放量/万 t	排放比例/%
工业污染	1061.6	850.1	80.08
城镇生活污水	908.4	754.5	83.06
农村生活污水	2937.5	2554.2	86.95

表 5-6　　　　　　　　　　　　梁子湖流域各行业污染负荷统计表

指　标	COD		TN		TP		NH₃-N	
	负荷/t	百分比/%	负荷/t	百分比/%	负荷/t	百分比/%	负荷/t	百分比/%
工业污染	297.56	0.67	152.98	2.92	4.25	0.48	68.05	4.75
城镇生活污水	2117.00	4.76	397.66	7.59	25.47	2.85	406.55	28.40
农村生活污水	4473.46	10.05	1058.28	20.21	203.88	22.84	689.05	48.13
生活垃圾	183.02	0.41	9.16	0.17	0.37	0.04	4.58	0.32
水产养殖	13641.00	30.66	1319.50	25.19	240.16	26.90	96.07	6.71
畜禽养殖	23777.94	53.45	2300.05	43.91	418.63	46.89	167.46	11.70
污染负荷总计/t	44489.97		5237.62		892.76		1431.76	

注　数据取自 2013 年梁子湖生态环境保护调研。

2. 水质调查评价

梁子湖流域一级水功能区划现状划分保留区 5 个。各湖泊水功能区划情况、水质现状及水质管理目标见表 5-7。

表 5-7　　　　　　　　　　　　梁子湖流域各湖泊水功能区划表

功能区名称	起始断面	终止断面	面积/km²	现状水质类别	水质目标类别	区划依据
梁子湖保留区		湖区	256.3	Ⅲ	Ⅲ	开发利用程度不高
保安湖保留区		湖区	39.4	Ⅲ	Ⅲ	开发利用程度不高
三山湖保留区		湖区	20.2	Ⅳ	Ⅲ	开发利用程度不高
严家湖保留区		湖区	3.26	Ⅳ	Ⅲ	开发利用程度不高
豹澥湖保留区		湖区	28	Ⅲ	Ⅲ	开发利用程度不高

注　表中面积为湖泊的常水位对应的面积。

梁子湖水域 47.83% 的水面水质为Ⅱ类，39.13% 的水面水质为Ⅲ类，13.04% 的水面水质为Ⅳ类。从湖面来看，东梁子湖的高塘湖水域、西梁子湖的张桥湖水质较好，基本为Ⅱ类；西梁子湖的前江大湖、牛山湖及满江湖水质稍差，基本为Ⅲ类，主要原因是由于附近湖汊较多，水产养殖丰富，对水体有一定影响；牛山湖大堤附近及西梁子湖宁港水域水质最差，达到Ⅳ类，是由于宁港附近有大型的畜禽养殖业，而牛山湖大堤附近水产养殖现象最多，对水体水质产生了较大影响，对水质造成了严重污染。梁子湖流域现状年水质类别分布如图 5-14 所示。

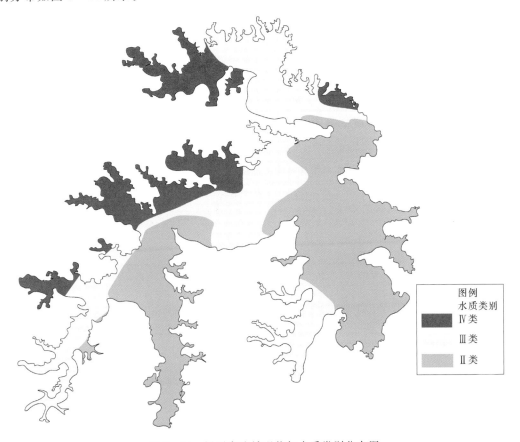

图 5-14　梁子湖流域现状年水质类别分布图

（三）水生态现状调查

梁子湖流域湖区动物资源中，有脊椎动物 280 余种（其中鱼类 70 余种、鸟类 166 种、兽类 21 种、两栖类 8 种、爬行类 15 种）、浮游动物 89 种和底栖生物 49 种；植物资源中，有维管束植物 331 种（含变种），其中高等水生植物 92 种、浮游植物 73 种。以上生物中许多是国家珍稀濒危和特有水生野生动植物，包括国家重点保护植物 4 种，其中一级 1 种（莼菜）、二级 3 种（水蕨、野菱、野莲）。梁子湖是团头鲂（武昌鱼）和湖北圆吻鲷的原产地和标本模式产地，是中华鳖、青虾、中华绒螯蟹、皱纹冠蚌、日本沼虾等经济水生动物资源的重要保存地，是四大家鱼、鳜鱼和银鱼等水产品的重要基地，是亚洲稀有水生植物物种蓝睡莲的唯一生存地，也是国内新纪录物种和国际特有新纪录物种扬子狐尾藻武昌鱼的发现地。2009 年，梁子湖首次出现有水中大熊猫之称的中华桃花水母。湖中还分布着一些稀有水生生物，如白睡莲、水车前等。梁子湖由于其生物多样性和稀有性，被专家称为"化石型湖泊""鸟类乐园""武昌鱼故乡"和"物种基因库"。

三、生态需水研究

为保证水生态系统健康、可持续发展，梁子湖需保障一定的生态水位。结合梁子湖的具体情况和保护目标，考虑多年水位资料、生物资料和湖泊形态特征参数等，采用生态水位法、生物最小生存空间法和湖泊形态分析法计算梁子湖的最低生态水位。

（一）生态水位法

将满足高水位时期高频率、低水位时期高频率水位条件的年份，确定为高频水位年，再选取其中水位较低的年份 1978 年作为生态状况较差的年份。1978 年最小月平均水位为16.63m，梁子湖历年月平均最小水位为 16.75m，则最低生态水位系数为 0.993。梁子湖多年月平均水位及最低生态水位见表 5 - 8。全年 2—4 月最低生态水位较低，其最小值为16.79m，即以生态水位法确定的最低生态水位为 16.79m。

表 5 - 8　　　　　　　　　　梁子湖多年月平均水位及最低生态水位表　　　　　　　　　单位：m

月份	多年月平均水位	最低生态水位	月份	多年月平均水位	最低生态水位
1 月	17.31	17.18	7 月	18.83	18.69
2 月	16.98	16.86	8 月	18.99	18.85
3 月	16.91	16.79	9 月	18.97	18.83
4 月	17.06	16.93	10 月	18.93	18.79
5 月	17.56	17.43	11 月	18.57	18.43
6 月	18.13	18.00	12 月	17.87	17.74

注　计算结果依据梁子湖梁子镇水位站 1959—2008 年（1960 年缺测）共 49 年逐日水位。

（二）生物最小生存空间法

生物最小生存空间法即根据对湖泊水位最为敏感的生物类型，确定其生存和繁殖需要的最低水位。在实际计算湖泊最低生态水位时，需要根据湖泊典型鱼类的适宜水深确定相应的适宜水位。

参考有关文献记载，鱼类生存所需最小水深为 1m，梁子湖湖底高程为 13.50m，最终的最低生态水位计算结果为 15.00m。

（三）湖泊形态分析法

湖泊生态系统服务功能与湖泊水面面积或湖泊容积密切相关，所以可用湖泊水位作为湖泊水文和地形子系统的特征指标。采用实测湖泊水位和湖泊面积资料，建立湖泊水位和湖泊面积减少量的关系曲线，湖面面积变化率为湖泊面积与水位关系函数的一阶导数。在此关系曲线上，湖面面积变化率最大值的相应水位即为最低生态水位。湖泊形态法推求生态水位成果为 15.00m。

（四）综合推荐

在分析确定湖泊最低生态水位时，综合上述 3 种方法的成果和各方面因素，取各水位的最大值作为最低生态水位，确定梁子湖的最低生态水位为 16.79m。

第四节 汈汊湖生态需水

一、概况

（一）流域概况

汈汊湖位于汉江以北，西接天门，北连应城、云梦，东抵城关仙女山麓，介于东经 113°37′~113°49′、北纬 30°40′~30°43′。总面积仅 86.7km²，湖中筑有南北向分隔堤（三支渠），将汈汊湖分为东西两大片：西片 48.7km² 为调蓄养殖区，东片 38km² 为垦殖区，1984 年退田还湖，亦转为调蓄、养殖的备蓄区。如图 5-15 所示。

（二）水文气象

汈汊湖属亚热带季风气候，雨量充沛，四季分明，温差较大。历年最高气温为 38.4℃（1971.7）、历年最低气温为 -14.6℃（1971.1）、平均气温为 16.1℃；年平均降水量为 1179.2.9mm、年最大降水量为 2262.4mm、年最小降水量为 651.2mm，最大日降水量为 252mm（1959.6.9）；历年平均相对湿度为 79%、历年平均气压为 98.45MPa、历年平均蒸发量为 1320mm、年均无霜期为 244d。

常年主导风向为北风，风向频率为 48%，多发在冬季；次主导风向为西南风，风向频率为 19%，多发在夏季；静风期频率为 13%。历年平均风速为 3.7m/s。境内四季分明，雨量充沛，光热充足，年平均日照数为 1910.7h，严寒酷暑时间短，春、求、初夏气候温和时间长，有利于农作物发育生长，但初夏梅雨期暴雨频繁易渍涝，盛夏高温蒸发量大，常有伏旱，所以洪涝和干旱成为汉川市主要的气象自然灾害。

（三）水利工程概况

经过数十年治理，汈汊湖流域基本形成了"沟渠纵横，留湖调蓄，辅以电排，灌排结合"的新型水利化格局。主要水利工程涉及堤防、闸泵站工程等。现有主排渠民堤 352.34km；主排渠民堤涵闸 129 部，对区内涝水起主要调控作用的涵闸有东泄洪闸、南泄洪闸及湖口闸等，主要外排涵闸有民乐闸、汉川闸和汉川泵站自排闸等。其中南泄洪闸为汈汊湖调蓄区的分泄洪水闸，东泄洪闸为备蓄区的分泄洪水闸，总分洪流量为 500m³/s。主要外排泵站有 29 座，其中汉川一站、汉川二站和分水泵站为汈汊湖流域三大统排泵站，汉川二站位于汉川一站南侧，该站排灌两用，除与汉川一站、分水泵站共同承担天门、汉川两市 1936km² 承雨面积的排水任务外，可解决孝感市南部四县（市、区）及东西湖区共 180 万亩农田抗旱的灌溉补充水源，同时，可改善汈汊湖和汉北河的航运条件。

（四）社会经济

汈汊湖流域主要包括天门的竟陵街道办事处、杨林街道办事处、高新园及汉川的仙女街道办事处等。汈汊湖行政区划上属于汈汊湖养殖场，管辖 4 个分场、1 个水科所、2 个专业公司。2016 年统计资料显示，汈汊湖流域总人口为 119.85 万人，其中非农业人口 68.50 万人，耕地面积 111.39 万亩。流域内天门市的工业产业主要分布在天门市中心城区和岳口镇，产业布局主要为汽车零配件产业、纺织服装产业、泵阀加工产业等；流域内汉川市工业产业主要集中在新河、仙女山街道办事处，产业布局主要为金属制品、食品加

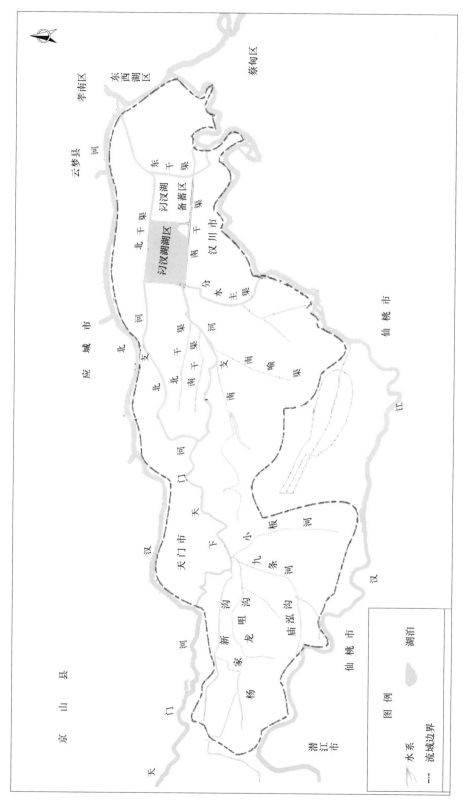

图 5-15 汈汊湖流域水系图

工、纺织、印染等行业。

（五）历史变迁

汈汊湖初成年代浅湖沼泽普遍发生，气候潮湿，河流摆动，下切加强，使此处地势低沉，此雏形的形成约有1万多年。宋代以后，人们在此大举围垦，相继建成了许多圩垸。明代开始，汉江开始筑堤，但上游地区的天门河、溾水、大富水及涢水等来水汹涌，汇入洼地，加之汉江筑堤后，汉江河床逐渐抬高，使内垸之水无法排泄，形成了汉北地区无数个大大小小的湖泊，刁家大垸成为刁家汊。清乾隆三十一年（1766年）江水泛涨，堤垸溃漫，民力难支，地方官员申奏朝廷，请求将垸废修，以红粮改为鱼粮。至新中国成立初期，由于府河、澴河、天门河等来水汇入，汈汊湖总面积达426.5km²，承雨面积达16821km²，来水面积与湖面面积的比值为39：1，远远高出一般湖泊的比值，汈汊湖成为有名的"统水袋子"，湖区渍涝灾害严重。20世纪50年代，政府将156个民垸合成59个垸子，缩短防洪堤线约200km。针对来水面积大，汉江倒灌顶托现象严重等问题，先后疏挖汪家河、张家河、汉川河，兴建了汉川闸、涂潭闸和老新沟闸。从1957年起，汈汊湖区围垦中洲垸、解放洲垸、汈东垸和顺河垸，围堤长38.05km，增垦面积为11964hm²。1959年，府河、澴河改道，两河8321km²的来水不入汈汊湖，并堵塞了县河口、新沟口、曹家口，解决了历年来江水倒灌问题，减轻了汈汊湖洪水的压力，防洪水位较改道前降低了1.52m。20世纪70年代初，政府开始对汈汊湖进行全面规划、综合治理，形成了总蓄水面积86.7km²的封闭人工湖，并由东西两部分组成，经东南北3个泄洪闸承接流域涝水。

（六）已开展的相关工作

20世纪70年代是对汈汊湖区进行全面规划、综合治理的新阶段。1971—1973年，围绕汈汊周围开挖了3条引水渠、3条排水渠，兴建了3座排水闸和东、南、西、北4条排涝结合的连通渠，形成了总蓄水面积为86.7km²的人工湖。为充分发挥调蓄与养殖功能，将汈汊湖以中干渠为界划分为东、西两部；西部为调蓄养殖区；东部原划定为垦殖区，从1984年起实行退田还湖，将原有垦殖区开辟为备蓄区，建有一座泄洪闸。一般常水年仍维护农业生产，大水年份则滞洪蓄涝，以免发生大面积涝灾。80年代以后针对提排标准低，又增建了两座大型泵站，1986年毗邻汉川一站，又增建汉川二站（排灌结合）。1998年增建分水泵站，使汈汊湖排涝能力达到了8～10年一遇标准。进入21世纪以来，汈汊湖湖泊水面面积逐年退缩，2014年汈汊湖被批准建设国家湿地公园至今，汈汊湖流域积极实施退垸（渔、田）还湖"三退"工作，扎实开展汈汊湖国家湿地公园建设，着力做好"生态修复、环境保护、绿色发展"三篇文章。

二、现状调查评价

（一）水资源现状调查

汈汊湖是全国最大的封闭型内陆湖泊，承担着汉北河、汉江等过境河流的调峰纳洪任务，水资源主要依靠人工控制从天门河的两大分流水系——北支河与南支河调度补给。

根据汈汊湖五房台站观测资料，汈汊湖历史最高水位达26.83m（1983年）。根据汉江、汉北河相关测站实测资料统计分析，汉江过境年均径流量为433.4亿m³，汉北河过境年均径流量为 18.96 亿 m³，汈汊湖自产水量年均 7.484 亿 m³，汈汊湖还原后实测径流深约 326mm。

（二）水环境调查评价

1. 污染物调查评价

（1）点源污染。根据污染源调查统计，汈汊湖流域内点源污染主要包括工业、城镇生活污水集中排放等造成的污染。现有 31 家重点工业污染企业，绝大部分位于天门市城区和岳口镇，流域内仅重点工业污染企业按要求配套建设了废水处理设施，部分小型乡镇企业未按要求配套建设废水处理设施。除岳口镇外，其他乡镇基本没有建成污水处理和收集设施，城镇生活污水基本都是自然排放，绝大部分污水排放至乡镇附近的天然河流、沟渠、塘堰后，再主要通过天门河及支流入北支河、南支河和汈汊湖四周干渠。

（2）面源污染。汈汊湖流域面源污染包括农村生活污水与固体废弃物、农田径流污染物、分散式畜禽养殖和城镇地表径流等污染。

（3）内源污染。据调查，近几年，汈汊湖的大湖水产品自然养殖（粗养）面积为 2.0km²，河汊自然养殖（粗养）面积为 5.33km²。汈汊湖可用作精养鱼池的水域面积达 64.33km²，其中一部分种植莲藕，莲藕等水生经济植物种植与鱼类养殖轮作。湖内精养鱼塘实行精养方式，养鱼投肥、投饵很普遍，鱼塘养殖成为了汈汊湖水体有机污染来源之一。

2. 水质调查评价

孝感市、汉川市环境监测站及孝感市水文局对汈汊湖进行了水质监测，在汈汊湖布设了湖心、老屋台 2 个监测点，单月监测一次。

近两年汈汊湖污染物浓度呈下降趋势，湖泊水质有所好转。2016 年汈汊湖湖心、老屋台 2 个监测点及全湖的水质均处于Ⅲ类，水质良好。总体上，汈汊湖湖心的污染物浓度略低于老屋台，湖心水质略优于老屋台。

（三）水生态现状调查

1. 自然保护区

汈汊湖湿地现为国家级湿地公园。湿地总面积为 2464.51hm²，占公园规划总面积 24.9km² 的 98.99%。其中，永久性淡水湖面积为 1.97km²，运河、输水河面积为 0.93km²，水产养殖场面积为 21.75km²。

汈汊湖国家湿地公园，水浅滩多，湿地动植物资源丰富、景观资源众多。园中有国家重点保护动物 21 种，其中国家Ⅰ级保护动物 2 种，为白鹤和东方白鹳；国家Ⅱ级保护动物 19 种，为虎纹蛙、白琵鹭、小天鹅、黑鸢等；列入 IUCN 红色名录的共 4 种，为白鹤、青头潜鸭、黄胸鹀、鸿雁等。

2. 动植物资源

（1）陆生动植物。汈汊湖流域日照充足，气候温和、雨量充沛，流域内植物生长繁茂，植物种类繁多，主要以次生植被为主。林木树种 68 种，经济林树种主要有早蜜桃、柑橘、茶叶、梨、青梅及中药材黄栀子；用材林树种主要有杨树、池杉、水杉、枫杨；绿化树种主要有樟树、桂花、广玉兰、雪松等。

陆生动物主要为鸟类和兽类。野生鸟类主要有喜鹊、布谷鸟、麻雀、斑鸠、啄木鸟等；野生兽类主要有野兔、黄鼠狼、老鼠等。

（2）水生生物。汈汊湖水生植物包含挺水植物、浮叶植物、沉水植物、浮游植物和漂浮植物。水生植物主要有芦苇、莲、藕、茭白、茭草、蒿草、蒲草、芡实、菱角、满江红、苦草、黄丝草、金鱼藻、牛尾草、微齿眼子菜等。

汈汊湖鱼类共有 7 目 16 科 67 种，主要有青鱼、草鱼、鲢鱼、鳙鱼、泥鳅、鳊鱼、鲤鱼、鲫鱼、鳜鱼、黄颡鱼、黄鳝、乌鳢、大口鲇等，以鲤形目的鲤科种类最多。青、草、鲢、鳙、鳜鱼、黄颡鱼、大口鲇为主要经济鱼类，年产量约占鱼类总产量的 80%。

三、生态需水研究

针对目前汈汊湖存在的湖泊水面面积萎缩、水环境污染严重、水生态系统失衡等重大问题，综合考虑防洪安全、生态养殖、生态旅游等多种功能。本书主要通过采取湖泊形态分析法、生物空间法、年内月均最低水位法及水环境模拟法等方法确定汈汊湖的最低生态水位，从而确定汈汊湖的适宜生态水位，为实现汈汊湖碧水映蓝天、打造"汉江明珠"提供理论支撑。

（一）计算方法

1. 湖泊形态分析法

根据汈汊湖实测湖泊水位和湖泊水面面积资料，计算得到湖泊水位和湖泊水面面积增加率（dF/dZ）关系曲线，如图 5-16 所示。该曲线中水面面积增加率的最大值的相应水位是 23.40m，因此，由湖泊形态法确定的汈汊湖最低生态水位为 23.40m。

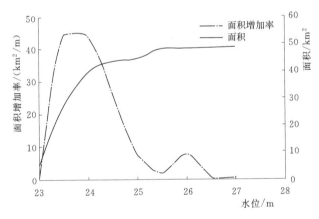

图 5-16　汈汊湖水位和水面面积增加率关系曲线图

2. 生物空间法

（1）基于水生动物。鱼类对湖泊生态系统具有特殊作用，同时，对低水位最为敏感。可认为鱼类的最低生态水位得到满足，则其他类型生物的最低生态水位也能得到满足。

根据相关研究，浅水湖泊鱼类要求的最小水深约为 1.5m。为保证湖泊具有一定的最小面积，以汈汊湖水位-面积关系曲线最低高程（23.00m，吴淞高程）为基准，确定汈汊湖最低生态水位为 24.00m。

（2）基于水生植物。为保证沉水植物的正常生长，需要保持必要的水深。相关研究表明，光补偿深度可作为沉水植物能否生长的临界指标，只有实际水深小于或等于光补偿深度时，沉水植物才可能正常萌发与生长。光补偿深度约为水体透明度的 1.5 倍，或光照强度约为表面光强 1‰处的水深。针对滇池和草海的研究表明这两个湖泊的沉水植物光补偿深度低于 150cm。

对汈汊湖，取光补偿深度为 1.5m。为保证湖泊具有一定的最小面积，以汈汊湖水位-面积关系曲线最低高程（23.00m，吴淞高程）为基准，确定汈汊湖适宜生态水位为 24.50m。

3. 年内月均最低水位法

湖泊最低生态水位法根据其方法原理，需要确定统计的水位资料系列长度和最低水位的种类。最低水位种类可分为瞬时最低水位、日均最低水位、月均最低水位等。本书采用月均最低水位。

五房台水位站年内月均最低水位见表 5-9。由此得到的汈汊湖最低生态水位是 22.86m。

表 5-9 月 均 最 低 水 位

年份	1990	1991	1992	1993	1995	1996	1997	1998	1999	2000	2001
最低月均水位/m	23.50	23.58	23.43	23.51	23.47	22.90	22.86	23.10	23.10	23.04	23.30
年份	2002	2003	2004	2005	2006	2007	2008	2009	2010	2011	2012
最低月均水位/m	23.32	23.32	23.34	23.32	23.35	23.20	23.30	23.42	23.22	23.22	23.32

4. 水环境模拟法

利用 DHI MIKE 软件，针对汈汊湖退渔还湖后的情景，进行指定水位下的湖区水质模拟。主要考虑湖底地形、湖水位、湖底糙率、风速风向、降雨蒸发及调蓄流量等因素。

（1）边界条件。设定湖水位分别为 23.80m（汛限水位）、24.00m 和 24.20m；风速风向选择 2016 年 7 月 1—31 日汈汊湖附近天门站逐日风速和风向数据，制作风速风向文件；降雨蒸发资料选用汈汊湖代表站汉川站 2006—2012 年的逐日降雨蒸发数据，计算多年平均降雨量为 1130.41mm 与多年平均蒸发量为 845.76mm，平均每天的净雨量为 0.78mm。

（2）模型参数。设定湖水位分别为 23.80m（汛限水位）、24.00m 和 24.20m；模型中湖底糙率采用固定值 $32m^{1/3}/s$；污染和衰减系数考虑最不利的情况，得到模型使用的衰减系数见表 5-10；模拟时长拟定为 31d。

表 5-10 污 染 负 荷 衰 减 系 数 单位：s^{-1}

COD	TN	TP	NH_3-N
1.15741×10^{-7}	2.31481×10^{-8}	5.78704×10^{-8}	1.62037×10^{-7}

（二）成果

1. 计算结果

分别通过湖泊形态分析法、生物空间法、年内月均最低水位法、水环境模拟法等生态水位计算方法，计算分析汈汊湖生态水位，并对结果进行相关分析。湖泊形态分析法确定的最低生态水位为 23.50m；生物空间法确定的最低生态水位为 24.00m；年内月均最低水位法确定的最低生态水位是 22.86m；水环境模拟法在对比不同湖水位下不同时间模拟结果，不同湖水位下，模拟期末各类型污染物浓度最高值和最低值，从提高水环境质量的角度，确定的适宜生态水位为 24.20m。模拟期末各类型污染物浓度的最高值和最低值分别见表 5-11、表 5-12。

表 5-11　　　　　　　　不同湖水位模拟期末污染物浓度最高值　　　　　　单位：mg/L

污染物类型	湖水位		
	23.8m	24m	24.2m
COD	15.4042	15.3736	15.3468
TN	0.9572	0.9563	0.9555
TP	0.1325	0.1265	0.1211
NH_3-N	0.6928	0.6909	0.6893

表 5-12　　　　　　　　不同湖水位模拟期末污染物浓度最低值　　　　　　单位：mg/L

污染物类型	湖水位		
	23.8m	24m	24.2m
COD	15.2497	15.22	15.194
TN	0.9553	0.9544	0.9536
TP	0.1294	0.1265	0.1181
NH_3-N	0.683	0.6909	0.6797

2. 结果对比

通过每种生态水位计算方法所基于的理论和侧重点不同，计算结果有较大差异。综合各方法计算得到的生态水位值，建议汈汊湖最低生态水位取值为 23.50m，适宜生态水位取值为 24.20m。各方法计算成果对比见表 5-13。

表 5-13　　　　　　　　　汈汊湖生态水位计算成果对比表　　　　　　　　单位：m

计算方法 / 生态水位	水环境模拟法	湖泊形态分析法	生物空间法	年内月均最低水位法
最低生态水位	最低 23.14，最高 23.76	23.50	24.00	22.86
适宜生态水位	最低 23.35，最高 23.93		24.50	

（三）合理性分析

1. 调蓄水位角度的合理性分析

汈汊湖调蓄区和备蓄区自 1998 启用后水位多次超过分洪水位，1999 年的 26.23m、2000 年的 25.4m、2003 年的 26.54m、2004 年的 26.51m、2008 年的 25.35m 均超过了分洪水位。当前政府部门的调度策略是：当南干渠水位超过 26.00m，甚至 26.50m 时，不对调蓄区进行分洪，而通过采取停电限制二级排的方式，尽快降低干渠水位，增加内垸自排几率。根据现行调度规则，南干渠水位达到 25.30m（约 10 年一遇）时，即需对调蓄区进行分洪。现状条件下，调蓄区内地面高程起伏较小，高程 24.00m 以下面积占总面积的 80% 以上；备蓄区分洪水位为 26.00m，而现状 30 年一遇洪水仅需分洪 600 万 m^3，便可使洪水位控制在 26.00m。

基于现状下垫面条件和现行 23.80m 的蓄洪限制水位，可见汈汊湖内的日常水位应控制在 25.00m 以下，可作为生态水位的确定依据之一。

2. 生态水位效益角度的合理性分析

汈汊湖内主要水生态环境问题集中在：①湖泊不断萎缩、淤积，生态调蓄功能减弱；②水环境污染较严重、富营养化趋势明显；③水域资源过度开发；④生物多样性减少，水生动植物资源萎缩，水生态系统失去平衡。为此，其生态水位得不到保障时，可能导致严重的效益损失。

根据现行调度规则，备蓄区仅在 1999 年型的 20 年一遇和 30 年一遇的洪水中需要启用。20 年一遇的分洪量为 1585 万 m³，不到总容积的 20%（26.00m 水位对应容积，下同）；30 年一遇的分洪量为 2891 万 m³，不到总容积的 40%。最高淹没水深分别为 23.97m 和 24.33m，但淹没面积达 85% 以上。备蓄区因地势平坦，存在分洪量小、淹没大、损失大的特点。与调蓄区相比，备蓄区保护的人口更多、财产价值更高，同时作为鱼池、耕地的观念深入人心。

由此可见，湖泊生态水位的确定应考虑确立最低生态水位，并在湖水位低于最低生态水位时限制湖区渔民生活用水外的其他用水，可以使湖水位在绝大部分时间高于最低生态水位，不会出现干湖的情况。这将避免重大的经济损失和生态损失，同时也符合防汛水位要求。

第五节　斧头湖、西凉湖生态需水

一、概况

（一）湖泊水系

斧头湖和西凉湖属于金水流域（图 5-17）。金水流域地处湖北省内的江汉平原东部，流域跨武汉市江夏区和咸宁市咸安区、嘉鱼县、赤壁市，西北临长江，东南接幕阜山余脉。斧头湖和西凉湖的水位-面积-容积曲线分别如图 5-18、图 5-19 所示。

斧头湖位于湖北省东南部幕阜山系和长江之间的过渡带，东南背靠大幕山脉，西北临江汉平原，地跨咸宁市咸安区、嘉鱼县和武汉市江夏区。斧头湖地处嘉鱼、江夏、咸安三县（市、区）交界处，流域面积为 1360.3km²。湖水经金水河在江夏的金口文昌阁注入长江。

西凉湖位于东经 114°00′～114°10′、北纬 29°51′～30°02′，湖泊水面中心地理坐标为东经 114°5′30″，北纬 29°58′10″。据《湖北省湖泊志》，西凉湖流域面积为 821km²，湖容为 1.23 亿 m³。西凉湖与斧头湖毗邻，历史上同属于金水流域，由于新开余码河，引西凉湖水至余码头注入长江，形成西凉湖小流域。

（二）水文气象

金水流域属典型的亚热带大陆性季风气候，夏热冬冷，四季分明，雨量充沛，气候温和。由于幕阜山脉面对季风暖湿气流的来向，地形的抬升作用，促成本地区为全省多雨区之一。

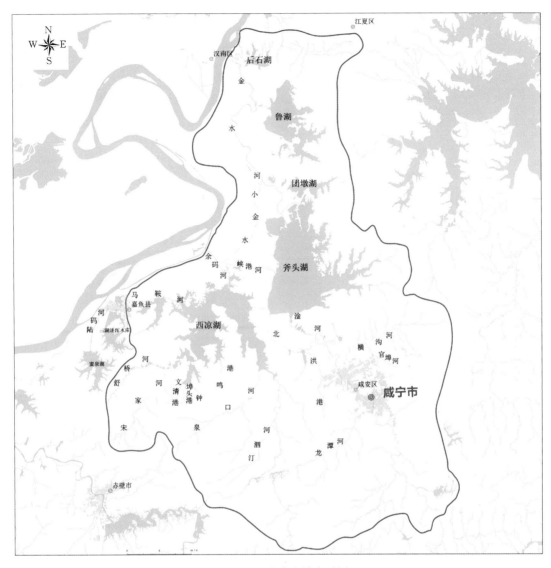

图 5-17 金水流域水系图

降雨在空间上分布不均，自西北平原向东南山地递增，形成东南大于西北，山地大于平原，迎风坡大于背风坡的规律。在时间上分布也不均匀，往往集中以暴雨形成出现，主要集中在每年 4—9 月，此间降水量占全年的 70%，丰、枯水年之间，差别也很大，如丰水年的 1954 年，金口站年降水量为 1890.9mm，而枯水年的 1966 年，金口站年降雨量为 774.9mm，因而旱涝灾害时有发生。根据资料统计，流域多年平均年降水量约 1282～1473mm，鲁湖最小，西凉湖最大。每年 4—10 月为汛期，降水量约占全年的 75%，其中 5—9 月约占 57%。年最大暴雨多出现在 5—7 月，实测系列中的较大暴雨均出现在 6 月中下旬至 7 月中上旬。

流域内多年均气温为 17.4℃，极端最高气温为 41.4℃，极端最低气温−15.4℃。年平均无霜期为 240～270d，年均日照 1524～1824h。

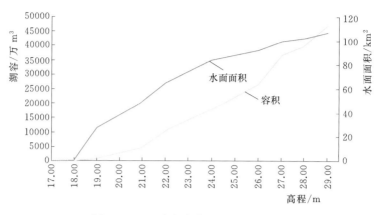

图 5-18 西凉湖水位-面积-容积曲线

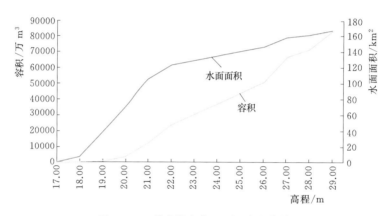

图 5-19 斧头湖水位-面积-容积曲线

（三）水利工程概况

1. 斧头湖

斧头湖经金水河在江夏的金口文昌阁注入长江。斧头湖主要控制运用水位为：设防水位 21.5m，警戒水位 22.8m，保证水位 23.94m。斧头湖主要圩垸有：江夏区境内的中间湖和枯竹海，咸安区境内的向阳湖垸、滨湖垸和泉水湖垸，嘉鱼县境内的黄沙湾、三洲和东湖分场等渔场，总保护面积约 86km²，其中耕地面积约 64km²。

斧头湖主要排涝闸站共有 35 处，其中排涝涵闸 18 座，排涝泵站 17 座，总装机容量 5080kW。斧头湖洪水主要经金水河通过金水闸站外排入长江，下游水位顶托时部分洪水可经余码河通过余码头闸站外排入长江，因此余码头闸站和金水闸站均为斧头湖主要控制性枢纽工程。

2. 西凉湖

西凉湖主要经余码河在嘉鱼的余码头注入长江，另外，也可经金水河在江夏的金口文昌阁注入长江。西凉湖设防水位 21.50m，警戒水位 23.00m，保证水位 24.00m。西凉湖主要圩垸有：嘉鱼县境内的南庄垸、上池湖、白勘湖、胡家赛、西港垸、上海垸、国赛垸、赤诚湖、栗树海、思姑台、茶树垸等，咸安区境内的西湖垸，赤壁市境内的泉口湖埫、蔡家湖埫（上、中、下、四埫）、东风埫、莫家湖埫、董塘池埫、聂家泉埫、孔家池、上观山、肖家山、冯家咀、北庄河、中庄湖、黄土埫、东港池、聂家小埫、膝头湾、马狮湖和钟鸣湖埫等，总保护面积约 45km²，其中耕地面积约 16km²。

主要排水闸站有余码头、金口等。此外西凉湖有其他排涝闸 47 座（其中排涝涵闸 20 座，排涝泵站 27 座）。

（四）社会经济

斧头湖流域行政区划涉及咸宁市咸安区、嘉鱼县和武汉市江夏区，流域内是湖北省重要的粮、棉、油、渔、蔬菜生产基地，鄂南经济发展重要区域。流域工农业总产值达408.47 亿元。进入 21 世纪，斧头湖流域被湖北省人民政府定为湖北省"两圈一带"及"两型社会"改革试验区。位于斧头湖南的咸宁市城区，2011 年跻身全国 4 个旅游标准化建设示范市之列；2013 年被水利部确立为全国 45 个水生态文明城市建设试点之一。2010年文物普查，流域内各类文化遗存和文物古迹 47 处。

西凉湖流域行政区划涉及咸宁市咸安区、嘉鱼县、赤壁县。涉及 7 个乡镇（其中，咸安区汀泗桥镇和向阳湖镇一部分，嘉鱼县渡普镇、新街镇、官桥镇，赤壁市神山镇和官塘驿镇）。流域内是湖北省重要的粮棉油和渔业生产基地，特别是渔业资源丰富，被农业部批准为"国家级鳜鱼、黄颡鱼水产种质资源保护区"，被咸宁市人民政府批准为市级"水生生物自然保护区"，2012 年开始申报"省级水生生物自然保护区"。西凉湖流域北面的新街镇和渡普镇是嘉鱼县主要蔬菜生产基地，被国家列为农业标准化蔬菜生产示范基地，18 种蔬菜通过国家"无公害农产品"认证，获得"北有寿光、南有嘉鱼"的美誉。湖西北的嘉鱼县官桥八组田野集团成为誉名全国的大企业，湖西南的赤壁市官塘驿镇和神山镇的猕猴桃产量高，果质好，驰名全省，畅销全国。

流域东有京广铁路、107 国道，西有长江航道，流域内公路四通八达，具有得天独厚的水陆运输条件。流域上游为丘陵岗地，盛产竹木，油料、柑橘、茶叶等，中下游平原湖区土质肥沃，湖面宽阔，是优良的农、渔产地。

（五）已开展的相关工作

斧头湖与西凉湖目前已实现了两湖的连通，两湖连通后对整个区域的水系连通和排涝发挥着很大的功效。该区域的入湖河道也已进行了生态化改造。

1. 淦河斧头湖入河口湿地

淦河入湖河口湿地采用旁侧净化的方式，通过该湿地后入斧头湖。项目的处理规模最终湿地选址在现有可利用的废弃养殖塘最为合适，湿地水域面积约 19 万 km²。水体提升至湿地区后，首先进入沉淀区，利用沉淀区降低进水的悬浮物。经过沉淀区处理后进入一级净化区进一步削减水体中的营养盐，降低悬浮物浓度；然后进去二级净化区，利用高效除磷墙快速降低水体中的磷含量，利用现有地形，分级净化水体。

淦河该处湿地的建设可以削减淦河水体中的污染负荷，改善淦河流入斧头湖水体的水质，促进推进淦河河口生态湿地恢复进度，有利于斧头湖水质的整体改善。根据设计进出水水质情况，TP 去除率为 50%，预计每年削减 TP 负荷共 1.1t，出水水质 TP 达地表水Ⅱ类标准。

2. 内湖连通工程

西凉湖原与斧头湖相连通，后因江州淤积，西凉湖一分为二，以王家庄至静堡嘴一带山梁为分水岭，西南面为西凉湖，东北面为斧头湖。斧头湖汛期通过金口泵站提排、枯水期通过金口闸自排入长江。

两湖之间连通主要解决两方面的问题：一是满足水资源调度要求，由于斧头湖周边拟建的新城作为武汉产业园外移的发展用地，拟定斧头湖作为工业用水的主要水源。当斧头湖蓄水不足时，可以从西凉湖调水调剂。二是满足水生态要求，使湖水成为流动的水。

从就近引水的原则，在西凉湖与斧头湖之间修建两湖连通工程，包括新建渠首节制闸、跨公路箱涵，开挖引水明渠引水入斧头湖。

3. 江湖连通引水工程

斧头湖通过余码头闸处开挖余码头闸前引水明渠，引长江水入西凉湖，再通过两湖之间的连通工程入斧头湖，排水仍可通过余码头闸及金口闸外排入长江，以及金水河排水入长江。江湖连通是通过引水工程使湖泊生态系统参与到自然生态系统的循环过程而使水环境及水质得到改善和丰富，使其恢复到原位。

二、现状调查评价

(一) 水资源现状调查

降雨在空间上分布不均，自西北平原向东南山地递增，形成东南大于西北，山地大于平原，迎风坡大于背风坡的规律。在时间上分布也不均匀，往往集中以暴雨形式出现，主要集中在每年3—8月，此间降雨量占全年的70%以上。

金水流域多年平均径流深为814mm，斧头湖流域多年平均来水量为9.14亿 m^3，西凉湖流域多年平均来水量为5.52亿 m^3。

(二) 水环境调查评价

1. 污染物调查

(1) 点源污染。斧头湖和西凉湖主要涉及咸宁及江夏，目前该区域的污水处理厂管网收集完备，温泉老城区的排水现状为合流制，一、二期排水工程中建设了部分分流制排水管道，即温泉城区为合流制与分流制相结合的排水体制。咸宁市2006年已建成的温泉污水处理厂，近期处理能力为3万 m^3/d，远期处理能力为6万 m^3/d；在建的永安污水处理厂处理能力为6万 m^3/d。

(2) 面源污染。金水流域除农业面源污染外，还有城市开发及餐饮业无序排放等造成的面源污染。金水河面源污染主要来自农业使用化肥农药、周边居民沿河堆放垃圾等。

(3) 内源污染。截至2017年，斧头湖水域湖泊"三网"已全面拆除完成。西凉湖也将在2020年前完成全部围栏的拆除工作，届时斧头湖和西凉湖均将完全实现生态养殖。

2. 水质调查评价

根据《湖北省水功能区划》(鄂政函〔2003〕101号)，斧头湖和西凉湖为保留区，水质目标均为Ⅲ类。

从2013年起，对斧头湖和西凉湖持续开展水质监测，其中斧头湖监测站点位于江夏湖心和咸宁湖心，西凉湖水质监测站点位于湖心。

结果表明，斧头湖咸宁水面水质较好，均能达到地表水Ⅱ类标准。斧头湖武汉监测断面汛期水质较好，除 2016 年为Ⅲ类外都能达到地表水Ⅱ类标准；非汛期水质略低于汛期水质，2013—2015 年都能达到地表水Ⅲ类标准，2016 年水质不达标（Ⅳ类），超标因子为 TP。

西凉湖各水期水质评价结果均能达到地表水Ⅲ类标准，总体满足功能区水质管理目标。

（三）水生态调查评价

淦河从上游到下游浮游植物种类多为河流、湖泊常见种类，且不乏清水性种类，如水绵、角丝鼓藻等。总的来说，上游种类较少，下游种类呈现增加的趋势。从种类组成来看，主要为硅藻、绿藻类，无常见有害蓝藻水华种类出现。

水生生物浮游藻类共计 90 种，隶属于 7 门 74 属，其中以绿藻门种类最多，43 种，占 48%；硅藻门次之 18 种，占 20%；蓝藻门再次之，15 种，占 17%；金藻门、裸藻门、甲藻门、隐藻门等种类占 15%。

西凉湖鱼类资源主要由四部分组成：青鱼、草鱼、鲢鱼、鳙鱼、鳊鱼占 25%；鲤鱼、鲫鱼、翘咀白等占 30%；银鱼、刀鱼、泥鳅等小型鱼类占 25%；虾等占 20%。鸟类及水禽资源主要有雁、天鹅、白鹭等，水禽有野鸭、獐鸡、水鸡等。水生植物资源有 70 余种，隶属于 34 科，其中湿生和挺水植物 39 种，占 58%；漂浮植物 8 种，占 11%；浮叶植物 9 种，占 13%；沉水植物 14 种，占 20%。

浮游动物共计 62 属，其中原生动物 11 属，轮虫 35 属，挠足类 13 属，枝角类 3 属。底栖动物 71 种，隶属 22 科 47 属，其中水栖寡毛类 2 科 8 属 12 种，水生昆虫 10 科 26 属 38 种，软体动物 6 科 9 属 17 种，其他动物 4 科。

三、生态需水研究

结合斧头湖和西凉湖的具体情况和保护目标，考虑基础资料情况，从生态水文学角度，采用最低年平均水位法、年保证率设定法和湖泊形态分析法 3 种方法进行分析计算。

（一）最低年平均水位法

根据三洲水文站 1973—2012 年共 40 年水位资料，统计年月最低水位平均值为 20.39m，根据水文统计法得权重 $\lambda=0.98$，利用湖泊最低生态水位计算公式计算确定斧头湖最低生态水位为 19.98m。

根据王家庄水位站 1964—2012 年共 49 年水位资料，统计年月最低水位平均值是 20.76m，根据水文统计法得权重 $\lambda=0.98$，利用湖泊最低生态水位计算公式计算确定西凉湖最低生态水位为 20.35m。

（二）年保证率设定法

基于杨志峰等提出的用来计算河道基本环境需水量的月（年）保证率设定法的基本原来及水文学中 $Q_{95\%}$ 法的原理，根据系列水位资料，对历年最低水位按照从小到大的顺序进行排列；结合自然地理、结构和功能进行综合分析。

斧头湖多年平均水位为 20.63m，确定权重 $\lambda=0.965$。根据年保证率设定法公式确定斧头湖最低生态水位为 20.03m。

西凉湖多年平均水位为 21.05m，确定权重 $\lambda=0.965$。根据年保证率设定法公式确定西凉湖最低生态水位为 19.70m。

（三）湖泊形态分析法

利用斧头湖和西凉湖实测湖泊水位和湖泊水面面积资料，计算得到湖泊水位和湖泊水面面积增加率（dF/dZ）关系曲线，如图 5-20 所示。

从图 5-20 可知，西凉湖水位和面积变化率关系曲线中水面面积增加率最大值的相应水位为 19.00m，接近统计的 1964—2012 年的天然多年平均最低水位 19.455m，符合湖泊形态分析法的条件。因此，湖泊形态分析法确定的最低生态水位是 19.00m。

从图 5-20 可知，斧头湖水位和面积变化率关系曲线中水面面积增加率的最大值相应水位为 19.00m，接近统计的 1973—2012 年的天然多年最低水位为 19.096m。符合湖泊形态分析法的条件。因此，湖泊形态分析法确定的最低生态水位是 19.00m。

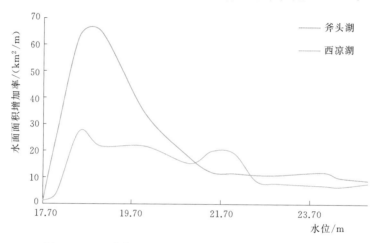

图 5-20 西凉湖、斧头湖水位和水面面积增加率关系图

（四）综合推荐

采用最低年平均水位法、年保证率设定法和湖泊形态分析法三种方法进行分析计算得到西凉湖最低生态水位分别为 20.35m、19.70m 和 19.00m，取三者平均值 19.68m 作为西凉湖最低生态水位；斧头湖最低生态水位分别为 19.98m、20.03m 和 19m，取三者平均值 19.67m 作为斧头湖最低生态水位。

第六节 洪湖生态需水

一、概况

（一）流域概况

洪湖是湖北省第一大湖泊，中国第七大天然淡水湖，是江汉平原重要的调蓄湖泊和生态屏障。位于湖北省中南部、长江中游北岸、四湖流域的中区，行政区划隶属荆州市，地

处东经 $113°12'30''\sim113°29'15''$，北纬 $29°41'40''\sim29°58'02''$。常水位为 24.5m，水面面积为 $308km^2$，平均水深为 1.15m，属于典型的碟形湖泊，鸟瞰形体大致呈三角形体，三角形顶指向西北。洪湖主要功能为洪水调蓄、生物栖息、农业灌溉、水产养殖、观光旅游、交通航运等。

洪湖所在的四湖流域（图 5-21）地处江汉平原腹地，位于东经 $112°00'\sim114°05'$，北纬 $29°21'\sim30°00'$ 之间，南滨长江、北临汉江及东荆河，西北与宜漳山区接壤，是长江中游一级支流内荆河流域，全流域总面积为 $11547.5km^2$。根据流域排灌特点分为上、中、下 3 个区。流域内主要河流有太湖港、龙会桥河、拾桥河、西荆河、内荆河故道。人工开挖河渠有总干渠、田关河、东干渠、西干渠、洪排河、螺山干渠以及子贝渊河、下新河等。

（二）水文气象

洪湖流域属亚热带季风湿润区，雨热同季，四季分明，雨量充沛，光照充足，气候温和，无霜期长。根据气象资料统计，洪湖流域多年平均年降水量为 $1230\sim1350mm$，汛期 5—9 月降水量占全年降水量的 70% 左右，其中 6 月、7 月降水最多。从地区分布来看，年降水从北到南呈递增趋势，单站实测年最大降水量为 2309.4mm（洪湖站 1954 年），实测年最小降水量为 756mm（洪湖站 1968 年）。多年平均气温为 16℃ 左右，高温期一般为 5—9 月，年无霜期为 $250\sim270d$，年蒸发量为 $1278\sim1327mm$。流域内各气象站的气象特征见表 5-14。

表 5-14　　　　　　　　　　洪湖流域各气象站特征统计表

气 象 要 素	站　　名	
	监理	洪湖
多年平均降水量/mm	1231.2	1352.7
多年平均气温/℃	16.3	16.7
极端最高气温/℃	38.3	39.6
相应日期	1978-8-2	1971-7-21
极端最低气温/℃	-15.1	-13.2
相应日期	1977-1-30	1977-1-30
多年平均蒸发量/mm	1277.6	1326.9
多年平均风速/(m/s)	2.5	2.7
历年最大风速/(m/s)	16	20
相应日期	1981-5-2	1972-8-18
多年平均日照时数/h	1944.7	1941.5
多年平均相对湿度/%	82	81
多年平均无霜期/d	254	265

（三）水利工程概况

洪湖是四湖流域中、下区的主要调蓄湖泊，中、下区的主要排水系统均与洪湖相通，

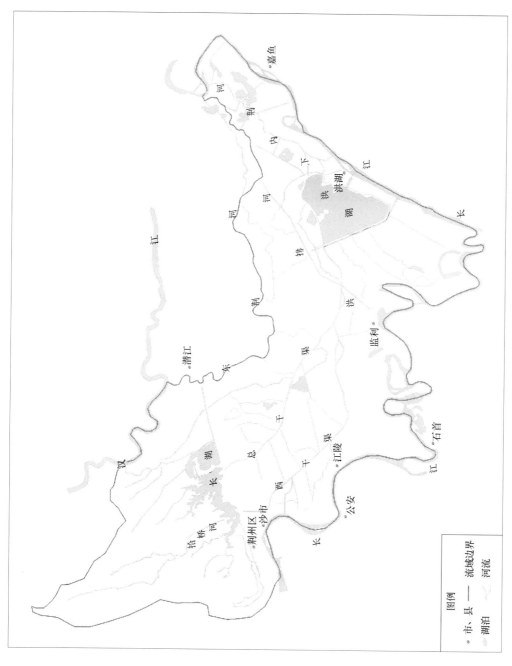

图 5-21　四湖流域水系图

图例

• 市、县　—— 流域边界

　　湖泊　～　河流

形成以洪湖调蓄为中心的统一排水系统。洪湖不仅接纳福田寺排区的来水,还要调蓄高潭口、新滩口排区的剩余涝水。四湖中下区有五大干渠,即总干渠、东干渠、西干渠、螺山渠、排涝河,构成四湖流域中下区的排水骨干渠网,其中总干渠自习家口起,至新滩口止,位于四湖流域的中轴部,上接长湖,下连洪湖,汇各干支排水渠,为排水网络的主干,是四湖流域排涝的命脉工程。

洪湖的主要入湖港渠有总干渠(福田寺—小港)、螺山干渠、洪排河、子贝渊河等,主要出湖港渠有下内荆河、新堤排水河、老内荆河(黄丝南闸—小港)、洪排河、下新河等。除老内荆河为天然河道外,其余均为人工开挖渠道。

(四)社会经济

四湖流域中下区范围包括荆州市沙市区、荆州市经济技术开发区、江陵县、监利县、洪湖市、石首市江北部分以及潜江市田南片,共有 73 个乡镇,国土总面积为 7135km²。流域内耕地面积为 434 万亩,人口为 392.51 万人。四湖流域是湖北省主要的农业商品生产基地,位置优越,流域交通、水运发达。洪湖境内自然景观和人文景观资源丰富,四季皆有特色。洪湖瞿家湾是湘鄂西革命根据地的首府和中心,红色旅游优势突出。

(五)已开展的相关工作

1. 截污控污

洪湖流域已建成荆州市城区红光污水处理厂、荆州开发区城东污水处理厂、监利(容城)城区污水处理厂、江陵县城区污水处理厂、洪湖城区污水处理厂等 5 座城市生活污水处理厂,均已达到一级 A 排放标准。同时,已建成 22 座乡镇污水处理厂。污水处理能力总计达到 29.39 万 m³/d。

四湖流域中区重点工业污染企业位于沙市区、荆州开发区、江陵县、监利县、洪湖市城区及各县市经济开发区。采取的工业污染防治措施主要包括督促企业建设废水治理系统和开展工业聚集区水污染的集中治理,目前已建成荆州经济技术开发区工业污水处理厂等 4 座工业污水处理厂。

畜禽养殖污染防治专项整治工作积极推进,划定了畜禽禁养区、限养区和适养区,同时,完善污染治理设施,制定"一场一策"治理方案,加大了对畜禽规模养殖场的标准化改造力度。截至 2017 年年底,禁养区内养殖场(户)已实现全部关停转迁;非禁养区1201 个规模养殖场全部完成配套建设废弃物处理设施装备。新建、改建、扩建规模化畜禽养殖场(小区)实施雨污分流利用。

大力推广测土配方施肥、生物防治和物理防治、农药包装回收试点、秸秆综合利用、农村户用沼气池等技术,并且在农业生产的各个环节组织实施化肥农药减量行动,尽可能做到节地、节水、节肥、节药、节膜、节能。

2017 年,洪湖大湖面 17.39 万亩养殖围网已全部拆除,并取缔洪湖围堤内珍珠养殖。

2. 引水工程

每年 5—6 月,按照洪湖水位条件和未来中短期天气预报,在征得上级防汛主管部门同意的条件下,适时择机开启洪湖新堤大闸自流引水入洪湖。洪湖新堤大闸位于长江左岸,设计流量为 1050m³/s,底板高程为 19.60m。补水流量大小和补水时间长短视洪湖当时水位情况控制。

二、现状调查评价

（一）水资源现状调查

洪湖流域多年平均地表水资源量为 38 亿 m³，折合水深为 494mm，多年平均地下水资源量为 9.52 亿 m³，地表与地下重复量为 6.95 亿 m³，扣掉重复量后，洪湖流域多年平均水资源总量为 40.57 亿 m³。

（二）水环境调查评价

1. 污染物调查评价

四湖流域中区点源、面源污水排放至附近天然河流、沟渠、塘堰后，再主要通过东干渠、西干渠、豉湖渠、西荆河、排涝河、子贝渊河、下新河排入总干渠，再由总干渠上 9 个与洪湖相通的入湖口流入洪湖。

（1）点源污染。点源污染主要包括工业、城镇生活污水集中排放、规模化畜禽养殖业的污染。

2016 年四湖流域中下区境内仍有部分重点工业污染企业未按要求配套建设废水处理设施。根据污染源环统数据及第一次全国水利普查成果，四湖流域中区内，2016 年废水入洪湖的重点工业污染企业共排放工业废水 1355.81 万 m³，COD、$NH_3 - N$ 排放量分别为 6161.67t/a、355.89t/a。

四湖流域中下区已建成 4 座城市生活污水处理厂和 22 座乡镇污水处理厂，流域内剩余乡镇生活污水基本都是自然排放。根据统计年鉴、水资源公报，结合洪湖流域城镇生活污水处理设施的处理规模，测算出 2016 年洪湖流域污水可流入洪湖的城镇生活污染源污水排放量为 4741.04 万 m³/a，COD、TP、$NH_3 - N$ 排放量分别为 13189.12t/a、161.00t/a、1567.94t/a。

洪湖流域规模化畜禽养殖业发展势头强劲，养殖场户数、规模保持平稳，并启动了禁养区内规模养殖场关停转迁，但流域规模化畜禽养殖业污染治理水平仍不高。畜禽养殖种类以牛、猪和鸡鸭为主。根据调查统计成果，测算出 2016 年洪湖流域污水可汇入洪湖的规模化畜禽养殖污染源污水排放量为 3301.82 万 m³/a，COD、TP、$NH_3 - N$ 排放量分别为 53750.53t/a、1036.62t/a、1382.16t/a。

（2）面源污染。面源污染主要包括农村生活污水与固体废弃物、农田径流污染物、分散式畜禽养殖和城镇地表径流四方面的污染。根据各县市区统计年鉴和水资源公报，2016 年四湖流域中区内农村人口为 230.41 万人，耕地总面积为 363.77 万亩❶，其中水田310.88 万亩，旱地 52.89 万亩。采用第一次全国污染源普查推荐的排污系数，测算出四湖流域中区内农村面源污水排放量为 6055.19 万 m³/a，COD、TP、$NH_3 - N$ 排放量分别为 76213.67 t/a、1931.65t/a、5175.04 t/a。

（3）内源污染。洪湖码头、港口规模小、等级低，湖区航线为八级航线，故可忽略航运污染物排放量。内源污染对象主要为水产养殖污染。据调查，洪湖围堤内精养鱼池面积较大、数量众多，至 2016 年面积达 149.00km²（22.35 万亩），以养殖经济鱼类为主，养鱼投肥、投饵很普遍。通过调查水产养殖面积、水产品年产量，依据第一次全国污染源普

---

❶　1 亩≈666.667m²

查推荐的水产养殖污染物排放系数，估算 2016 年洪湖水产养殖 COD、TP、NH_3-N 排放量分别为 2872.34t/a、139.31t/a、270.81t/a。

2. 水质调查评价

（1）水功能区划。根据《省人民政府关于同意湖北水功能区划的批复》（鄂政函〔2003〕101 号）、《荆州市人民政府办公室关于同意荆州市水功能区划报告的批复》的规定，洪湖划为保护区，四湖总干渠划为保留区，均执行《地表水环境质量标准》（GB 3838—2002）中Ⅲ类标准。

按照《地表水资源质量评价技术规程》（SL 395—2007），对 2016 年洪湖湿地自然保护区进行达标分析与评价。按照全因子评价法，2016 年洪湖湿地自然保护区不达标，主要超标项目为 COD 和 TP。

（2）水质现状。四湖流域各县（市、区）环境监测站对洪湖、四湖总干渠进行了水质和富营养化监测，自 2012 年起在洪湖设有小港、排水闸、湖心、湖心 B、柳口、下新河、杨柴湖、桐梓湖 8 个监测点位，每月监测 1 次。2016 洪湖水质和富营养化监测结果见表 5-15。

表 5-15　　　　　　　　2016 年洪湖水质和富营养化监测结果评价

湖泊	监测点位名称	所在地区	水质类别	超标项目	湖泊营养状态评价
洪湖	湖心	洪湖市	Ⅳ	COD、TP	中营养
	柳口	洪湖市	Ⅳ	TP、COD	中营养
	排水闸	洪湖市	Ⅳ	COD、TP	中营养
	小港	洪湖市	Ⅳ	COD、TP	中营养
	湖心 B	洪湖市	Ⅳ	COD、TP	中营养
	下新河	洪湖市	Ⅳ	COD、TP	中营养
	杨柴湖	洪湖市	Ⅳ	COD、TP	中营养
	桐梓湖	监利县	Ⅴ	COD、TP、NH_3-N	中营养

注　数据来源为荆州市、洪湖市环保局常规水质监测数据。

由表 5-15 可知，2016 年总体上洪湖水质为Ⅳ类，总体水质为轻度污染，其中桐梓湖为Ⅴ类，其余 7 个监测点位水质均为Ⅳ类。总体上，洪湖湖心及保护区核心区的水质略优于洪湖其他水域，超标项目为 COD 和 TP。这些情况表明近几年洪湖仍然受到四湖流域中区城镇工业废水、生活污水、规模化畜禽养殖污水、农业面源污染，以及洪湖湖泊围栏网养殖精养鱼塘的影响，造成洪湖水体仍呈现有机污染状态。2016 年洪湖各监测点处于中营养状态。从年内变化情况来看，各监测点营养状态年内无明显变化，均为中营养。

（三）水生态现状

1. 水生生物现状

（1）浮游生物。洪湖浮游植物共 280 种（包括变种、变型），隶属 7 门 77 属，按种类多少依次为绿藻门、蓝藻门，还有裸藻门、金藻门、甲藻门、隐藻门等。

洪湖湿地浮游动物种类较多，包括原生动物、轮虫、枝角类、桡足类共计 379 种，其中原生动物 198 种、轮虫 103 种、枝角类和桡足类 78 种。

（2）底栖动物。据调查，洪湖湿地的底栖动物种类较多，隶属 1 纲 10 目 57 科 98 种。在底栖腹足类中，中国圆田螺和中华圆田螺较多；在底栖瓣鳃类中，较优势种类有三角帆蚌、圆顶珠蚌、背角无齿蚌、短褶矛蚌；在寡毛类底栖动物中，中华新米虾、细足米虾、中华小长臂虾、日本沼虾和大鳌虾较多，分布全湖。

（3）鱼类。据调查，洪湖湿地淡水鱼类已从 21 世纪初的 57 种上升到目前的 62 种，隶属于 7 目 18 科，其中鲤科鱼类种类最多，占 58.5％。国家二级保护的鱼类有胭脂鱼和鳗鲡；湖北省重点保护鱼类有太湖短吻银鱼、鳡、鳜鱼。

洪湖鱼类资源十分丰富，是湖北省主要产鱼区，淡水渔业产量居全国县市第二位。常见的有青鱼、鲢鱼、鳙鱼、鲤鱼、鲫鱼、黄鳝、乌鳢、鳜鱼等，占洪湖鱼类总产量的50％以上。

（4）水生维管束植物。洪湖水生高等植物有 157 种 5 变种（共 162 种），其中湿生植物有 88 种 2 变种，挺水植物有 22 种 5 变种，浮叶根生植物有 12 种，漂浮植物有 13 种，沉水植物有 20 种。湖底和深水水中，分布有多种眼子菜、穗花狐尾藻、菹草、金鱼藻、黑藻等沉水植物群落。

洪湖湿地有国家二级保护植物粗梗水蕨、野莲、野菱 3 种。

自湖北省对洪湖采取生态环境抢救性保护措施以来，洪湖湿地水生植被得以逐渐恢复。

（5）鸟类。据调查，洪湖湿地鸟类已从 21 世纪初的 45 种上升到目前的 138 种，隶属于 16 目 38 科。其中有国家一级保护鸟类东方白鹳、黑鹳、中华秋沙鸭、白尾海雕、白肩雕、大鸨等 6 种；属国家二级保护的鸟类有白额雁、大天鹅、小天鹅、鸳鸯、鸢、松雀鹰、大鵟、普通鵟、红脚隼、斑头鸺鹠、短耳鸮、草鸮、白琵鹭共 13 种；另外还有湖北省重点保护的鸟类 40 种。

实施洪湖湿地恢复综合治理后，每年来洪湖过冬的候鸟由 2004 年的不足 2000 只恢复到 10 万只，其中 2010 年来洪湖湿地越冬的候鸟约有 65 个品种 35 万多只。

2．重要水生生境

洪湖湿地国家级自然保护区以洪湖围堤为界，总面积 41412hm²，其中核心区12851hm²，缓冲区 4336hm²，实验区 24225hm²，边界线总长度 104.5km。主要保护对象是保护洪湖水生和陆生生物及其生境共同组成的湿地生态系统、未受污染的淡水资源和生物物种的多样性。

洪湖国家级水产种质资源保护区总面积为 2700hm²，其中核心区面积 1450hm²，试验区面积 1250hm²。特别保护期为每年的 6 月 1 日至 10 月 31 日。主要保护对象为黄鳝，其他保护对象包括鳜鱼、黄颡鱼、翘嘴鲌。

杨柴湖沙塘鳢刺鳅国家级水产种质资源保护区总面积 1875.36hm²，其中核心区面积750.939hm²，试验区面积 1124.42hm²。特别保护期为每年的 4 月 1 日至 7 月 31 日。保护区呈菱形形状，位于湖北省洪湖市境内的西南角。主要保护对象为沙塘鳢和刺鳅，其他保护对象包括鳜、黄颡鱼、翘嘴鲌、乌鳢等经济鱼类。

三、生态需水研究

根据《河湖生态需水评估导则》（SL/Z 479—2010），结合洪湖的具体情况和保护目标，考虑基础资料情况，采用最枯月平均水位法、湖泊形态分析法、最小生物空间法计算洪湖的最低生态水位。

（一）最枯月平均水位法

根据挖沟咀水位站实测资料序列（1962—2015 年逐日水位），对最枯月平均水位进行频率分析计算，选用 P-Ⅲ型理论曲线配线，得到挖沟咀水位站不同频率的设计水位成果。洪湖 90% 保证率最枯月平均水位为 23.27m，因此洪湖最低生态水位为 23.27m。

（二）湖泊形态分析法

利用洪湖实测湖泊水位和湖泊水面面积资料，计算得到湖泊水位和湖泊水面面积增加率（dF/dZ）关系曲线（图 5-22）。该曲线中水面面积增加率的最大值相应水位是23.20m，因此，由湖泊形态法确定的洪湖最低生态水位为 23.20m。

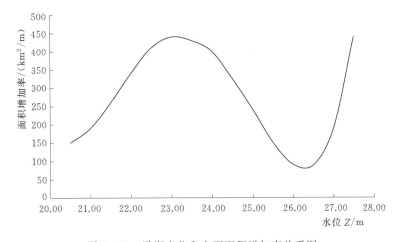

图 5-22　洪湖水位和水面面积增加率关系图

（三）最小生物空间法

洪湖湖底平均高程为 22.50m，参考最低生态水位相关文献研究成果，综合各种资料分析，洪湖鱼类要求的最小水深约为 1.0m。因此，洪湖最低生态水位为 23.50m。

从湖泊水生态偏安全角度考虑，取以上方法中较大值作为湖泊最低生态水位，因此确定洪湖最低生态水位为 23.50m。

当洪湖湖泊水位接近最低生态水位时，应限制沿湖工农业取水涵闸、泵站从湖泊中取水，并研究长湖向洪湖生态补水调度机制，以及通过洪湖新堤大闸择机引长江水，对洪湖进行生态补水机制。

第七节　长 湖 生 态 需 水

一、概况

（一）流域概况

长湖是湖北省第三大湖泊，湖泊水面中心地理坐标为北纬 $30°26'26''$、东经 $112°27'11''$。

西起荆州市荆州区龙会桥，北至沙洋县后港镇，东至沙洋县毛李镇的蝴蝶嘴，南抵荆州市沙市区观音垱。湖东西最长 36.88km，南北最大宽 12.43km，岸线全长 180km，平均深度为 4.78m，水面面积为 131km²，对应容积为 3.80 亿 m³。长湖自西向东主要承纳太湖港、龙会桥河、夏桥河、拾桥河、唐林河、龙垱河、双店渠等来水。其中，拾桥河、太湖港、西荆河为长湖流域较大支流。长湖主要功能为洪水调蓄、农业灌溉、生物栖息、观光旅游、水产养殖、交通航运等。

长湖是四湖流域上区的主要调蓄湖泊。四湖流域上区北以漳河二干渠和三干渠为分水岭，南自西向东分别以长江干堤、长湖湖堤和田关河堤与四湖中区分界，东抵汉江干堤和东荆河堤，西由自然高地与沮漳河为界，地跨荆州市、荆门市和潜江市，流域面积为 3240km²（图 5-21）。流域内湖泊主要有长湖、彭塚湖、借粮湖、虾子湖。

（二）水文气象

长湖湖区属典型亚热带大陆性季风气候，冬冷夏热，四季分明，光照充足，无雾期长；多年平均气温为 16.6℃，极端最高气温为 39.2℃，极端最低气温为−19℃；风力一般为 3～5 级；多年平均年降水量 1001mm，年最大降水量为 1964 年的 1467.5mm，最小年降水量为 1966 年的 685mm，多年平均径流深为 328.6mm，多年平均年蒸发量 672.4mm。湖区内全年以东北风和偏北风为主。暴雨时空分布不均，主要集中在 4—9月，占全年降水量的 73% 以上。主要灾害天气为"倒春寒"，低温连雨；夏季大暴雨和强风；盛夏初秋季节伏连旱。

长湖流域主要气象站相关要素统计见表 5-16。

表 5-16　　　　　　　　长湖流域主要气象站相关要素统计表

站名	降水量/mm			年日照时数/h	气温/℃			年无霜期/d	年均蒸发量/mm
	年均	年最大	年最小		年均	年最高	年最低		
荆门站	972.5	1510.8	652.4	1859	16.6	40	−14	261	1668.1
荆州站	1083.7	1551.5	640.3	1772	17	38.7	−14.9	255	1292.2
潜江站	1151.5	1741.3	710.5	1840	16.9	39.2	−16.5	255	1331.3

（三）水利工程概况

长湖湖堤由纪南堤、长湖堤、后港堤组成；长湖可分别经刘岭闸、习家口闸、荆襄河闸向田关河、总干渠、西干渠排水。其中刘岭闸为汛期主要排水闸，长湖涝水由刘岭闸出田关河经田关河闸（站）排入东荆河。长湖最大支流拾桥河洪水可经拾桥河泄洪闸向引江济汉渠撇洪。

引江济汉工程从荆州区李埠镇长江龙洲垸河段引水到潜江市高石碑镇汉江兴隆段，干渠全长 67.23km，渠道设计流量为 350m³/s，最大引水流量为 500m³/s。渠道横穿整个四湖流域上区，与长湖海子湖汊、后港湖汊和主要入湖河流的太湖港、拾桥河、殷家河、西荆河等均有交叉。该工程设计借道长湖向东荆河补水，设计流量为 100m³/s。通过引江济汉渠，长湖形成了新的水系连通格局，为长湖、四湖中下区、东荆河中下游生态、生产和生活用水提供安全保障。

（四）社会经济

长湖流域地跨荆州市的荆州区、文旅区，荆门市的掇刀区、漳河新区和沙洋，及潜江市的运粮湖管理区，该流域是湖北省重要粮棉油和水产生产基地。流域总人口约 116 万人，总耕地面积为 137 万亩，水产养殖面积约 50 万亩。流域位置优越、交通发达，可谓荆楚门户。在水运方面，长湖历来是通江达汉的黄金水道。长湖具有悠久的历史、深厚的文化底蕴、丰富的民俗风情，是楚文化的发祥地之一，也是古三国文化遗址的聚集地。

（五）已开展相关工作

1. 截污控污

流域内已建污水处理厂 13 座，其中荆州区 2 座、沙洋县 10 座、掇刀区 1 座。荆州区城南、草市污水处理厂处理标准为一级 B 标准，其他污水处理厂排放标准均为一级 A 标准，污水处理厂污水收集率约 70%～90%，污水处理能力总计达到 12.45 万 m³/d。

流域重点工业污染企业主要位于荆州区城区、纪南文旅区、城南开发区及沙洋县拾回桥镇、后港镇等乡镇。采取的工业污染防治措施主要包括依法取缔不符合国家产业政策的小型造纸、印染等严重污染水环境的生产项目；督促企业建设废水治理系统，确保废水稳定达标排放；安装在线监控、开展强制性清洁生产审核；实行工业可持续发展战略，进一步调整优化产业结构和布局，推动清洁生产的发展。

畜禽养殖专项整治工作有序推进，禁养区内规模化畜禽养殖场（户）已全部关停转迁；非禁养区大部分规模化畜禽养殖场基本已完成配套建设废弃物处理设施。

在农业生产的各个环节积极组织实施化肥农药减量行动，大力推广测土配方施肥、高效低毒低残留环保型农药、生物防治和物理防治、农药包装回收试点、秸秆综合利用、农村户用沼气池等技术，选择部分区域开展"美丽乡村试点"和"循环农业试点"，促进了农村生活环境的改善。

长湖拆围工作已全面完成，荆州市和沙洋县分别拆除 5.5 万亩和 6.675 万亩围网，合计拆除围栏养殖面积 12.175 万亩。长湖周边低矮围垸尚未实施退垸（田、渔）还湖，基本未治理其养殖污染。农村分散精养鱼塘积极推进鱼池改造升级，广泛推广工厂化循环水养殖等水产生态健康养殖技术模式。

2. 河湖水系连通

依托引江济汉工程，长湖已形成"一主两翼"的水系连通格局，其中"一主"为引江济汉—长湖—东荆河，主要功能为改善长湖、东荆河水质；"两翼"之西翼为沮漳河（万城闸）—太湖港—长湖，主要功能为改善荆州区水系水质和灌溉太湖港灌区农田；"两翼"之东翼为汉江（赵家堤闸）—西荆河—长湖，主要功能为改善西荆河水质和灌溉西荆河沿线农田。目前 3 条主线总体较为通畅，局部辅线水系尚未完全连通。

二、现状调查评价

（一）水资源现状调查

长湖流域多年平均地表水资源量为 11.17 亿 m³，折合径流深为 394mm，多年平均地下水资源量为 3.63 亿 m³，地表与地下重复量为 3.1 亿 m³，扣掉重复量后，长湖流域多年平均水资源总量为 11.7 亿 m³。

（二）水环境调查评价

1. 污染物调查评价

长湖流域的污染负荷主要包括点源污染、面源污染和内源污染。

（1）点源污染。荆州区城区和沙洋县后港镇污水分别经城南、草市污水处理厂和后港污水处理厂处理后汇入长湖，剩余乡镇经附近天然沟渠直接排放入长湖。长湖流域内共有26个镇区（含街道办事处），流域内仅有荆州城南污水处理厂、草市污水处理厂、沙洋县后港污水处理厂等3座污水处理厂投入使用。2016年掇刀区城区的压碑堰排污口排入凤凰水库再入湖，2017年之后则通过管网并入杨树港污水处理厂再排入竹皮河。2016年沙市城区的生活污水排入豉湖渠、西干渠，不入湖。根据水资源公报，结合长湖流域城镇生活污水处理设施的处理规模、生活污水集中收集率、处理率，测算出2016年流域内入长湖的城镇生活污染源污水排放量为2044.6万 m^3，COD、TP、NH_3-N 排放量分别为3616.13 t/a、68.68 t/a、426.21 t/a。

2016年废水入长湖的重点工业污染企业共有31家，其中荆州区23家，荆门市8家。流域内仅重点工业污染企业按要求配套建设了废水处理设施，但仍然存在污染物超标排放现象。31家企业共排放工业废水943.69万 m^3，COD、NH_3-N 排放量分别为854.04 t/a、14.15t/a。

禁养区养殖规模场（户）已全部关停迁转。非禁养区有养殖规模场328个，其中荆州区99个、沙洋县225个、掇刀区4个。根据各地统计年鉴，结合调查统计，测算出2016年流域内入长湖的规模化畜禽养殖污水排放量为1852.56万 m^3，COD、TP、NH_3-N 排放量分别为12924.86t/a、413.6t/a、646.24t/a。

（2）面源污染。长湖流域的城镇地表径流、农村生活污水与农田径流最后主要排入太湖港、龙会桥河、拾桥河、夏桥河、西荆河、大路港河等河流再入长湖。面源污染对象包括农村生活污水与固体废弃物、农田径流污染物、分散式畜禽养殖和城镇地表径流四项。长湖流域内农村人口约72万人，大部分生活废水未经处理直排入沟渠；长湖流域耕地总面积约137万亩，其中水田约115万亩，旱地约22万亩。流域内全年养殖生猪250万头、牛18万头、羊6.5万只、家禽5000万只。采用第一次全国污染源普查推荐的排污系数，测算出2016年流域内入长湖的农村面源污水排放量为1135.36万 m^3，COD、TP、NH_3-N 排放量分别为17371.42t/a、408.27 t/a、1794.95t/a。

（3）内源污染。截至2017年，长湖大湖12.175万亩养殖围栏、网已全部拆除。目前长湖周边精养鱼塘、子湖精养面积为1.3万亩。湖边鱼塘、子湖养鱼投肥投饵很普遍，成为长湖流域水体有机污染来源之一。通过调查水产养殖面积、水产品年产量，依据第一次全国污染源普查推荐的水产养殖污染物排放系数，测算出2016年长湖水产养殖COD、TP、NH_3-N 排放量分别为674.27t/a、59.77t/a、56.49t/a。

2. 水质调查评价

（1）水功能区划。依据《湖北省水功能区划》（鄂政函〔2003〕101号），长湖划为长湖保留区，水质目标为Ⅲ类。按照《地表水资源质量评价技术规程》（SL 395—2007），对2016年长湖流域1个水功能区进行水质达标分析与评价。按照全因子评价法，2016年长湖保留区水质全年不达标，主要超标项目为COD、TP。

（2）水质现状。荆州市、荆门市环境监测站对长湖进行了常规水质和富营养化监测，布设了习家口、戴家洼、桥河口、关沮口、荆门市后港 5 个监测点，从 2002 年开始每年监测 6 次。

2016 年长湖水质监测结果评价见表 5－17。

表 5－17　　　　　　　　　　2016 年长湖水质监测结果评价表

监测点	水质类别	水质状况	主要污染指标	湖泊营养状态评价
戴家洼	V		COD、TP	轻度富营养
习家口	IV		TP	中营养
关沮口	V	中度污染	TP、COD、TN、BOD$_5$	轻度富营养
桥河口	V		TP、TN、COD、BOD$_5$	轻度富营养
后港	IV		COD、TP	中营养
全湖	V		TP、COD	轻度富营养

注　数据来源为荆州市环保局和沙洋县环保局常规水质监测数据。

由表 5－17 可知，2016 年长湖 5 个监测点及全湖的水质均处于 IV～V 类之间，水体受到轻度—中度污染。总体上，2016 年长湖出湖口习家口水域及荆门市后港水域的水质好于长湖西北入湖地区水质，其中太湖港入湖口水域（关沮口监测点）、龙会桥河入湖口水域（戴家洼监测点）的水质最差。污染指标为 TP、COD、TN、BOD$_5$。这些情况表明，2016 年长湖仍然受到流域面上及长湖周边城镇工业废水、生活污水、规模化畜禽养殖污水、农业面源污染的影响，以及湖泊围栏网养殖的影响，造成长湖水体有机污染严重。2016 年长湖各监测点中，除了习家口、后港处于中营养状态外，戴家洼、桥河口、关沮口均处于轻度富营养状态；2016 年长湖整体处于轻度富营养状态。从年内变化情况来看，长湖戴家洼、桥河口、关沮口 3 个监测点 3 月、9 月的营养状态比其他月份有所减轻，其他监测点营养状态年内变化不明显。

（三）水生态现状

1. 水生生物

（1）水生植物。长湖 1980 年以前莲藕、菱角、芡实、芦苇等十分繁茂，目前只有少量的莲藕和菱角存在，芡实和芦苇基本灭绝；20 世纪 80 年代长湖水生维管束植物有 50多种，其优势种群苦草、金鱼藻、轮叶黑藻、聚草、菹草等目前也只能零星可见。80 年代初长湖水草覆盖率为 100％，1999 年下降到 45.16％。

（2）鸟类。2004 年对长湖的冬季调查仅记录到水禽 29 种，共 1446 只。短嘴天鹅等珍稀鸟类，从 20 世纪 90 年代开始均未发现；鸿雁、兰雁等雁属鸟类由 20 世纪 60 年代的丰富物种变为现在少见物种。

（3）水生动物。长湖水域有浮游动物 44 种，其中原生动物 4 种，轮虫 25 种，枝角类 13 种，桡足类 2 种。常见的种类有普通表壳虫、滚动陷毛虫、角突臂尾轮虫、剪形臂尾轮虫、螺形龟甲轮虫、锯齿真剑水蚤等。

长湖底栖动物有 15 种，以软体动物为主，其次有少量寡毛类种昆虫幼虫。常见优势种类有中国园田螺、铜锈环枝螺、纹沼螺、背角无齿蚌、摇蚊幼虫、蜻蜓幼虫等。

据调查，1985 年以前长湖的鱼类有 60 多种，2005 年只剩下 30 多种。

2. 重要水生生境

湖北长湖鲌类国家级水产种质资源保护区总面积约为 14000hm²，包括长湖水域及沿湖滩地、沼泽等。保护区主要保护对象为翘嘴鲌、蒙古鲌、青梢鲌、拟尖头鲌、红鳍原鲌等 5 种长湖原产鲌类和其他水生生物及其赖以生存的湖泊湿地生态系统。

荆州市长湖市级湿地保护区以长湖围堤为界，东北抵沙洋，西南接荆州、沙市两区，面积为 109.18km²，其中核心区 22.01km²，缓冲区 19.5km²，实验区 67.67km²。保护对象为水生和陆生生物及其生态环境共同组成的湿地生态系统，淡水资源和生物物种多样性。2005 年 7 月荆州市政府以《荆州市人民政府关于将长湖市级湿地保护区晋升为省级湿地保护区的请示》（荆州政文〔2005〕50 号）文件向省政府申报长湖省级湿地保护区，并将保护面积扩大到 157.5km²。

沙洋县长湖湿地自然保护区以长湖围堤为界，东北抵沙洋县后港镇，西南接荆州、沙市两区，面积 157.50km²，其中核心区 22.99km²，缓冲区 36.48km²，实验区 98.03km²。

三、生态需水研究

为保证水生态系统健康、良性运行，长湖需保障一定的生态水位。根据《河湖生态需水评估导则》（SL/Z 479—2010），结合长湖的具体情况和保护目标，考虑基础资料条件，采用最枯月平均水位法、最小生物空间法计算长湖的最低生态水位。

（一）最枯月平均水位法

根据长湖实测资料序列（1963—2010 年逐日水位），对最枯月平均水位进行频率分析计算，选用 P-Ⅲ型理论曲线配线，得到不同频率的设计水位成果。长湖 90% 保证率最枯月平均水位为 29.33m。

（二）最小生物空间法

长湖湖底高程为 26.97m，参考最低生态水位相关文献研究成果，综合各种资料分析，长湖鱼类生存要求的最小水深约为 1.0m。因此，长湖最低生态水位为 27.97m。

从湖泊水生态偏安全角度考虑，取两种方法中较大值作为湖泊最低生态水位，因此，确定长湖最低生态水位为 29.33m。

当长湖湖泊水位接近最低生态水位时，应限制沿湖工农业取水涵闸、泵站从湖泊中取水，并可通过沮漳河以及"引江济汉"工程分水闸引长江水进入长湖补水。

第六章 生态需水保障

第一节 生态需水保障措施体系

为切实维护江汉平原河湖生态用水需求，迫切需要在水资源配置与管理工作中，树立水生态与水环境保护的新理念，将主要河湖生态保护目标所需的生态需水纳入江汉平原水资源配置总体考虑中，将生态需水保障措施纳入水安全保障措施体系中，建立监督管理体系、制度保障体系、机制保障体系、监测监控体系和工程体系。

一、监督管理体系

根据相关规划确定的现状条件下水资源开发利用成果，充分考虑江汉平原水源调节条件、河湖生态保护需求、规划方案批复依据等，并考虑保护的重要性、监管紧迫性、调控可行性等因素，选取丰水地区水资源开发利用程度15%～30%、缺水地区水资源开发利用程度30%～50%的中等开发利用强度河湖，先行开展生态流量确定和监管工作。在此基础上，根据流域"上下游协调、干支流均衡"原则，结合重要生态敏感区和保护对象分布等因素，兼顾存在生态问题的断面和生态良好断面，选择其中可监测、可考核、可调度的若干重要断面作为生态流量监管主要控制断面。

充分考虑江汉平原流域和区域水资源承载能力，统筹防洪、供水、生态、航运、发电等功能，合理配置生活、生产、生态用水。实施水资源消耗总量和强度双控，合理确定水土资源开发规模，优化调整产业结构，强化高效节水灌溉，开展污水处理回用和再生水利用等，防止水资源过度开发利用，逐步退还被挤占的生态环境用水。

合理调整缺水地区农业种植结构和布局，试行"退地减水"，在地表水过度开发问题较严重且农业用水量比较大的地区，适当减少用水量较大的农作物种植面积等。加快推进江汉平原各大灌区续建配套与现代化改造工程建设，通过干支斗农渠系衬砌、渠系建筑物配套完善和现代化改造，加大田间节水设施建设力度，推广微灌、滴灌、低压管道输水灌溉、集雨补灌、水肥一体化、覆盖保墒等技术，以及水稻灌溉结合浅湿灌溉技术，间歇淹水，减少农业用水量，增加河湖生态用水有效供给。

二、制度保障体系

加快制定江汉平原生态用水管理办法，确立河湖生态需水的重要地位，明确原则、指标、制度、手段、方法等内容，使生态环境用水管理法制化、透明化、规范化、协作化，综合采用行政手段、法律手段、市场机制以及社会自助与互助等多种管理手段，将保障生态需水落到实处。

加快生态用水管理制度体系建设，借鉴国内外现有先进制度模式及管理经验，充分考虑我国生态用水管理法律法规现状特点和存在问题，依据江汉平原流域水资源综合规划等相关内容，建立和完善生态用水管理制度体系，包括最低（小）生态用水管理制度、重要生态系统（区域）生态用水保障名录制度与评估制度、应急性生态补水与评估制度、河道工程设施生态用水后续管理制度、生态用水目标责任制度、公众参与制度、生态水权制度等。

按照农业、工业、服务业、生活、生态等用水类型，完善水资源使用权用途管制制度，严控无序调水和人造水景工程，保障公益性河湖生态用水需求。在有条件的区域开展水权交易试点，积极培育水市场，推动水权交易平台建设，鼓励和引导地区间、用水户间的水权交易，加强水市场监管，保障水权交易的公平公正。

三、机制保障体系

结合"一河（湖）一策"的相关要求，组织编制江汉平原重点河湖生态流量保障实施方案。实施方案应系统分析相关河湖的基本情况、水资源水生态现状，评价现状生态流量目标满足程度，制定河湖生态流量保障目标，评估主要控制断面生态流量目标的满足程度和可达性。

建立生态流量（水位）监测预警与管控机制。根据河湖生态流量目标要求，确定河湖生态流量预警等级和预警阈值。针对不同预警等级制定预案，明确水利工程调度、限制河道外取用水和应急生态补水等应对措施。

建立江汉平原流域河湖水资源统一协调管理机制。流域管理机构或地方各级水行政主管部门应将保障生态流量目标作为硬约束，合理配置水资源，科学制定河湖水量统一调度方案和调度计划。有关工程管理单位，应在保障生态流量泄放的前提下，执行有关调度指令。对于因过量取水对河湖生态造成严重影响，导致生态流量未达到目标要求的，流域管理机构或地方水行政主管部门应采取限制取水、加大水量下泄等措施，确保达到生态流量目标。

制定生态流量管控措施，明确河湖生态流量调度管理职责划分、执行与监管责任以及保障措施等。针对闸坝调度管理制度、生态流量泄放设施等存在的问题进行核查，相关工作情况纳入最严格水资源管理制度和水污染防治行动计划绩效考核和责任追究。

四、监测监控体系

结合国家水文站点、水库枢纽、闸坝工程布局，在江汉平原重要控制断面建设生态流量在线监测设施，监测数据纳入水资源监控系统，强化生态流量（水位）的常态化监测和管控。建立健全河湖生态需水确定的程序，统一技术标准。

生态流量监控管理系统应包括监控中心、监控站点和通信网络，由监控中心收集各河流监控站点实时上传的流量、水位、水质指标信息，并对监控站点发送指令，从而实现远程监控。由相关管理部门对各河流安排管理人员，对各主要控制断面、调度梯级设置流量监控设施，定期监测生态流量下放的相关数据。根据生态流量监测情况，及时发布预警信息，按照制定的预案实施动态管理。持续进行水文、生态监测，详细分析水文、生态监测数据，评估改善水文条件后的生态效果，推行适应性管理策略。

五、工程体系

生态流量调度是维护河流生态健康、推进生态文明建设的重要举措。建设生态流量调度体系，是当前推进实行最严格的水资源管理制度、打赢水污染防治攻坚战、做好"四水同治"及河长制工作的必然要求。

强化江汉平原水资源统一调度和管理，增加主要河流枯水期径流量，保障重点保护河段、湖泊、湿地及河口生态用水并改善水环境。完善水库、水电站和拦河闸坝的水量调度管理方案，将生态流量保障纳入水量调度方案与调度计划。

充分发挥现有大中型水利工程联通、联控、联调作用，加快规划建设生态水库，汛期增加蓄水滞水，减轻洪涝压力，增加水资源存量。非汛期科学调蓄补充生态流量，维护生活用水、生产需水和生态需水的良好用水秩序。通过科学调度，协调好上下游、左右岸用水关系，做好流域和区域水资源统筹调配。

对生态过载和污染严重的重点河湖，在提高节水治污和再生水利用水平的同时，因地制宜实施必要的跨流域、跨区域调水及水系连通工程，增强河湖连通性，提高重点地区和重点河湖的水资源水环境承载能力。

第二节　江汉平原生态需水保障重点工程

一、引江补汉工程

引江补汉工程不仅关系全国水资源配置格局，更直接关系湖北省经济社会发展全局，特别是将对湖北经济社会发展的核心区域——汉江中下游地区产生长期深远影响。湖北省在南水北调工程规划实施之初，为从根本上解决江汉平原及汉江中下游水资源、水生态、水环境问题，就开始研究从长江向汉江补水方案及湖北省水资源配置方案，逐步形成了太平溪绕岗线路方案（湖北方案）和湖北省水资源配置总体格局，其中太平溪绕岗线路方案是整个配置格局的龙头工程，与南水北调中线后续工程布局高度契合，同时也是江汉平原水安全保障的"生命线"，对支撑湖北省经济社会绿色高质量发展意义重大。

2020年2月，湖北省人民政府在回复国家发展改革委征求引江补汉工程规划的意见中，明确提出湖北省受益范围需引江补汉工程的补水量为34.32亿 m³，其中汉江中下游需补水24.6亿 m³、输水沿线6.9亿 m³、鄂北二期2.82亿 m³。4—6月，水利部规计司、水规总院、长江委多次召开水资源配置与工程规模技术讨论会，湖北省进一步提出了本省的用水需求为34.32亿 m³ 和相关诉求。

在考虑北方用水需求和湖北省新增水量34.32亿 m³ 后，将部分水华防控相机进行调度，尽量少占用工程规模，渠首总设计引水流量应至少达到300m³/s才可满足引水要求。

确定引江补汉工程坝下方案渠首总引水流量为 300m³/s，向输水干渠沿线分水 30m³/s 后，入汉江设计流量为 270m³/s。

湖北省提出的引江补汉工程是太平溪绕岗线路方案，线路长 225km；长江委重点研究的线路方案为龙潭溪西线方案（龙安 1 线），线路长 194km，经综合比选不同线方案，以干线和分水支线工程总投资最省的标准，确定太平溪绕岗与龙潭溪西线结合方案为最优方案，其中龙潭溪西线以向北方和汉江中下游供水为主，干渠设计流量为 200m³/s，洞径为 10.9m；太平溪绕岗线路以向输水沿线和汉江中下游供水为主，干渠渠首设计流量为 100~70m³/s，在向输水干渠沿线分水后，入汉江设计流量为 70m³/s，洞径为 8.6~7.6m。太平溪线路沿程设 5 个分水口进行分水，其中 4 条分水支洞。引江补汉工程太平溪自流引水方案示意如图 6-1 所示。

引江补汉工程的湖北省内受益范围可划分为湖北省清泉沟供水区、输水干渠沿线供水区和汉江中下游干流供水区等。受益区涉及武汉市、宜昌市、襄阳市、十堰市、荆门市、孝感市、荆州市、随州市、仙桃市、潜江市、天门市等 11 个市的 46 个县（市、区），受益区国土面积为 5.49 万 km²，占湖北省国土面积的 29.5%，2018 年地区生产总值为20067 亿元，占湖北省地区生产总值的 51.0%，2018 年常住人口为 2660 万人，占湖北省总人口的 44.9%，是湖北省人口最集中、生产最活跃的核心区域。

引江补汉工程作为南水北调中线工程的后续水源，是我国水资源配置的一项战略工程。在解决北方受水区远期用水的前提下，也可有效解决湖北省汉江中下游及江汉平原周边丘陵地区的用水需求，对解决湖北省用水需求十分必要和迫切。引江补汉工程既是国家水资源配置格局的关键工程，也是实现湖北经济高质量发展和汉江经济带生态环境改善的保障工程，是"利在当代，功在千秋"的伟大工程。

当前，引江补汉工程正在进行可行性研究报告编制工作。按照水利部对南水北调后续工作进行的整体部署，要求 2020 年完成引江补汉工程可行性研究报告编制工作，力争年底局部工程开工。

二、"一江三河"水系连通工程

"一江三河"水系连通工程位于湖北省汉北地区，工程示意如图 6-2 所示。"一江"指汉江，"三河"指汉北河、天门河和府澴河。工程所在区域是江汉平原田园水乡的典型代表，涉及武汉、孝感、荆门、天门四地。项目区国土面积为 8562km²，大部分县（市、区）位于武汉市"1+8"城市圈内，也是长江经济带和汉江经济带交汇区域的核心区域，以湖北省 5% 的国土面积，承载了占湖北省 12% 的人口，创造了 18% 的生产总值，在湖北省经济社会中占有重要地位。该工程以打造长江经济带平原湖区水生态文明建设典型样板为目标，通过采取多种措施在解决区域水生态退化的同时，提升该区域供水、航运能力。

"一江三河"水系连通工程主要包括水系连通工程、河道整治工程、湖泊整治工程等。工程骨干引水线路为：经罗汉寺闸从汉江兴隆库区引水入天南总干渠，于多宝节制闸处进天北干渠，在潘渡处分为两支。其中一支继续沿着天北干渠于渡桥湖分水闸，进入毛桥河、渡桥湖、石龙干渠、清水挡水库和惠亭水库南干渠。另外一支引水进入汉北河，经天

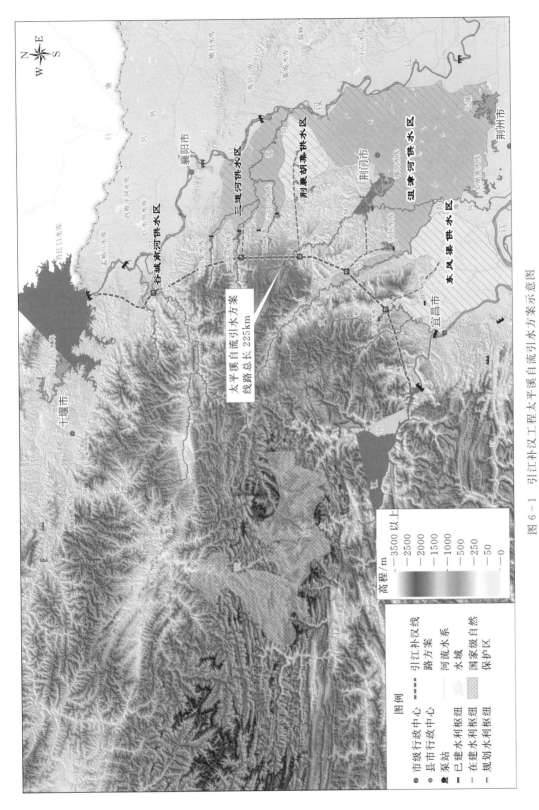

图 6-1 引江补汉工程太平溪自流引水方案示意图

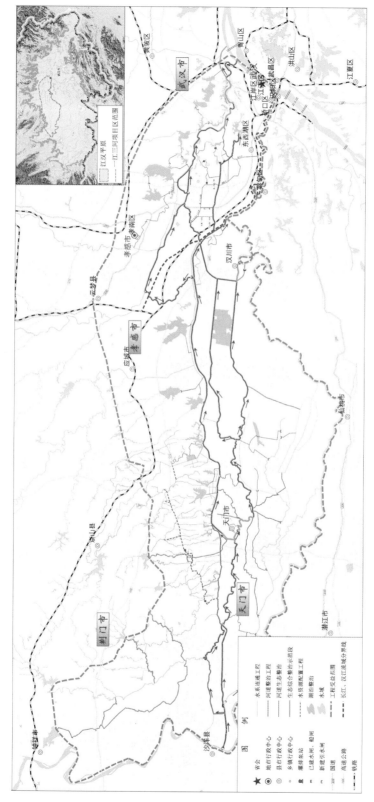

图 6-2 湖北省 "一江三河" 水系连通工程示意图

门市渔薪镇、黄潭镇，在万家台再分两线：一条线沿汉北河沿途而下，于老府河、沧河进入府河下游的孝感、武汉市黄陂区水网，还可经过总干沟入武汉市东西湖区金银湖水网；另外一条线经防洪闸沿老天门河，进入汈汊湖，经汉川市城关进入汉江。也可由天门河南支向南分水入华严湖和沉湖。罗汉寺闸设计流量为136m³/s。

设计水平年2030年，在截污控污前提下，内部河湖生态需水以分配给项目区的用水总量及过程为控制条件（不从汉江新增引水量），项目区需从汉江引水量总计为10.23亿m³，其中河道外9.16亿m³，河道内生态补水量1.07亿m³。引江补汉工程建成后（从长江三峡水库补水给汉江中下游及北方），需适当新增汉江引水量，可彻底解决项目区水生态环境问题。

"一江三河"水系连通工程区位优势明显，工程通过合理调配和利用汉江水资源，向江汉平原汉北地区的重要城镇、湖泊、湿地供水，可保障汉北河、天门河、府河沿岸农村人口饮水安全，并为天门市提供应急备用水源。工程实施后，区域内103条连通渠、13条河流、35个湖泊将连为一体，可以实现水网互通、水量互济，区域水生态环境承载能力可得到极大提高，带来的效益主要为供水效益、生态环境效益及生态环境改善引起的土地增值效益等其他综合社会效益。工程受益区将实现水网互通、水量互济，重现河畅岸绿、鱼翔浅底，轻风拂柳、荷香十里的水乡泽国景象，极大改善水生态环境，提升该区域供水、航运保障能力。

"一江三河"水系连通工程立足于促进江湖动态联系、修复水网生态平衡，工程的建设实施对汉江中下游水生态修复具有重要意义。目前《一江三河水系连通工程可行性研究报告》编制工作已经完成，现处于可研待审阶段。

三、湖北省汉江生态经济带建设引隆补水工程

湖北省汉江生态经济带建设引隆补水工程（以下简称引隆补水工程）位于江汉平原汉南区，通顺河是该区域的一条骨干河流，也是汉江干流的分流河道。通顺河流域是湖北省汉江生态经济建设的重要组成部分，通顺河流域生态经济带建设可作为先行示范区促进长江经济带、汉江生态经济带规划实践，引隆补水工程可有力支撑通顺河流域经济社会绿色发展战略、区域水乡田园城市建设战略，恢复泽口灌区供水保障程度，保障通顺河等主要河流水生生物水力生境条件、增强通顺河等主要河流水环境容量并改善其水质，保障仙桃市应急供水安全，对区域生态经济带建设具有重要支撑作用。引隆补水工程示意如图6-3所示。

引隆补水工程的开发任务为恢复泽口灌区供水保障程度、改善特枯水年泽口灌区农业缺水状况、保障通顺河等主要河流生态用水、增加通顺河等主要河流水环境容量并助力改善其水环境质量、为通顺河流域的河湖湿地生态补水、为仙桃市提供备用水源。

引隆补水工程多年平均引水量为3.82亿m³，渠首设计引水流量为40m³/s。经水资源调配，利用原南水北调中线一期规划汉江中下游干流供水区供水指标内水量0.69亿m³，挖掘引江济汉工程引水潜力实现多向汉江补水2.61亿m³，汉江干流供水量为0.53亿m³，其中汉江干流流量大于800m³/s时供水量为0.51亿m³，汉江干流流量为600～800m³/s时供水量为0.02亿m³，汉江干流流量小于600m³/s时供水量为0。

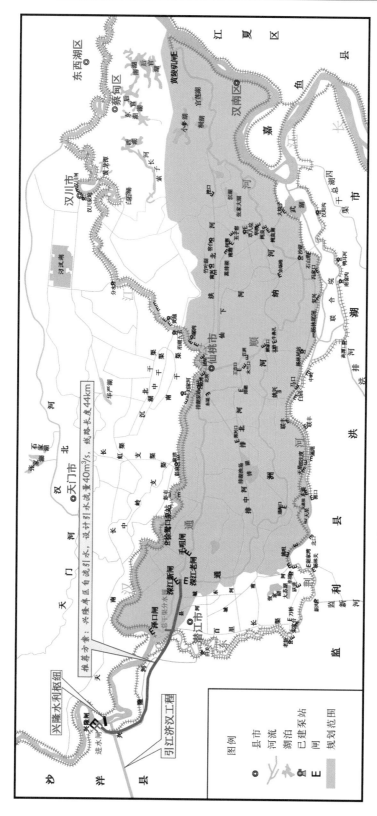

图 6-3 汉江生态经济带建设引隆补水工程示意图

引隆补水工程任务为恢复区域内城乡生产生活供水保障程度，保障通顺河生态需水并为改善通顺河等主要河流水环境质量提供水力支持，在考虑生活、最小生态、生产及水环境需水的顺序后，多年平均供水量为 3.82 亿 m^3，其中河道内水生态环境供水 3.78 亿 m^3，农业供水 0.04 亿 m^3。

引隆补水工程全线自流，采用盾构法地下掘进埋管方式，技术成熟。引隆补水工程以兴隆水库为水源，沿汉江堤防南侧紧临潜江兴隆河布设地下输水管，穿东荆河后分两支，一支沿汉南河南侧至新深江闸后入通顺河，另一支引至泽口闸后入汉南河。输水线路总长 44.1km，设计流量为 40m^3/s，布置 2 根 DN4900 混凝土输水管，覆土深度为 10～15m，沿线主要建筑物有进水闸、出水闸、分水阀、通气阀、放空阀等，均为常规建筑物。输水管线建设为常规成熟技术。

引隆补水工程实施后，将有助于改善仙桃市、蔡甸区及汉南区城区段和非城区段流域水生态环境，使通顺河流域主要骨干河流水质达到Ⅲ类，也可改善泽口灌区灌溉面积178.6 万亩，使泽口灌区灌溉保证率从 76.9％提高至设计保证率 85％。

引隆补水工程的建设实施，可以缓解仙桃居民生活生产水源不足问题，对于缓解通顺河流域生产生活生态用水条件日益恶化，改善河道水环境严峻形势是十分必要迫切。目前《湖北省汉江生态经济带建设引隆补水工程规划报告》编制工作已经完成，2020 年 9 月湖北省水利厅组织了。

四、湖北省武汉市大东湖生态水网构建工程

湖北省武汉市大东湖生态水网构建工程（以下简称大东湖生态水网构建工程）位于武汉市长江南岸，区域涉及武昌区、青山区、洪山区、东湖新技术开发区和东湖生态旅游风景区，国土面积为 390.6km²。"大东湖"区域是湖北省省级行政中心所在地，是武汉的钢铁、石化和高新技术产业区、武汉大学、华中科技大学等国家重点高等院校集中地，东湖生态风景区位于本区域核心。区域内总人口为 98 万人。

大东湖地区水系发育，主要湖泊有东湖、沙湖、杨春湖、严西湖、严东湖、北湖等 6个湖泊，区间还有竹子湖、青潭湖等小型湖泊，最高水位时水面面积为 60.12km²。中部南北向的垅岗将其分为东、西两部分，即东边的北湖水系和西边的东沙湖水系。区内有主要港渠 15 条，其中东湖港、沙湖港、北湖大港是由历史上的通江河流渠化而成，成为各片区的汇水渠和外排通道；其他港渠多为人工排水渠道。

大东湖生态水网构建工程引水方式拟以闸引为主，泵引为辅；新建青山港闸作为主要进水口，设计引水流量为 40m^3/s，新建曾家巷泵站补充进水口，以补充长江低水位时的大东湖水生态需求，设计引水流量为 10m^3/s。主流方向为西进东出：长江→青山港闸→青山港→杨春湖→新东湖港→东湖→九峰渠→严西湖→北湖→北湖泵站→长江；辅线为：长江→曾家巷闸→沙湖→沙湖港→罗家港→罗家路闸→长江，或者长江→曾家巷泵站→沙湖→东沙湖渠→水果湖→筲箕湖（东湖）→沙湖港→罗家港→罗家路闸→长江。

大东湖生态水网构建工程包括污染控制工程、生态修复工程、水网连通工程及监测评估研究平台。工程主要任务为：通过实施污染控制工程，点面治理结合有效削减污染物入湖量；实施生态修复工程，因地制宜构建良性水生态系统；实施水网连通工程，恢复江湖

的联系、增加区域水资源的供给、提高水体环境承载力；建设监测评估研究平台，实现科学调度长效管理，提高工程综合效益。

大东湖生态水网构建工程是推进"两型"社会建设，落实科学发展观的需要；是落实城市总体规划，实现水功能区目标的需要；是恢复战略应急水源，保障生存发展环境的需要；是提高区域生物多样性，重建稳定水生态系统的需要；是强化流域污染治理，维系健康长江的需要；是开展试点创新理念，建设生态文明城市的需要。

2009 年 5 月，《湖北省武汉市大东湖生态水网构建工程总体方案》得到国家发展改革委批复，当前大东湖生态水网构建部分工程正在建设实施，工程线路如图 6-4 所示，水网连通工程总布置如图 6-5 所示。

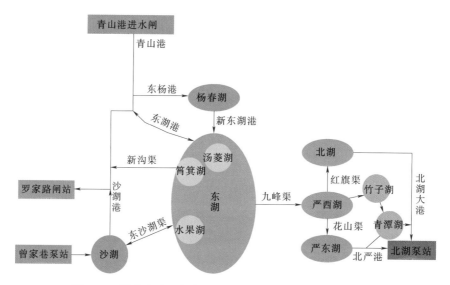

图 6-4　湖北省武汉市大东湖生态水网构建工程线路示意图

五、南水北调中线一期引江济汉工程

南水北调中线一期引江济汉工程（以下简称引江济汉工程）作为南水北调中线水源区工程之一，是从长江上荆江河段附近引水至汉江兴隆河段、补济汉江下游流量的一项大型输水工程，工程总体布置如图 6-6 所示。工程的主要任务是向汉江兴隆以下河段（含东荆河）补充因南水北调中线调水而减少的水量，同时改善该河段的生态、灌溉、供水和航运用水条件。

引江济汉工程渠首位于荆州市李埠镇龙洲垸长江左岸江边，干渠线路沿北东向穿荆江大堤（桩号 772+150），在荆州城西伍家台穿 318 国道、红光五组穿宜黄高速公路后，近东西向穿过庙湖、荆沙铁路、襄荆高速、海子湖后，折向东北向穿拾桥河，经过蛟尾镇北，穿长湖，走毛李镇北，穿殷家河、西荆河后，在潜江市高石碑镇北穿过汉江干堤入汉江（桩号 251+320）。穿越的主要河流有太湖港、拾桥河、广平港、上西荆河、殷家河等。

引水干渠全长 67.23km，进口渠底高程为 26.10m，出口渠底高程为 25.0m，干堤渠

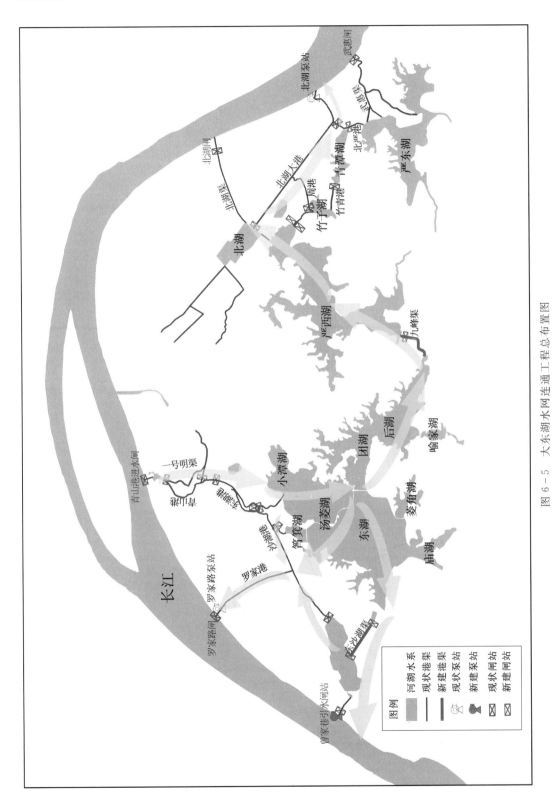

图 6 - 5 大东湖水网连通工程总布置图

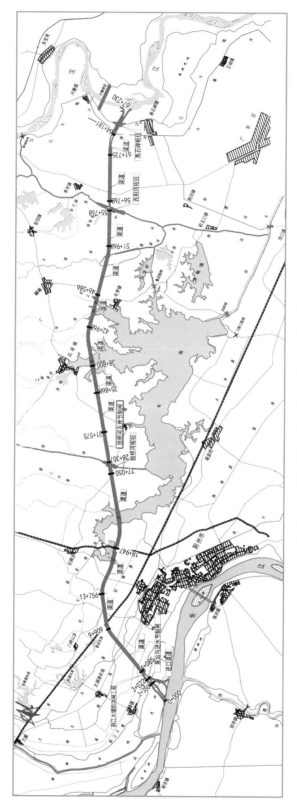

图 6-6 南水北调中线一期引江济汉工程总体布置图

底纵坡为 1/33550，渠底宽 60m。渠道在拾桥河相交处分水入长湖，经田关河、田关闸入东荆河。

干渠设计引水流量为 350m³/s，最大引水流量为 500m³/s，补东荆河设计流量为 100m³/s，加大流量为 110m³/s。渠道内坡坡比为 1:2～1:3.5，外坡坡比为 1:2.5。

引江济汉工程项目区包括四湖上区治涝区，行政区划隶属于荆州市、荆门市两地级市所辖的荆州区、沙市区与沙洋县 3 个县（区），以及省直管市潜江市，还有省管农场沙洋农场和国家大型企业江汉油田。荆州古城也位居区中。项目区地处富饶的江汉平原腹地，经济以农业为主，是湖北省灌溉农业最发达的地区之一。项目区所涉及的 23 个乡镇，国土面积为 2385km²，农业人口为 85.15 万人。农业生产水平在全省位居前列。乡镇企业营业收入达 218 亿元。

引江济汉工程的供水范围（直接受益范围）为汉江中下游干流供水区的组成部分，主要包括汉江兴隆河段以下的 7 个城市（区）（潜江市、仙桃市、汉川市、孝感市城区、东西湖、蔡甸区、武汉市城区）和 6 个灌区（谢湾、泽口、东荆河区、江尾引提水区、沉湖区、汉川二站区），现有耕地面积为 645 万亩，总人口为 889 万人，其中非农业人口为 400 万人，工业总产值达 1015 亿元。

引江济汉工程是南水北调中线一期工程中汉江中下游四项治理工程之一，项目实施后，可削减丹江口水库调水后对汉江下游地区的不利影响，对于湖北省具有重要的战略意义和现实意义。工程建成后，不仅可有效缓解南水北调中线调水与汉江下游河道内外需水之间的矛盾，还可为改善当地生态环境、灌溉、供水和航运用水条件创造条件，对促进湖北省经济社会可持续发展和汉江下游地区的生态环境修复和改善具有重要意义。

引江济汉工程自 2009 年项目筹建，2014 年 9 月正式通水。工程建成通水后，有效地补充了汉江中下游河段因南水北调中线调水而减少的水量，改善了工程沿线的生态、灌溉、供水条件；同时也可以撇长湖支流拾桥河洪水入引江济汉渠，进入汉江，缓解长湖的防汛压力，确保当地人民生命安全。这条人工运河是江汉平原上的一条黄金通道、安全通道、生态通道。

六、武汉新区六湖水系网络工程

武汉新区六湖水系网络工程涉及武汉经济技术开发区（汉南区）、蔡甸区和汉阳区，通过江湖连通，形成沟渠纵横，襟江带湖的"梦里水乡"。

1. 水网结构

区域水系主要有汉阳西湖水系、汉阳东湖水系、烂泥湖水系和泛区水系，区域城市建设发展主要在通顺河以北地区，泛区水系内由于其分蓄洪区的定位原因，现状和规划都没有大规模的建设区。区域水网结构如图 6-7 所示。东湖水系、西湖水系和烂泥湖水系既面临发展带来的环境压力，也有条件进行水网建设。因此，区域水网的建设主要集中在这 3 个水系，共有 3 条水网建设线路。

A 线：改造西湖水系与泛区水系的连通渠，并实现与汉江和通顺河的连通，形成环城水网的西南段。

B 线：打通西湖水系与东湖水系连通通道，形成汉江-西湖水系-东湖水系-长江的连

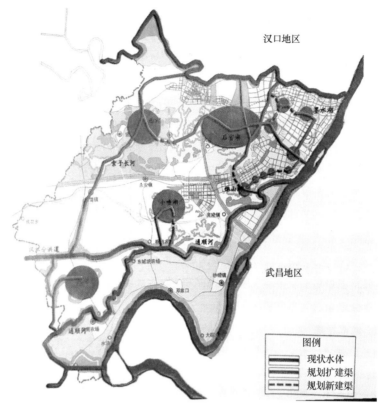

图 6-7　新区水网结构图

通。实现东湖水系和西湖水系连通的规划渠长 2.9km，经过地区无大规模建设，地形最高点为 32m，由于防洪分区需要，在规划渠应配建控制闸，闸标准同 1 级堤防。

C 线：打通东湖水系与烂泥湖水系的连通，形成环绕开发区的水网。实现东湖水系中和烂泥湖水系连通的规划渠（西段）长 2.8km，经过地区规划为生态通应，地形最高点为 29m；规划渠（东段）长 1.8km，经过地区现状有村民点，地形最高点为 25m。

2. 调水方案

根据现有建设情况，西湖水系水质和后官湖同为Ⅲ类，西湖水系控制高程为 21.00m，高于东湖水系后官湖的 19.65m 和南太子湖的 18.65m，有条件实现从西湖水系往东湖水系的水流线路；东湖水系的后官湖水质好于烂泥湖水系水质，控制高程基本一致，也有条件实现从后官湖向烂泥湖水系的水体流动。整个区域可以通过汉阳闸、琴断口闸从汉江进水，从东湖泵站和挖口泵站出江（河），规划共有 3 条调水线路。

A 线：汉江—汉阳闸—西湖—东湖—三角湖—南太子湖水系—东湖泵站—长江。其支线为后官湖—砾山湖—烂泥湖—汤湖—西边湖—万家湖—南太子湖—长江。

B 线：汉江—汉阳闸—西湖—侏儒河—挖口泵站、挖口闸—通顺河—长江。

C 线：汉江—琴断口闸—龙阳湖—墨水湖或三角湖—南太子湖—东湖泵站（或东风闸）—长江。

3. 重点地区水网

新区的水网建设重点在东湖水系，实现东湖水系内的多水体连通，特别在四新地区建设以高密度渠网为特征的连接四湖的动态水网。

武汉新区六湖水系网络工程通过改造、新建水渠，实现内、外部水系连通体系，增加了湖泊水动力，增强湖泊的自净能力，改善湖泊水质，形成较完善的动态水网，可促使新区水环境建设的持续稳定发展。目前工程已局部完成，实现了局部通水的目标。

七、湖北省黄石市磁湖江湖连通工程

黄石市城区有磁湖、青山湖和青港湖 3 个湖泊，其中磁湖最大，湖面约 9.17km²，汇水面积为 62.19km²，湖岸线总长则有 38.7km。磁湖是黄石市最重要的一个城中湖泊，在黄石市城区洪水调蓄、生态调节等方面起着重要作用，由于长期以来城市建设和污水未经处理直接入湖，造成现状水质较差为 V 类至劣 V 类，湖泊水面面积逐年萎缩，湖区水生态环境恶化，严重影响城市居民生活环境。

湖北省黄石市磁湖江湖连通工程（以下简称磁湖江湖连通工程）是通过提水泵站、箱涵及连通港渠等将长江与城市内湖水系连通起来。工程的主要任务是在环湖截污的前置条件下，通过实施江湖连通工程对黄石市内的主要湖泊青山湖、青港湖及磁湖进行水体修复，改善湖泊生态环境，使湖泊水质得到明显改善，基本满足水功能区划管理目标 IV 类水质的要求，进而促进湖泊滨水区环境的建设，达到美化城市，改善人居环境的目标。另外在磁湖亏水期时对磁湖进行生态补水，补水线路如图 6-8 所示。

工程引水线路为从黄石长江干堤青山湖旁（长江干堤桩号 57+417m）新建青山湖提水泵站（泵站设计提水流量为 8.0m³/s），水流经新建的 2.1km 青山湖湖底箱涵直接入青山湖 1 号湖副湖，以青山湖 1 号湖副湖为前池，水流分两路分别进入青山湖及青港湖。一路进入青山湖 1 号、2 号、3 号、4 号湖，退水经已有的青山湖排涝泵站抽排入江；另一路是经新建盘龙山隧洞进入青港湖，从青港湖水流再分两路分别进入磁湖，一路经新建的王家桥生态港渠进入北磁湖，另一路则通过新建的青港湖泵站（设计流量为 4m³/s）、大泉路输水箱涵及现有市政排水箱涵（大泉路、杭州西路、青渔路）进入南磁湖，后由胜阳港闸站进入长江。

磁湖江湖连通工程实施江湖连通、底泥清淤、生态修复等举措，建立磁湖生态水网，恢复水生植被，遏制了磁湖生态退化，改善了水体水质、维护了湖泊生态健康。2011 年，磁湖江湖连通工程已编制完成了可研报告。

八、湖北省嘉鱼县江湖连通水资源配置工程

湖北省嘉鱼县江湖连通水资源配置工程（图 6-9）项目区位于嘉鱼县主城区及沿江平原区，受益范围涵括鱼岳镇、新街镇、高铁岭镇、官桥镇、渡普镇、潘家湾镇、簰洲湾镇，项目区为湖北省江汉平原重要组成部分，也是咸宁市推进沿江生态文明示范带、咸嘉生态文化城镇带发展的核心区域。

湖北省嘉鱼县江湖连通水资源配置工程主要通过实施江湖连通工程，引长江水对项目区水系进行补水，满足嘉鱼主城区和沿江平原区生产、生态用水需求，保障嘉鱼县粮食主

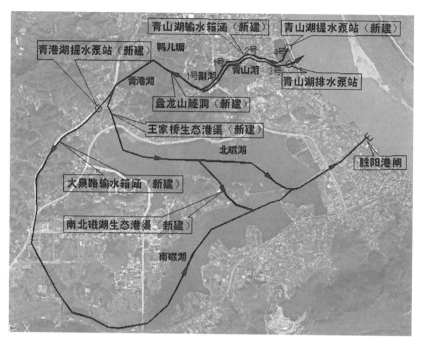

图 6-8　磁湖江湖连通工程补水线路示意图

产县粮食生产安全，促进乡村振兴发展，改善区域水环境水生态。工程总体布局为：新建三湖连江提水泵站，结合现有的三湖连江进洪闸，引长江水入三湖连江水库，满足三湖连江灌区农业灌溉用水需求；后分两支，一支依次经三湖连江灌区东干渠、马鞍河、蜀茶湖后进入西凉湖，另一支通过新建连通渠向南进入密泉湖，改善区域农业用水条件以及水域水环境水生态。同时对内部水系实施综合整治，新建、改扩建控制性涵闸，拆除蜀茶湖、西凉湖圩埂恢复水面面积，结合城市发展实施马鞍河一河两岸生态廊道建设、蜀茶湖生态湿地建设，充分发挥区域水系防洪排涝、灌溉供水、生态景观、旅游通航等综合功能。该工程设计引水流量为 $20 \mathrm{m}^3/\mathrm{s}$，为 Ⅱ 等大（2）型工程。

湖北省嘉鱼县江湖连通水资源配置工程已完成可研报告编制工作，工程已初步纳入了《咸宁市"十四五"水安全保障规划》。

九、潜江市园林城区水系连通工程

潜江市地处江汉平原中部，河渠纵横、湖塘密布，曾是全省有名的水网湖区。随着经济社会发展，区域水网损坏，水环境恶化。构建潜江市园林城区水网是统筹解决水资源分布不均、实现水资源可持续利用的迫切需要，是提高防洪减灾能力的迫切需要，是改善生态环境、推进生态市建设的迫切需要，是实现水利现代化的重要载体，是实现加快水利改革发展主要抓手。

根据潜江市总体规划，潜江市城区定位于生态宜居城市，要求建立一套具备系统良性循环能力的城市水系系统，能抵御洪涝、干旱、污染等外部冲击，且不会对其他系统构成危害，并满足水系功能要求的安全。

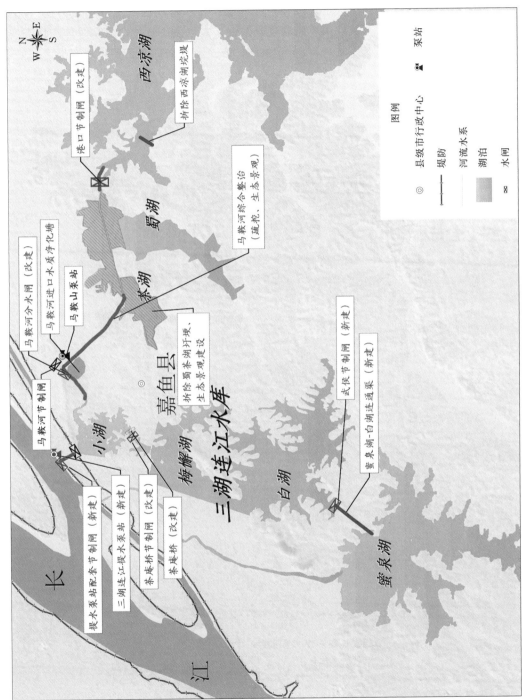

图 6 - 9　嘉鱼县江湖连通水资源配置工程示意图

结合区域城市地块结构和水系现状，潜江市园林城区水系连通工程（图6-10）借助南水北调闸站改造工程——东荆河倒虹吸管引兴隆库区水入百里长渠，开通百里长渠与城市湖泊水体连通渠道，建立涵闸等水利工程调度系统，在不影响区域灌溉功能的前提下，实施区域水资源的优化调度，增加水体流动性，改善区域水生态环境。水系总体布局方案范围北至汉江（不包含通顺河以北）、西至东荆河、东至城东河、南至杨市六支渠。

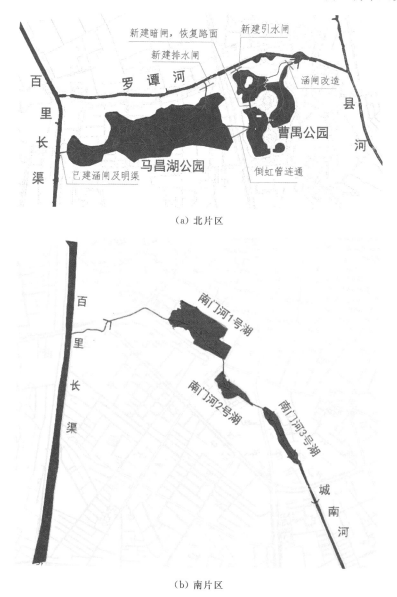

（a）北片区

（b）南片区

图6-10 潜江市园林城区水系连通工程平面示意图

潜江市园林城区水系连通方案引汉江水经兴隆河、入沿堤河、穿东荆河倒虹吸入百里长渠。按照$20m^3/s$流量标准向百里长渠补充Ⅱ类优质水，同时在保证城区河网水质达标情况下，尽量考虑不增加排涝负担，综合水质改善效果，确定水系连通方案引水流量为

3.0m³/s。潜江市园林城区水系连通工程共分为南、北两个片区：南片区建设内容为将百里长渠、南门河1号湖、2号湖、3号湖和城南河连通；北片区为将百里长渠、罗潭河、梅苑、曹禺公园水体连通。项目实施后，实现了城区北片区马昌湖和曹禺公园，南片区南门河1~3号湖的水体流通。马昌湖每年可补水255万m³，南门河1~3号湖每年可补水240万m³。工程建设极大的改善城区水环境，实现"一江清水润全城"的目标。

潜江市园林城区水系连通工程已于2016年实现了通水目标，潜江城区内主要水体完成了有效连通，水体水质得到了明显改善。

十、湖北省鄂州市梁子湖水系连通工程

湖北省鄂州市梁子湖水系连通工程为湖北省水资源保护规划中鄂东江南平原区重点区域的重点项目，也是湖北省梁子湖区水利综合治理规划中"一主两翼多支"水网的西翼工程。为修复湖区水生态，增强水体流动性，改善水环境，同时新增排洪通道，提高排洪能力，规划打通梁子湖与鸭儿湖之间水系通道、梁子湖与保安湖和三山湖之间水系通道，在现有长港单一排水通道的基础上，形成"一主两翼"的骨干水网结构，实现梁子湖多通道入江，破解区域水多、水少、水脏的困局。梁子湖流域排水网络规划示意如图6-11所示，主要水网连通线路如下：

一主：指长港，现有的梁子湖—长江通道，对其进行疏浚。

西翼：打通梁子湖（牛山湖）—梧桐湖—红莲湖—五四湖通道，经过四海湖、薛家沟入长江，利用梁子湖和鸭儿湖水系间的水位落差实施精准调度，实现鸭儿湖水系的常态流动，增强水体自净能力，改善水质水环境；并在现有樊口泵站旁薛家沟出口附近新建樊口二站，增加鸭儿湖流域排水能力；改造民信闸，以便当樊口二站有富余能力时可参与梁子湖流域统排。

东翼：打通梁子湖—保安湖—三山湖通道，通过新港入长江。

湖北省鄂州市梁子湖水系连通工程主要打通西翼梁子湖—鸭儿湖的通道，该通道主要涉及梁子湖—梧桐湖、梧桐湖—红莲湖、红莲湖—大头海、大头海—五四湖、薛家沟（五四湖—樊口二站）等5段水系连通通道工程。其中红莲湖—大头海、大头海—五四湖已经开工建设，水系连通工程主要内容为新建梁子湖—梧桐湖连通工程、新建梧桐湖—红莲湖连通工程以及薛家沟治理工程。其中新建梁子湖—梧桐湖、梧桐湖—红莲湖连通渠设计洪水流量100m³/s，生态流量45m³/s，新建闸站枢纽建筑物包括梁子湖节制闸、梧桐湖节制闸和跨渠桥梁，梁子湖节制闸、梧桐湖节制闸生态流量均为45m³/s，设计流量均为100m³/s。

工程任务是在截污清淤的前提下，结合正在实施的曹家湖、垱网湖退垸还湖工程，通过构建梁子湖—梧桐湖—红莲湖—五四湖水系连通工程，恢复湖泊之间的自然连通，增强水体交换能力，改善鸭儿湖流域五四湖、四海湖等主要湖泊的水质及生态环境，使湖泊水质达到Ⅲ类水质管理目标，为扩大鸭儿湖水系生物多样性和恢复武昌鱼生存空间提供条件，恢复湖泊生态功能，促进流域生态修复重建。同时，梁子湖水系连通工程建成后，梧桐湖、红莲湖、五四湖、四海湖等湖泊涝水均可经薛家沟通过樊口二站排入长江，且在鸭儿湖水系防洪除涝压力减轻后，梁子湖湖水除可通过主通道长港出江外，还可通过西翼通

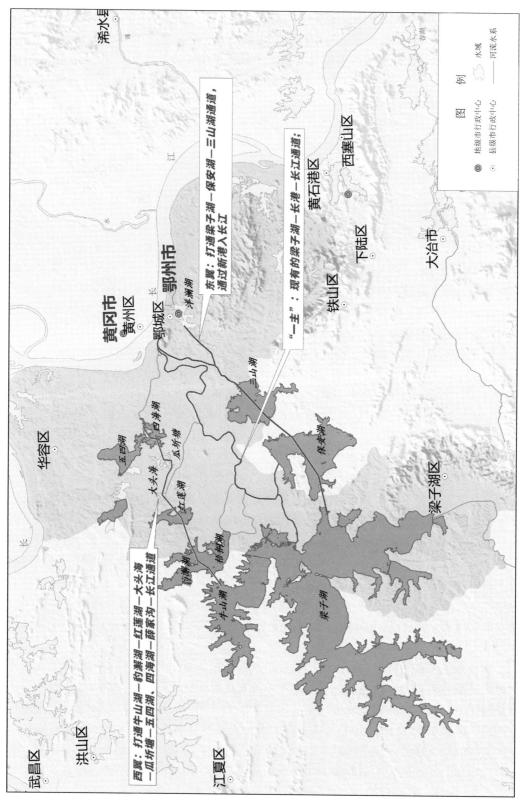

西翼：打通牛山湖—豹獭湖—红莲湖—大头海—瓜圻塘—五四湖、四海湖—薛家沟—长江通道

东翼：打通梁子湖—保安湖—三山湖通道，通过新港入长江

"一主"：现有的梁子湖—长港—长江通道；

图6-11　梁子湖流域排水网络规划示意图

图　例

◎　地级市行政中心
◉　县级市行政中心

水域
河流水系

道更为及时快速排出，减少梁子湖高水位时间，缓解流域防洪排涝压力。

目前湖北省鄂州市梁子湖水系连通工程按照"湖连通、堤加固、港拓宽、排提升、水清洁"的要求，为早日实现梁子湖多通道入江，破解鄂州水患的历史困局，已局部开工，正在紧张地施工建设。

参 考 文 献

［1］ 钱正英. 21世纪中国可持续发展水资源战略研究［M］. 北京：中国农村科技出版社. 2001.

［2］ 张丽，李丽娟，梁丽乔，等. 流域生态需水的理论及计算研究进展［J］. 农业工程学报，2008（7）：307－312.

［3］ 刘昌明. 中国21世纪水供需分析：生态水利研究［J］. 中国水利，1999（10）：18－21.

［4］ 陆渝蓉. 地球水环境化学［M］. 南京：南京大学出版社，1998，147－152.

［5］ 李丽娟，郑红星. 海滦河流域河流系统生态环境需水量计算［J］. 地理学报，2000，55（4）：495－500.

［6］ 孙甲岚，雷晓辉，蒋云钟，等. 河流生态需水量研究综述［J］. 南水北调与水利科技，2012，10（1）：112－115.

［7］ VANNOTE R L，MINSHALL G W，CUMMINS K W. The river continuum concept E J［J］. Canadian Journal of Fisheries and Aquatic Science，1980（37）：130－137.

［8］ 董增川，刘凌. 西部地区水资源配置研究［J］. 水利水电技术，2001（3）：1－4.

［9］ 宋进喜，王伯仔. 生态环境需水与用水概念分析［J］. 西北大学学报，2006，36（1），153－156.

［10］ 闵庆文，何永涛，李文华，等，基于农业气象学原理的林地生态需水量估算——以泾河流域为例［J］. 生态学报，2004，24（10）：2130－2135.

［11］ 徐志侠，陈敏建，董增川. 河流生态需水计算方法评述［J］. 河海大学学报，2004.32（1）：5－9.

［12］ 王根绪，程根伟，刘巧，等，全球变化下的山地表生环境过程：认知与挑战——中国科学院贡嘎山高山生态系统观测试验站建站30周年回顾与展望［J］. 山地学报，2017，35（5）：605－621.

［13］ 郑红星，刘昌明，丰华丽. 生态需水的理论内涵探讨［J］. 水科学进展，2004，9（5）：626－633.

［14］ 李秀梅，赵甄. 生态环境需水的概念框架［J］. 环境科学动态，2005（2）：46－48.

［15］ GLEICK P H. Water in crisis：Paths to sustainable Water use，Ecological Application［J］. 1998，8（3）：571－579.

［16］ 崔树斌. 关于生态环境需水量若干问题的探讨［J］. 中国水利，2001（8）：71－74.

［17］ 严登华，河岩，邓伟，等. 东辽河流域河流系统生态需水研究［J］. 水土保持学报，2001（8）：46－49.

［18］ 丰华丽，郑红星，曹阳. 生态需水计算的理论基础和方法探析［J］. 南京晓庄学院学报，2005，9（5）：50－55.

［19］ 陈敏建. 流域生态浠水研究进展［J］. 中国水利，2004（20）：25－26.

［20］ 栗晓玲，康绍忠，生态需水的概念及其计算方法. 水科学进展［J］. 2003（6）：740－744.

［21］ 张陵蕾，吴宇雷，张志广，等. 基于鱼类栖息地生态水文特征的生态流量过程研究［J］. 水电能源科学，2015，33（3）：10－13.

［22］ 杨志峰，崔保山，刘静玲，等. 生态环境需水量理论、方法与实践［M］. 北京：科学出版社，2003.

［23］ 刘昌明，门宝辉，宋进喜. 河道内生态需水量估算的生态水力半径法［J］. 自然科学进展，2007（1）：42－48.

［24］ 徐志侠，陈敏建，董增川. 基于生态系统分析的河道最小生态需水计算方法研究（Ⅰ）［J］. 水利水电技术，2004（12）：15－18.

［25］ 李丽华，水艳，喻光晔. 生态需水概念及国内外生态需水计算方法研究［J］. 治淮，2015（1）：

31 - 32.

[26] 李捷，夏自强，马广慧，等. 河流生态径流计算的逐月频率计算法 [J]. 生态学报，2007 (7)：2916 - 2921.

[27] 吉利娜. 水力学方法估算河道内基本生态需水量研究 [D]. 杨凌：西北农林科技大学，2006.

[28] 郑志宏，张泽中，黄强，等. 生态需水量计算 Tennant 法的改进及应用 [J]. 四川大学学报（工程科学版），2010，42 (2)：34 - 39，57.

[29] 刘苏峡，夏军，莫兴国，等. 基于生物习性和流量变化的南水北调西线调水河道的生态需水估算 [J]. 南水北调与水利科技，2007 (5)：12 - 17，21.

[30] 滕燕，高仕春，梅亚东. 面向生态环境的水库调度方式研究 [J]. 水力发电，2008 (6)：24 - 27.

[31] 柳林，谌宏伟，杜新忠，等. 河道生态需水量计算方法及其评述 [M]. 北京：中国水利水电出版社，2009.

[32] 徐志侠. 河道与湖泊生态需水研究 [D]. 南京：河海大学，2005.

[33] 李新虎，宋郁东，张奋东. 博斯腾湖最低生态水位计算 [J]. 湖泊科学，2007，19 (2)：177 - 181.

[34] 王圣瑞. 鄱阳湖生态安全 [M]. 北京：科学出版社，2014.

[35] 李香云，张旺. 推进生态环境用水管理的思考与对策 [J]. 水利发展研究，2014，14 (9)：44 - 47＋51.

[36] 陈朋成. 黄河上游干流生态需水量研究 [D]. 西安：西安理工大学，2008.

[37] 王芳，王浩，陈敏建，等. 中国西北地区生态需水研究（2）——基于遥感和地理信息系统技术的区域生态需水计算及分析 [J]. 自然资源学报，2002 (2)：129 - 137.

[38] 张洁. Tennant 法在生态基流估算中的适用性探讨 [J]. 中国水运（下半月），2017，17 (5)：230 - 231.

[39] 郭文献，夏自强. 长江中下游河道生态流量研究 [J]. 水利学报，2007 (S1)：619 - 623.

[40] 陈昂，隋欣，廖文根，等. 我国河流生态基流理论研究回顾 [J]. 中国水利水电科学研究院学报，2016，14 (6)：401 - 411.

[41] 徐志侠，陈敏建，董增川. 河流生态需水计算方法评述 [J]. 河海大学学报（自然科学版），2004 (1)：5 - 9.

[42] 李丽华，水艳，喻光晔. 生态需水概念及国内外生态需水计算方法研究 [J]. 治淮，2015 (1)：31 - 32.

[43] 王俊钗，张翔，吴绍飞，等. 基于生径比的淮河流域中上游典型断面生态流量研究 [J]. 南水北调与水利科技，2016，14 (5)：71 - 77.

[44] 贾敬禹. 近 2000 年来江汉平原河湖水系演变 [D]. 北京：北京大学，2009.

[45] 邓宏兵. 江汉湖群演化与湖区可持续发展研究 [D]. 武汉：华中师范大学，2004.

[46] 陈燕飞，张翔. 汉江流域降水、蒸发及径流长期变化趋势及持续性分析 [J]. 水电能源科学，2012，30 (6)：6 - 8＋215.

[47] 李雨，王雪，张国学. 1956—2013 年汉江流域降雨和气温变化特性分析 [J]. 水资源研究，2015，4 (4)：345 - 352.

[48] 周春生，梁秩燊，黄鹤年. 兴修水利枢纽后汉江产漂流性卵鱼类的繁殖生态 [J]. 水生生物学集刊，1980 (2)：175 - 188.

[49] 余志堂，许蕴玕，周春生，等. 关于葛洲坝水利枢纽对长江鱼类资源的影响和保护鲟鱼资源的意见 [J]. 水库渔业，1981 (2)：18 - 24.

[50] 李修峰，黄道明，谢文星，等. 汉江中游鱼类资源现状 [J]. 湖泊科学，2005 (4)：366 - 372.

[51] 谢文星，黄道明，谢山，等. 丹江水利枢纽兴建后汉江四大家鱼早期资源及其演变 [J]. 水生态学，2009，30 (2)：44 - 49.

[52] 中国水产学会. 2008 年中国水产学会学术年会论文摘要集 [D]. 中国水产学会：中国水产学会，2008：296.

[53] 张晓敏，黄道明，谢文星，等. 汉江中下游“四大家鱼”自然繁殖的生态水文特征 [J]. 水生态

学，2009，30 (2)：126 - 129.

[54] 万力，蔡玉鹏，唐会元，等. 汉江中下游产漂流性卵鱼类早期资源现状的初步研究 [J]. 水生态学，2011，32 (4)：53 - 57.

[55] 崔树彬. 关于生态环境需水量若干问题的探讨 [J]. 中国水利，2001 (8)：71 - 74 + 5.

[56] IVARS R，TIM H，ANDREW J，et al. Refinement of the wetted perimeter breakpoint method for setting cease - to - pump limits or minimum environmental flows [J]. River Research and Applications，2004，20 (6).

[57] 王庆国，李嘉，李克锋，等. 河流生态需水量计算的湿周法拐点斜率取值的改进 [J]. 水利学报，2009，40 (5)：550 - 555，563.

[58] 吉利娜，刘苏峡，吕宏兴，等. 湿周法估算河道内最小生态需水量的理论分析 [J]. 西北农林科技大学学报 (自然科学版)，2006 (2)：124 - 130.

[59] 刘昌明，门宝辉，宋进喜. 河道内生态需水量估算的生态水力半径法 [J]. 自然科学进展，2007 (1)：42 - 48.

[60] N. POFF. A hydrogeography of unregulated streams in the United States and an examination of scale - dependence in some hydrological descriptors [J]. Freshwater Biology，1996，36 (1).

[61] BRIAN D R，JEFFREY V，et al. A method for assessing hydrologic alteration within ecosystems [J]. Conservation Biology，1996，10 (4).

[62] RUTH M，BRIAN D. R. Application of the Indicators of Hydrologic Alteration Software in Environmental Flow Setting [J]. JAWRA Journal of the American Water Resources Association，2007，43 (6).

[63] 刘苏峡，夏军，莫兴国，等. 基于生物习性和流量变化的南水北调西线调水河道的生态需水估算 [J]. 南水北调与水利科技，2007 (5)：12 - 17，21.

[64] 史方方，黄薇. 丹江口水库对汉江中下游影响的生态学分析 [J]. 长江流域资源与环境，2009，18 (10)：954 - 958.

[65] 郭文献，王艳芳，徐建新. 河流生境研究综述 [J]. 华北水利水电大学学报 (自然科学版)，2015 (3)：21 - 23.

[66] 蒋红霞，黄晓荣. 基于物理栖息地模拟的减水河段鱼类生态需水量研究 [J]. 水力发电学报，2012，31 (5)：141 - 147.

[67] 蒋晓辉，ANGELA A，刘昌明. 基于流量恢复法的黄河下游鱼类生态需水研究 [J]. 北京师范大学学报 (自然科学版)，2009，45 (5)：537 - 542.

[68] 高志强，丁伟. 耦合多物种生态流速的生态需水计算方法 [J]. 南水北调与水利科技，2018 (2)：14 - 20.

[69] 李春青，叶闽，普红平. 汉江水华的影响因素分析及控制方法初探 [J]. 环境科学导刊，2007，26 (2)：26 - 28.

[70] 邱炬亨. 汉江 "水华" 治理问题研究 [D]. 武汉：华中科技大学，2010.

[71] 谢平，夏军，窦明，等. 南水北调中线工程对汉江中下游水华的影响及对策研究 (Ⅰ)：汉江水华发生的关键因子分析 [J]. 自然资源学报，2004.

[72] 王培丽. 从水动力和营养角度探讨汉江硅藻水华发生机制的研究 [D]. 武汉：华中农业大学，2010.

[73] 王红萍，夏军，谢平，等. 汉江水华水文因素作用机理——基于藻类生长动力学的研究 [J]. 长江流域资源与环境，2004 (3)：282 - 285.

[74] 王丽燕，张永春，蔡金傍. 水动力条件对藻华的影响 [J]. 水科学与工程技术，2008 (S1)：61 - 62.

[75] 许慧萍. 氮磷营养盐对水华微囊藻群体的影响研究 [D]. 无锡：江南大学，2014.

[76] 王箫璇，曹燕芝. 氮磷营养盐控制与湖泊蓝藻水华治理研究进展 [J]. 农业灾害研究，2017，7 (Z4)：36 - 40.

［77］ 李慧，徐方. 巢湖蓝藻水华衰亡初期营养盐浓度变化的研究［J］. 环境科学与技术，2019，42（5）：161－167.

［78］ 王志红，崔福义，安全. 水温与营养值对水库藻华态势的影响［J］. 生态环境，2005，14（1）：10－15.

［79］ 窦明，谢平，夏军，等. 汉江水华问题研究［J］. 水科学进展，2002，13（5）：557－561.

［80］ 丁一，贾海峰，丁永伟，等. 基于EFDC模型的水乡城镇水网水动力优化调控研究［J］. 环境科学学报，2016，36（4）：1440－1446.

［81］ AMIN K，HANADI S R. Natural attenuation of indicator bacteria in coastal streams and estuarine environments［J］. Science of the Total Environment，2019，677.

［82］ CHEN L B，YANG Z F，LIU H F. Assessing the eutrophication risk of the Danjiangkou Reservoir based on the EFDC model［J］. Ecological Engineering，2016，96.

［83］ 殷大聪，尹正杰，杨春花，等. 控制汉江中下游春季硅藻水华的关键水文阈值及调度策略［J］. 中国水利，2017（9）：31－34.

［84］ 何伟. 湖北省仙桃市农村环境污染问题研究［D］. 武汉：华中师范大学，2016.

［85］ 龙华，黄绪臣，江浩. 通顺河水环境修复调度研究［J］. 人民长江，2019，50（S2）：30－34，79.

［86］ 曾凯. 基于不同目标的典型闸控河湖生态需水计算研究［D］. 武汉：长江科学院，2019.

［87］ 王立国. 生态环境安全研究［D］. 武汉：华中师范大学，2005.

［88］ 徐德龙，李彬彬，东荆河水文特性变化分析研究［J］. 人民长江，2018，49（4）：40－42.

［89］ 詹金环，李蔷，张倩，汉江兴隆水利枢纽工程施工导流设计与实践［J］. 人民长江，2015，46（17）：36－39.

［90］ 曹正浩，闫弈博，毛文耀，等，引江济汉工程水量调度方案初步研究［J］. 人民长江，2018，49（13）：70－73.

［91］ 邓宏兵. 江汉湖群演化与湖区可持续发展研究［D］. 武汉：华东师范大学，2004.

［92］ 何报寅. 江汉平原湖泊的成因类型及其特征［J］. 华中师范大学学报，2002，36（2）：241－244.

［93］ 孙宁涛，李俊涛. 城市湖泊的生态系统服务功能及其保护［J］. 安徽农业科学，2007，35（22）：6885－6886.

［94］ 徐志侠. 河道与湖泊生态需水研究［D］. 南京：河海大学，2005，31－36.

［95］ 刘静玲，杨志峰. 湖泊生态环境需水量计算方法研究［J］. 自然资源学报，2002（5）：604－609.

［96］ 刘建康. 高级水生生物学［M］. 北京：科学出版社，1999.

［97］ COOKE G D，WELCH E B，PETERSON S A. Lake and Reservoir Restoration［J］. Freshwater Science，1986（4）.

［98］ COOPS H，HOSPER S H. Water-level Management as a Tool for the Restoration of Shallow Lakes in the Netherlands［J］. Lake and Reservoir Management，2002，18（4）：293－298.

［99］ ZHANG X，LIU X，WANG H. Developing water level regulation strategies for macrophytes restoration of a large river-disconnected lake，China［J］. Ecological Engineering，2014（68）：25－31.

［100］ 陈昌才. 巢湖水生植物对生态水位的需求研究［J］. 中国农村水利水电，2013（2）：4－7.

［101］ 余明勇，张海林. 基于综合效益发挥的南方平原区城市湖泊景观水位［J］. 河海大学学报（自然科学版），2015（43）：222－229.

［102］ 王沛芳，王超，李智勇. 山区城市河流生态环境需水量计算模式及其应用［J］. 河海大学学报：自然科学版，2004（5）：500－503.

［103］ 张清慧，董旭辉，羊向东. 湖北梁子湖近百年来环境演变历史及驱动因素分析［J］. Lake Sci.（湖泊科学），2016，28（3）：545－553.

［104］ 孙静月，肖宜，张利平. 武汉市梁子湖-汤逊湖水系连通工程效果分析［J］. 武汉大学学报（工学版），2018，51（2）：125－131.

［105］ 秦云，李艳蔷，吴丽秀. 梁子湖水质时空格局分析［J］. 湖泊科学，2016，28（5）：994-1003.

［106］ 顺新，廖文根，王俊娜. 河湖水系连通生态环境影响评价概念模型研究［J］. 中国水利水电科学研究院学报，2017，15（1）：18-28.

［107］ 崔保山，赵翔，杨志峰. 基于生态水文学原理的湖泊最小生态需水量计算［J］. 生态学报，2005，25（7）：243-252，1788-1795.

［108］ 李新虎，宋郁东，张奋东. 博斯腾湖最低生态水位计算［J］. 湖泊科学，2007，19（2）：177-181.

［109］ 李新虎，宋郁东，李岳坦，等. 湖泊最低生态水位计算方法研究［J］. 干旱区地理，2007，30（4）：526-530.

［110］ 梁婕，彭也茹，郭生练，等. 基于水文变异的东洞庭湖湿地生态水位研究［J］. 湖泊科学，2013，25（3）：330-334.

［111］ 梁犁丽，王芳，汪党献，等. 乌伦古湖最低生态水位及生态缺水量［J］. 水科学进展，2011，22（4）：470-478.

［112］ 罗小勇，计红，邱凉. 长江流域重要湖泊最小生态水位计算及其保护对策［J］. 水利发展研究，2010，10（12）：36-38.

［113］ 徐志侠，王浩，唐克旺，等. 吞吐型湖泊最小生态需水研究［J］. 资源科学，2005，27（3）：140-144.

［114］ 徐志侠，陈建敏，董增川. 河流生态需水计算方法评述［J］. 河海大学学报（自然科学版），2004，32（1）：6-7.

［115］ 衷平，杨志峰，崔保山，等. 白洋淀湿地生态环境需水量研究［J］. 环境科学学报，2005，25（8）：1119-1126.

［116］ 宁龙梅，王学雷. 洪湖湿地最低生态水位研究［J］. 武汉理工大学学报，2007，29（3）：67-70.

［117］ 王学雷，宁龙梅，肖锐. 洪湖湿地恢复中的生态水位控制与江湖联系研究［J］. 湿地科学，2008，6（2）：316-320.

［118］ 张建永，王晓红，杨晴，等. 全国主要河湖生态需水保障对策研究［J］. 中国水利，2017（23）：8-11，15.

［119］ 郭亚男，韩亚萍，宋文超. 灌河流域生态需水确定及保障措施分析［J］. 人民黄河，2020，42（2）：63-66.

［120］ 李晓春，刘铁龙，汪雅梅. 陕西省基于生态流量保障的水量调度方案分析［J］. 陕西水利，2017（3）：1-2，16.